6G 核心关键技术系列

人工智能
超密集移动通信系统

杨春刚◎著

电子工業出版社
Publishing House of Electronics Industry
北京·BEIJING

内 容 简 介

随着新兴网络通信业务的不断涌现，超密集移动通信系统中，端侧网络选择、网侧资源调度、网络切换和业务均衡等均面临新的密集性、复杂性和异构性挑战。本书针对超密集移动通信系统中面临的网络接入点密集导致的资源调度不灵活、基站参考信号强度相似导致的网络选择难、传统网络切换技术导致的用户频繁切换，以及网络负载不均衡等诸多具体技术问题，基于传统算法，结合人工智能算法分别在端侧智能网络选择（第 2 章）、网侧智能资源调度（第 3 章）与端网协同智能切换（第 4 章）方面提出解决方案，实现用户体验的提升与资源的灵活管控。第 5 章 "总论"，总结和展望了人工智能超密集移动通信系统的发展趋势。

未经许可，不得以任何方式复制或抄袭本书之部分或全部内容。
版权所有，侵权必究。

图书在版编目（CIP）数据

人工智能超密集移动通信系统 / 杨春刚著. —北京：电子工业出版社，2023.1
（6G 核心关键技术系列）
ISBN 978-7-121-44777-8

Ⅰ.①人… Ⅱ.①杨… Ⅲ.①无线电通信—移动通信—通信技术 Ⅳ.①TN929.5

中国版本图书馆 CIP 数据核字（2022）第 249163 号

责任编辑：刘志红（lzhmails@163.com）　　特约编辑：李　姣
印　　刷：北京七彩京通数码快印有限公司
装　　订：北京七彩京通数码快印有限公司
出版发行：电子工业出版社
　　　　　北京市海淀区万寿路 173 信箱　邮编　100036
开　　本：787×980　1/16　印张：18.25　字数：302.5 千字
版　　次：2023 年 1 月第 1 版
印　　次：2024 年 8 月第 3 次印刷
定　　价：148.00 元

凡所购买电子工业出版社图书有缺损问题，请向购买书店调换。若书店售缺，请与本社发行部联系，联系及邮购电话：(010) 88254888，88258888。
质量投诉请发邮件至 zlts@phei.com.cn，盗版侵权举报请发邮件至 dbqq@phei.com.cn。
本书咨询联系方式：18614084788，lzhmails@163.com。

前言

2011年，作者就开始研究强化学习、博弈论在移动通信系统中的应用。近年来，人工智能应用于移动通信系统更广泛。本书基本成型于2019年，作者是在汇集和整理过去三届给研究生上课的课件等材料基础上写的。在这里，特别感谢2018级硕士研究生陈思帆和吴青，2017级硕士研究生李丽颖，2016级硕士研究生王玲霞和王昕伟等同学的智慧和付出。另外，感谢董茹、黄姣蕊和张露露等同学给予的修订。

本书力求从移动通信系统的端侧用户接入网络到网络用户的调度等环节，引入人工智能的方法论。在内容编排上，力求每章具备独立性，同时章之间又能组成系统整体。本书适合于高等院校硕博研究生和科研院所研究人员阅读。本书受国家自然科学基金61871454、国家重点研发计划"宽带通信和新型网络"重点专项"6G全场景按需服务关键技术"（项目编号：2020YFB1807700）资助。由于作者水平有限，书中难免有纰漏，敬请广大读者批评指正。

持续增长的数据流量促使第五代移动通信系统（The Fifth Generation Mobile Communication System, 5G）演进为超密集移动通信系统。随着新兴业务的不断涌现，超密集移动通信系统中资源调度、多连接技术与网络切换技术均面临新的挑战。本书主要针对超密集移动通信系统中面临的网络接入点密集导致的资源调度不灵活、基站参考信号强度相似导致的网络选择难、传统网络切换技术导致的用户频繁切换，以及网络负载不均衡等诸多问题,基于传统算法,结合人工智能算法分别在端侧智能网络选择(第2章)、网侧智能资源调度(第3章)与端网协同智能切换(第4章)方面提出解决方案,实现用户体验的提升与资源的灵活管控。第5章总结和展望了人工智能超密集移动通信系统的发展趋势。

超密集移动通信系统通过密集部署小基站,拉近用户与接入点的物理距离,提高用户信道质量。然而,由于用户可能处在若干个小基站的覆盖范围,接收到的附近的基站参考信号强度相似,可能导致传统的用户连接方法在邻区间产生严重的频繁重选,影响用户体验。因此,找到超密集移动通信系统背景下高效的用户连接算法,仍然是非常重要的研究课题。因此,本书第2章着重研究端侧智能网络选择。

在超密集移动通信系统中,用户能够接收来自同构场景下多基站的强信号,因此可通过建立多连接来提升传输速率。同时,用户可通过调整业务分配来实现负载均衡。当前多连接策略大多是中心式的,存在开销过高和缺乏对业务波动感知能力等问题。第2章提出了分布式多连接策略,将用户多连接问题建模为基于状态的势博弈(State-based Potential Game,SPG)模型。通过SPG构建状态空间,用户可感知基站负载状态。本书证明了所设计算法可实现用户连接策略全局最优,同时基于SPG建模设计了流量感知的TAMA(Traffic Aware Multiple Association)算法。TAMA算法首次在考虑业务感知的情况下解决用户多连接问题。有别于传统最大接收功率策略,TAMA算法不仅考虑信干噪比,同时考虑基站负载和功耗。另外,为了解决用户开销问题,TAMA引入连接开销对用户连接数量进行控制。仿真结果显示了TAMA算法对于功耗开销和连接开销的控制效果,平均时延的对比显示了TAMA算法在高负载场景下的卓越性能。

另外,第2章针对超密集移动通信系统异构场景下导致的用户连接复杂等挑战,

前 言

提出了一种模型驱动的学习框架,由特征学习、博弈论建模和策略学习组成。模型驱动的学习框架采用了线上策略学习、线下特征学习结合的学习方法,克服了学习的耗时性和通信问题的实时性之间的矛盾。特征学习和博弈建模辅助策略学习可以使用户拥有更好的用户体验,提高收敛速度。终端利用特征学习挖掘多个指标与准确的链路质量之间的复杂关系,通过特征学习克服单一指标的随机性导致的算法波动,降低频繁切换;利用策略学习,用户连接综合考虑链路质量和网络负载,避免用户接入高负载基站。另外,在博弈论建模的基础上设计随机森林和改进的Q-learning(Random Forest and Enhanced Q-learning with Game theory,RFEQG)算法解决用户连接问题。RFEQG 算法依据随机森林(Random Forest,RF)算法预测链路质量,通过更精准的链路质量指标降低频繁重选。然后依据改进的 Q-learning 算法(Enhanced Q-learning with Game theory,EQG),通过预测的链路质量及负载信息进行决策。经过仿真验证,RFEQG 的引入对于收敛速度的增益效果,证明了特征学习可以有效降低频繁切换。仿真表明,与对比算法相比,用户平均时延降低了 1.7ms,相比 Q-learning 提高了 9%的资源利用率。

超密集移动通信系统可以在现有的网络中部署更多小基站,带来更多资源。但同时,基站的高密度部署、小区覆盖面积变小及覆盖区域重叠严重,会导致系统内的干扰更为复杂,使得基站的资源调度更为困难。因此,在网络接入点密集部署,并且资源宝贵的情况下,如何有效灵活地对资源进行管控将是一个重要的课题。因此,本书第 3 章研究了网侧智能资源调度,实现自动化和智能化的资源管理。

第 3 章首先提出一种联合传输调度与功率控制的动态博弈方法。基于现有的协作调度方案,研究多点协作(Coordinated Multi-Point,CoMP)系统两大关键问题:传输调度与功率分配。具体而言,研究基于近邻传播算法的传输调度方案可以实现

人工智能
超密集移动通信系统

动态资源管控,进一步采用纳什议价解(Nash Bargaining Solution,NBS)合作博弈建模功率分配,提升用户间公平性。另外,效用函数设计同时兼顾用户吞吐量与时延,满足多指标需求是未来移动互联网发展的基本方向。仿真结果表明,第 3 章所提出的智能协作调度方法可大幅度提升用户传输速率,降低用户传输时延,提高用户间公平性。

第 3 章还针对超密集移动通信系统中的挑战进一步研究一体智能资源调度架构。基于现有资源调度流程,所提架构可智能建模和求解超密集移动通信系统中的资源调度问题,实现无线资源自动化管理。此外,所提架构将用户调度模块和资源分配模块聚合为一体,通过模块一体化实现全局最优代替子模块最优,降低模块分离带来的增益损失。基于所提架构,本书提出一体智能资源调度(Integrated and Intelligent Resource Scheduling,IIRS)算法。IIRS 算法是基于深度强化学习(Deep Reinforcement Learning,DRL)实现的,考虑了用户异构 QoS 需求,旨在通过高效资源调度,提升用户 QoS 满意度。用户 QoS 满意度被定义为相对于多个 QoS 指标,如保证比特率(Guaranteed Bit Rate,GBR)、时延和丢包率函数等,从而灵活满足用户 QoS 需求。针对 IIRS 算法存在的收敛速度慢和性能不优等问题,第 3 章提出了增强型一体智能资源调度(Enhanced-IIRS,E-IIRS)算法。通过在 IIRS 中引入主网络(Main Network,MainNet)、目标网络(Target Network,TargetNet)、经验池、优先扫描及启发式机制,加速算法收敛和提升算法性能。利用 Python 和 Simpy 构建系统级仿真平台仿真分析算法。仿真结果表明,在小业务场景中,第 3 章提出的 IIRS 算法相比于 Q 算法,用户不满意度降低了约 91%;提出的 E-IIRS 算法相比于 IIRS 算法、非一体化资源调度(Non-Integrated Resource Scheduling,NIRS)算法和传统最大载干比算法(Max Channel/Interference,Max C/I),用户平均不满意度分别降低了约 95%、42%和 50%。

前言

因此，提出的 IIRS 算法和 E-IIRS 算法可实现超密集移动通信系统中高效的资源智能调度，为用户提供更优的体验。

面对超密集移动通信系统的异构特性日益凸显，多种无线接入技术（Radio Access Technology，RAT）（如 UMTS、LTE、WiFi）构成了复杂的异构网络。通过网络切换技术，用户设备（User Equipment，UE）可以在无线网络覆盖范围内移动并接入其他网络，维持通信服务的连续性。传统的网络切换技术大多发生在具有相同的无线接入技术的基站之间，并且不能对用户需求精准建模，无法个性化地适配用户业务，会出现由于基站密度增加而频繁切换和负载不均衡的问题。因此，研究智能化的网络切换技术，选择最佳的网络为用户提供服务，实现端网负载均衡很有必要。所以，本书的第 4 章研究端网协同智能切换。

第 4 章首先介绍了异构无线网络的概念，并指明本书以 4G 和 5G 并存的异构蜂窝网络为研究主体。对网络切换的类型和流程进行了简要阐述和总结。其次，研究了一种基于长短期记忆（Long-Short Term Memory，LSTM）网络的小区网络属性预测方法，描述了 LSTM 模型的网络架构和单元结构，并说明了其相比常用时间序列分析模型的优点。给出了仿真参数设置，并通过仿真结果验证了 LSTM 用于网络属性预测的有效性。另外，基于 LSTM 的仿真结果，提出了一种用户业务驱动的网络切换方案，针对移动网络中不同业务类型对服务质量（Quality of Service，QoS）的不同需求，使用效用函数进行建模。采用基于用户偏好的主客观组合赋权方法，以及结合先前基于 LSTM 的网络属性预测，根据组合权重来计算网络的综合效用值，以此作为网络切换的判断准则。最后，通过仿真实验与其他方案进行对比，仿真结果验证了本章所提方案的性能优势。

第 4 章研究了一种移动通信中端网协同的负载均衡方法。首先，提出了基于生

人工智能超密集移动通信系统

成式对抗网络（Generative Adversarial Networks，GAN）的终端侧主动负载估计方案，避免了额外的信令开销，通过终端侧对周围可用基站负载的估计，辅助终端接入资源更足的小区，保障了用户的通信服务。其次，以用户通信服务体验为衡量指标，实现用户主动触发的负载均衡，为用户选择匹配的小区，保障了用户的通信服务体验。通过端网协同的负载均衡方法，实现用户负载较精细化的负载转移，避免仅简单的移动性参数调整造成"成批"切换而引起新的负载不均衡问题。

第 5 章总结和展望了人工智能超密集移动通信系统的发展趋势。

作　者

2022 年 5 月

目 录

第 1 章 绪论

1.1 超密集移动通信系统 001
1.2 智能化必要性 002
1.3 小结 004

第 2 章 端侧智能网络选择

2.1 渐入佳境——引言 005
   2.1.1 研究背景 007
   2.1.2 研究现状 008
2.2 初露锋芒——基础理论 015
   2.2.1 网络选择技术概述 015
   2.2.2 SPG 概述 021
   2.2.3 随机森林 022
   2.2.4 深度森林 023
2.3 小试牛刀——同构用户多连接技术研究 025
   2.3.1 用户多连接问题 025
   2.3.2 SPG 建模 030

2.3.3　性质证明与算法设计 ················· **034**
　　2.3.4　算法仿真 ························· **041**
　　2.3.5　小结 ···························· **049**
2.4　大展身手——异构智能用户连接技术研究 ········ **050**
　　2.4.1　异构网络用户连接问题 ················ **050**
　　2.4.2　人工智能通信解决框架 ················ **052**
　　2.4.3　用户连接问题的非合作博弈 ·············· **054**
　　2.4.4　RFEQG 算法设计 ···················· **061**
　　2.4.5　算法仿真 ························· **066**
　　2.4.6　小结 ···························· **084**
2.5　总结与展望 ···························· **085**
　　2.5.1　总结 ···························· **085**
　　2.5.2　展望 ···························· **086**

第 3 章　网侧智能资源调度

3.1　渐入佳境——引言 ······················· **087**
　　3.1.1　研究背景 ························· **088**
　　3.1.2　研究现状 ························· **101**
　　3.1.3　小结 ···························· **110**
3.2　初露锋芒——基础理论 ···················· **111**
　　3.2.1　CoMP 系统概述 ······················ **111**
　　3.2.2　近邻传播算法 ······················· **112**
　　3.2.3　纳什议价博弈理论 ···················· **114**
　　3.2.4　强化学习概述 ······················· **115**
3.3　小试牛刀——智能协作调度 ················· **116**
　　3.3.1　引言 ···························· **116**

目录

  3.3.2 系统模型……117
  3.3.3 基于 CoMP 系统的智能传输调度方案……120
  3.3.4 基于 CoMP 系统的功率分配问题……122
  3.3.5 算法仿真……127
  3.3.6 小结……138
 3.4 大展身手——一体智能资源调度……138
  3.4.1 引言……138
  3.4.2 系统模型……139
  3.4.3 一体智能资源调度架构……143
  3.4.4 一体智能资源调度研究……145
  3.4.5 仿真及结果分析……150
  3.4.6 小结……158
 3.5 一锤定音——增强型一体智能资源调度……159
  3.5.1 引言……159
  3.5.2 问题分析……159
  3.5.3 增强型一体智能资源调度研究……160
  3.5.4 仿真及结果分析……166
  3.5.5 小结……174
 3.6 总结与展望……174
  3.6.1 总结……174
  3.6.2 展望……176

第 4 章 端网协同智能切换

 4.1 渐入佳境——引言……177
  4.1.1 研究背景与研究意义……177
  4.1.2 国内外研究现状……179

4.2 初露锋芒——基础理论 186
    4.2.1 异构无线网络的概念 186
    4.2.2 4G/5G 的帧结构和物理资源 187
    4.2.3 无线空口测量指标的计算关系 192
    4.2.4 基站的资源调度与传输 196
    4.2.5 网络切换的分类和过程 199

4.3 小试牛刀——用户业务驱动的网络切换技术研究 203
    4.3.1 基于 LSTM 的网络属性预测方法 203
    4.3.2 网络属性的效用建模 212
    4.3.3 基于用户偏好的网络属性组合赋权法 216
    4.3.4 实验设计和仿真结果分析 225
    4.3.5 小结 233

4.4 大展身手——移动通信中端网协同的负载均衡研究 234
    4.4.1 基于 GAN 的终端侧负载估计方案 234
    4.4.2 用户级的主动负载均衡方案 240
    4.4.3 实验及仿真分析 245
    4.4.4 小结 256

4.5 总结与展望 257
    4.5.1 总结 257
    4.5.2 展望 259

第 5 章 总论

参考文献 263

第 1 章

绪 论

1.1 超密集移动通信系统

据 Cisco 预测，相比于 4G，5G 将增长近 1 000 倍的数据流量。为应对持续增长的数据流量，超密集移动通信系统被认为是最具前景的解决方式之一。超密集移动通信系统可以涵盖多种场景，如图 1.1 所示，包括异构网络、海量物联网、云无线接入网络、终端直通网络等。从接入节点密度来看，超密集移动通信系统在异构网络中部署更多的小基站（Small Base Station，SBS）。目前关于超密集移动通信系统的定义还没有统一，但有两种说法被普遍接受：

(1) 从 SBS 和用户设备（User Equipment，UE）密度的角度：超密集移动通信系统指的是 SBS 密度大于 10^3 个 SBS/km^2 或者 SBS 密度大于活跃 UE 密度的异构网络。

(2) 从室内和室外密度的角度：超密集移动通信系统指的是室外在每个灯柱上部署一个 SBS 或者室内每隔至多 10 米部署一个 SBS 的异构网络。

通常，超密集移动通信系统中的 SBS 包括两类：一类是全功能 SBS，如微基站和家庭基站；另一类是扩展型 SBS，如中继和射频拉远单元。全功能 SBS 可以在小范围覆盖区域内以低功率执行宏基站的所有功能，且可以执行整个协议栈的所有功能。扩展型 SBS 是宏基站延伸信号覆盖范围的方式，只执行协议栈中物理层的全部或部分功能。不同 SBS 具有不同的能力、传输功率、覆盖范围、部署场景等，见表 1.1。

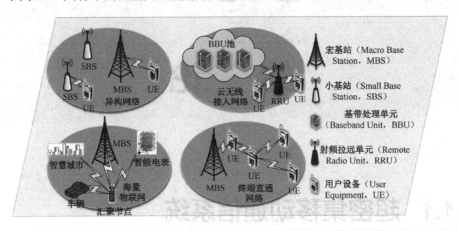

图 1.1　超密集移动通信系统的多种场景

表 1.1　不同类型 SBS

类型	覆盖	部署	功率
家庭基站	10～30 m	室内	<100 mW
微基站	>100 m	室外/室内	室内，<100 mW；室外，0.25～2 W
中继	>100 m	室外/室内	室内，<100 mW；室外，0.25～2 W
射频拉远	>100 m	室外	0.25～2 W

1.2　智能化必要性

　　智能化通常基于人工智能（Artificial Intelligence，AI）实现。近年来，我国政府、学术界、产业界都在不遗余力地推动智能化在 5G 中的研究和应用。国务院发布的《新一代人工智能发展规划（2017—2030）》和中华人民共和国工业和信息化部发布的《促

第1章 绪论

进新一代人工智能产业发展三年行动计划（2018—2020）》明确指出在智能化网络基础设施领域率先取得突破，加快高度智能化 5G 的实现。学术界发力智能化 5G 的研究，调研智能化 5G 的现状并不断探索进一步的研究方向。产业界也致力于智能化 5G 网络的实现。2018 年由中国电信牵头的中国电信终端产业联盟第九次会议上，多名国内电信领域重量级专家指出，5G 和 AI 的完美结合，以海量数据为依托，极快速的传输加上智能化的运算处理，构成了通信行业下一轮大创新的基础。华为 2016 HIRP 指南中包含 17+项课题使用人工智能技术实现智能化 5G，2017 年发布了全球首个搭载 AI 芯片的 Mate10 手机。中兴 2017 通信产学研合作论坛合作项目中包含"AI 在 5G 中的应用研究和验证"的课题，旨在探索智能化 5G 的实现。智能化是当前无线通信低迷和徘徊不前的爆发点、拐点和超级引擎，也是 5G 除了大带宽、大连接和低时延的第四个典型特征。面对传统工具在复杂网络中的乏力，5G 期望变得智能化，以 AI 为指引，从用户体验、网络效率等方面实现网络的自主优化及性能的极大提升。

针对超密集移动通信系统中资源调度面临的挑战，引入智能化被认为是有效的解决方式，如图 1.2 所示，智能化在提升用户体验和实现资源自动化管理等方面具有优势，主要体现在以下几方面：

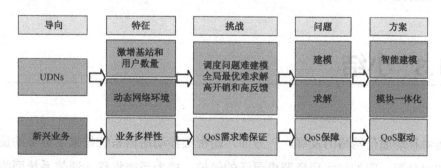

图 1.2　资源调度研究思路

（1）基于智能化，资源调度问题不需要被清晰化建模，采用 AI 算法可解决资源调度问题难建模的挑战。而且，通过自学习和自调整，获取最优资源分配策略是可实现的，可以解决不具有良好特性的优化问题难求解或只能获取近似解的挑战。

（2）基于智能化，不需要为每种服务或每种场景设计或选择一种合适的调度算法，采用 AI 算法可灵活应对多种业务对应的多样 QoS 需求，且 QoS 需求不局限于对单个性能指标的优化，如时延、吞吐量、可靠性等，可以是多个性能指标间的联合优化。

（3）基于智能化，资源调度可以被设计成分布式算法，采用 AI 算法，基站通过自学习自决策实现资源调度，从而降低额外的信令开销和反馈。

（4）基于智能化，用户调度模块和资源分配模块可以被聚合，实现模块一体化，求解全局最优解，避免策略间匹配的时延造成的增益损失。

针对超密集移动通信系统中网络选择面临的挑战，引入智能化迫在眉睫。研究网络选择技术时，一方面需要避免不必要的切换引起的业务中断及终端不必要的耗电问题；另一方面，又要保证在需要切换的时候切换以提升用户的传输速率。因此研究更精准的链路质量指标及利用该指标选网以减少频繁重选/切换提升用户体验迫在眉睫。然而传统选网算法通过单一指标作为衡量链路质量的标准，驻留及切换的阈值均由人工设置，不能满足复杂多变的场景及用户多样的需求。因此本书研究基于人工智能算法的网络选择技术，可以摆脱人工设置参数的局限性，提升算法自适应性，从而提升用户体验。

1.3 小结

随着移动通信网络的发展，一方面，超密集移动通信系统带来了更多的资源，资源如何分配，即如何实现资源更灵活的管控，成为超密集移动通信系统面临的重要挑战之一。另一方面，更密集的基站部署也为在其中的接入点带来了严重的干扰，使用户体验下降，成为超密集移动通信系统亟待解决的另一重要问题。为解决上述难题，本书基于人工智能算法分别研究端侧智能网络选择（第 2 章）、网侧智能资源调度（第 3 章）和端网协同智能切换（第 4 章），旨在实现资源的合理分配，提升用户体验。

第 2 章

端侧智能网络选择

2.1 渐入佳境——引言

随着移动通信网络和物联网的发展，无线业务以前所未有的增速挑战现有网络的容量极限。为满足 5G 低时延、高可靠、超宽带、大规模物联网的应用场景需求，移动通信网络需要从网络和终端两侧共同发展，以提高网络承载能力。

超密集移动通信系统在网络容量、数据速率、网络覆盖、传输时延等方面带来显著的增益，也给无线资源管理等问题带来了挑战。其中，为最优化管理及最大化发挥超密集移动通信系统的优势，资源调度在提高频谱利用、提升用户体验等方面具有重要意义，成为当前产业界和学术界的关注热点。

超密集移动通信系统通过密集部署小基站、拉近用户与接入点物理距离提高用户信道质量，有效提高用户数据速率和频谱效率。然而，超密集移动通信系统也存在不可忽视的技术挑战。由于用户可能处在若干个小基站的覆盖范围（如 UE_7），用户需要选择合适基站建立连接（注册、鉴权、附着）并建立默认承载。然而，由于网络接入优先级不同、信号强度相近等原因，用户可能存在频繁重选或切换。同时受小基站容量能力的限制，业务的不均衡分布更容易引发网络的拥塞，造成资源浪费。

另一方面，超密集移动通信系统异构特征日益凸显，多种无线接入技术（Radio Access Technology，RAT）（如 UMTS、LTE、WiFi）构成了复杂的异构网络，如图 2.1 所示。通过多种网络充分发挥各自优势且互补长短，用户可随时随地利用异构网络进行高质量的无线通信，取得比单一制式网络更优的用户体验。然而，不同 RAT 在接入方式、通信能力、业务支撑等方面均有差异。

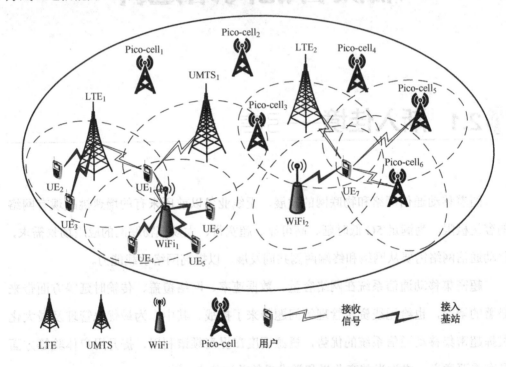

图 2.1　UMTS、LTE、WiFi 共存的超密集移动通信系统

因此，超密集移动通信系统的挑战主要呈现为以下四方面。

（1）由于接入方式不同、接入优先级等原因，超密集移动通信系统下用户如果只依赖基站信号强度选择基站，可能存在乒乓效应。

（2）由于密集场景下用户接收到附近的基站参考信号强度相近，信道时变性引

第 2 章 端侧智能网络选择

起的接收信号强度时变可能导致传统用户连接算法在邻区间产生严重的频繁重选或切换,如最大参考信号接收功率(Reference Signal Received Power,RSRP)算法。

(3)待接入基站的实际通信能力难以预测,用户可能会接入无法开展业务的基站。例如,当用户接入重负载小区时,由于业务压力较大、资源有限,尽管信道质量较好,用户仍然无法获得期望的通信体验。

(4)随着应用与业务类型的增多,传统用户连接算法很难满足多种业务需求。例如,用户如果接入拥塞基站,很难满足 VR 等对时延有更高要求的应用。

当前终端计算能力、存储能力和通信能力的飞速提升为实现更高智能的端管云一体化及通信智能提供了可能。由于数据隐私、延时性和可靠性的驱动等原因,将智能处理能力从云端下放到终端也已成为发展趋势。

超密集移动通信系统的诸多挑战和需求使得传统用户连接算法不再适应当前网络需求。例如,基于最大 RSRP 的连接算法会引起网络的乒乓效应;实际系统中的 S 准则由于依靠人工经验固定判决门限,因此难以自适应用户的多样化需求。因此,研究高效的用户连接算法,尤其是适应超密集移动通信系统的分布式连接算法,仍然是目前相关工程和科研领域非常重要的研究课题。

2.1.1 研究背景

网络选择(重选),或用户连接,指用户空闲态时选择接入的基站或服务节点(WiFi、热点等)进行数据传输,而切换过程为业务态时用户由网络控制的、改变接入基站的行为。终端只能通过优化初选或重选决策来降低因接入不合适基站而引发的业务态频繁切换。当前传统的 S 准则用户连接算法和最大 RSRP 连接算法存在的问题主要体现在以下三方面。

(1)大量依据人工经验确定的门限。目前用户连接通常是基于 RSRP 和接收电平的 S 准则，依据人为经验调整各参量的权重值和门限值。然而，人工经验的设定是固定的且局限的，无法满足不同场景下不同用户的各种需求，可能造成部分用户体验差。

（2）空口参数的频繁波动。当用户接收到来自不同服务节点的 RSRP 相近时，由于信道具有时变性，因此来自不同服务节点的接收电平和 RSRP 可能时高时低，用户可能在不同服务节点间频繁切换和重选，造成用户功耗上升和网络资源浪费。

（3）无法准确评估实际的链路质量、网络环境。因为单一的指标不足以表征真实的链路质量，链路质量取决于包括 RSRP 在内的多个信道指标，如信号干扰噪声比（Signal to Interference plus Noise Ratio，SINR）、参考信号接收质量（Reference Signal Receiving Quality，RSRQ）、接收信号强度指示（Received Signal Strength Indicator，RSSI）、往返时延（Round-Trip Time，RTT）、误比特率（Bit Error Rate，BER）等。此外，由于无法具体测量待接入网络的网络情况，用户只能根据参考信号之类的广播信息选择连接节点。

因此，如何突破人工经验的局限性是实现针对特定场景、特定用户、特定需求的个性化选网拟解决的问题之一。此外，如何精准评估链路质量和保障接入效果以提升用户体验也是拟解决的关键问题。

2.1.2 研究现状

2.1.2.1 传统用户连接技术

3GPP 将用户连接技术分为三类：第一类，用户连接完全由网络控制。网络侧的集中控制器为用户选择基站或服务节点，容易达到全局最优。第二类，网络辅助用户进行决策。网络制定连接规则，用户依据测量信息和连接规则接入网络进行数据

第 2 章
端侧智能网络选择

传输（如 S 准则）。第三类，网络提供一定信息，辅助用户进行接入。用户根据测量信息和网络反馈的信息最终决定连接基站。本节主要研究以用户为中心的、分布式的用户连接技术。

最常用的传统用户连接算法为用户选择接入能够提供最强 RSRP 的基站。然而用户的自私理性、非合作连接不能保证网络容量被充分利用，甚至可能产生乒乓现象。有研究者提出了考虑基站负载分布情况的用户连接算法。传统用户连接算法往往基于单一或极个别的接收指标矩阵（Received Matrix Indicator，RMI），如只考虑 RSRP 或接收电平指标进行用户接入，这种方法往往会因为指标的波动而引起频繁重选和切换。

近期研究中，用户连接算法会考虑更多的指标以更好地反映通信场景的特征。例如，Moon 基于种群博弈在考虑负载的基础上解决了用户连接问题。除了 SINR，Moon 也考虑了由基站广播的负载状态和传输功率。有研究者提出了一种用户连接问题中的 QoE 的建模方法，该 QoE 建模方法考虑了实际的物理层数据速率和用户的权重，并以此作为迁移—匹配博弈的博弈目标。为了克服单一 RMI 的不全面性，在考虑多个 RMI 的情况下解决频繁切换问题，有研究者设计了利用链路质量降低切换次数的无先验算法。相关专利公开一种 5G 超密集移动通信系统中基于模糊逻辑的多 RAT 选择/切换的方法，通过 ANDSF 获取节点负载信息，辅助终端感知网络环境。

多个 RMI 优于单一 RMI 的原因在于单一 RMI 难以充分表现实际用户体验，用户连接应当考虑包括信号强度在内的多个方面，如功耗、负载等。一方面，单一的 RMI 随信道的波动更明显。另一方面，实际的通信质量或高层的指标由多个 RMI 决定。多连接技术研究中，本节考虑功耗、负载和数据速率多个指标，以提高算法对高负载场景的适应性，改善用户体验。然而，多个 RMI 与链路质量之间的非线性复杂映射关系难以学习，借助人工神经网络或其他机器学习算法可准确学习其复杂关系。特征学习阶段考虑多个性能指标对分组成功率（Packet Success Ratio，PSR）进行预测；策略学习阶段考虑 PSR 和负载及对于接入性能的评估，实现更有效的接入从而避免频繁重选和切换。

根据统计结果可知，到 2021 年，预计有超过 116 亿个智能终端，终端将具有更强大的通信和计算能力，甚至能够同时处理多个数据流。为了充分发挥超密集移动通信系统容量增益，多连接技术允许用户同时接入多基站以提高吞吐量，在多基站中分配用户业务也可缓和负载不均衡。

图 2.2 所示为超密集移动通信系统中用户多连接网络模型，多连接用户依据 RSRP 门限定义用户邻居基站，表示可与用户可建立连接的基站。由于超密集移动通信系统中可能存在多个基站符合用户邻居基站定义，用户受限于维持连接的信令开销约束，需要从用户邻居基站中选择一个子集建立多连接小区，接入多连接小区进行数据业务传输。

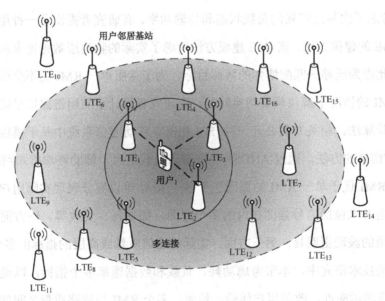

图 2.2 多连接网络模型

通过引入多连接概念，可建立超密集移动通信系统中的多连接模型。有研究者

第 2 章
端侧智能网络选择

分析了多连接技术的可行性和平均下行速率。分析结果表明，多连接场景下用户数量和小区数量的增多会对平均频谱效率有极大的增益。然而现有的多连接技术还存在很多问题，例如有些连接技术是基于最大 RSRP 的等比分配，仍然存在传统连接算法面临的问题，当用户接入信道质量好、负载重的基站时会引发拥塞。也有研究者关注多连接技术的理论分析，包括系统容量、吞吐量等。多连接领域仍然缺乏专用的连接算法以更好地利用连接增益。

凭借状态空间和基于状态的势博弈（State based Potential Game，SPG）的动态演进机制，SPG 可以很好地描述负载的动态特性，这使得 SPG 成为建模多连接问题的有力工具。除可以利用 SPG 解决中继网络中的功率控制问题，本节是首次利用 SPG 解决用户多连接问题的研究。

2.1.2.2 博弈论用户连接技术

博弈论源自经济学领域，主要研究经济现象中多方的复杂交互现象，通过分析交互和建模以求取得个体或总体的最优。博弈论凭借以下三个主要优点成为研究用户连接的强大工具。

（1）博弈论分析方法可考虑并建模用户间的复杂交互和开销约束。有研究者综合考虑信道分配和用户连接，将其建模为非合作博弈问题，博弈的参与双方是接入节点和用户，分析了基站和用户间的竞争关系。也有研究者利用匹配博弈将连接问题建模成多对一博弈问题，在建模的同时考虑了用户的服务质量（Quality of Service，QoS）需求约束。

（2）博弈论可简化问题模型。用户连接问题可通过 KKT（Karush-Kuhn-Tucker）条件进行求解，然而由于存在很多约束，且这些约束建立在全局网络信息的基础上，所以直接对问题求解无论从信息交互开销还是计算压力上都难以负担。有研究者将问题建模成匹配博弈问题以简化对信息和计算能力的需求，同时算法分布式的架构非常便于部署。或可以利用种群博弈从更宏观的角度将接入同一个基站的用户作为一个群体进行优化,极大地降低了计算压力。

(3) 博弈论可反映通信问题的种种特性,如网络的异构性、网络环境的动态性。为了反映用户连接的动态变化,可应用进化博弈,学习过程被归类为演进者动态模型。为了凸显异构网络中的交互问题,可采用斯塔克博格博弈。随机博弈从用户角度描述用户连接问题以刻画其中的随机性因素。

上述研究表明,用户连接问题除了 RSRP、SINR 等因素,吞吐量、功耗都是非常重要的研究内容。例如,可以考虑用户 QoS,可以考虑基站负载。同时,上述的算法都是针对单连接场景。因此,非常有必要研究基于博弈论的用户多连接算法。

2.1.2.3 智能用户连接技术

随着人工智能技术的发展,智能化也是 5G 的重要特征之一。在超密集移动通信系统中引入人工智能能够提高用户连接算法的性能,实现更有效率、更智能的用户接入。通过引入人工智能可解决超密集移动通信系统中连接问题面临的挑战:用户可依据多个时变空口指标对链路进行更准确的预测,减轻时变信道的影响,接入更加稳定的基站,以此降低终端的频繁重选和切换;用户也能够在接入基站之前预测接入后的效果,减少无效切换和重选;由于为每个终端引入了人工智能模块,用户可制定更加符合个人偏好的用户连接策略。

机器学习是人工智能的重要组成部分和实现方法。机器学习算法分为三类,有监督学习、无监督学习及强化学习,如图 2.3 所示。监督学习需要有标记的数据对模型进行训练,如神经网络和决策树。无监督学习不需要标记数据,目的为学习数据内在分布,如 K-means(K 均值)。强化学习利用奖励机制在与环境的交互中学习决策规则,如 Q-learning 或 actor-critic。由于不需数据,博弈论通过对环境进行建模、数据分析,得到用户的策略,因此可被归为无监督学习;从机制上,博弈论也可被

第 2 章 端侧智能网络选择

归为强化学习问题,多个参与者根据各自的输出、奖励或惩罚在竞争的环境中采取动作,以最大化效用。机器学习解决通信问题主要有两种思路,以有监督学习为主的受数据驱动的智能算法和以强化学习为主的受模型驱动的智能算法。

图 2.3 机器学习分类

1. 数据驱动的智能算法

数据驱动指机器学习的智能来自于海量数据的充分训练,比较典型的是各种依托于数据的有监督学习方法。有研究者研究了异构网络中基于网络辅助的用户连接算法,为了获得优化策略使用了策略迭代算法,在提升网络性能的同时改善用户体验,利用强化学习中的奖励机制解决信息的不完全性。使用改进奖励机制的Q-learning 算法解决异构网络中的用户连接问题,考虑负载、连接持续时间、SINR。上述研究通过强化学习不断地生成用户连接策略,在通信过程中不断收集数据用以修正强化学习的性能。除了上述用以决策的机器学习算法,机器学习也被用于预测和回归问题。也可复用多个机器学习技术以实现网络业务更精准的预测。

有研究者提出了一种认知通信环境的框架,终端首先用 K 近邻(K-Nearest Neighbors,KNN)学习不断变化的环境并建立状态空间。Q-learning 基于状态划分学习优化策略。其中,KNN 用以挖掘用户网络状态的特征,并进行状态划分。由于使用了 KNN,终端不需要提前确定某些知识就可自动学习、标记状态空间。

数据驱动的智能算法面临的问题在于：理论机制的欠缺使得性能和结果难以预期。黑盒模型限制了智能的长期发展，使得智能难以标准化、产业化。学习耗时性和通信实时性的冲突不可忽视，它们并不适合实际的多智能体通信场景，因为每个智能体的状态都独立于其他智能体，而实际中智能体之间的交互十分密切。

2. 模型驱动的智能算法

模型驱动指机器学习受理论分析指导。例如，传统 Q-learning 并不适合异构网络中的用户连接问题。一方面，传统 Q-learning 无法保证其收敛速度和收敛性，经常出现动作振荡、无法稳定的情况，尤其在解决多智能体问题时尤为突出。这是由于用户状态并不互相独立，用户之间存在竞争关系。另一方面，在异构网络中本身就存在振荡现象，使得 Q-learning 收敛更加困难。

通常，模型驱动的方法有两种实现方式：利用领域先验知识指导学习方法与理论分析方法。领域先验知识往往通过将领域内积累的知识固化在算法内实现。理论分析方法建立在建模工具的基础上，如博弈论。博弈论是建模复杂交互问题、复杂场景，分析均衡状态，保证网络性能的有力工具。

目前，一些模型驱动的算法主要还是基于博弈论和机器学习的结合。有研究者将用户连接问题建模成用户间的非合作博弈问题，博弈的收敛性通过效用函数的严格递减性质证明，Q-learning 用以解决信息受限问题。Q-learning 的状态空间和奖励受非合作博弈分析的指导。有研究者提出了基于 Hart 强化学习的用户连接算法，以解决传统 Q-learning 的收敛慢、高开销和均衡不受控等问题，博弈论用以指导 Hart 强化学习的动作、加速收敛速度。用博弈论进行理论分析，可作为领域先验知识的代表，有研究者提出基于强化学习的动态频谱接入算法，其强化学习算法受启发式机制的指导，启发式机制的设计由先验知识组成。

不同于数据驱动的算法，结合博弈论与人工智能，本节提出异构网络下的以用

第 2 章 端侧智能网络选择

户为中心的智能用户连接算法,通过结合博弈论进行理论分析实现了更快的收敛和结果可预期。

不同于假定不同接入技术有相同的机制而且接入相同网络的用户具有相同的速率,本节考虑了两种吞吐量模型以进一步刻画异构网络的特性并且分析了不同接入技术对用户速率的影响。此外,本节中的强化学习算法受特征学习辅助、博弈论指导,结合了模型驱动与数据驱动各自的优势。

2.2 初露锋芒——基础理论

2.2.1 网络选择技术概述

手机入网的具体步骤为:PLMN 的选择→扫频→小区搜索→小区选择→小区驻留→服务请求。小区选择是指终端尚未驻留到一个小区的状态下,选择一个可靠的小区驻留的过程,小区选择的规则遵循 S 准则。小区选择过程由 RRC 模块管理决策,根据发起方式可分为两种情况,一种是用户开机选网之后根据非接入层(Non-access stratum,NAS)要求发起的;另一种是在手机待机状态时,小区覆盖后由 RRC 模块自己发起的。小区重选是指终端驻留到一个小区,由于某些原因(如参考信号接收功率低于驻留标准、拔卡等),在离开驻留小区后重新驻留到其他小区的过程,小区重选过程遵循 S、R 准则。小区重选的过程必须是在空闲状态进行,根据 3GPP 36.304 协议规定,终端首先需要进行 PLMN 选择,然后才能进行小区选择/重选。当小区选择/重选成功后,才能发起注册。由于通信系统中小区切换由网络侧决定,终端不能控制切换行为,而本节的出发点是由网络侧提供一定的测量信息,用户则利用这些信息辅助接入选网,因此本节所提出的智能网络选择技术部分重点关注研究小区重选过程，通过优化初选而降低频繁重选/切换次数从而提升用户业务的连续性及减少不必要的终端功耗。

小区选择和小区重选的详细过程在 3GPP 36.304 中定义，如图 2.4 所示。

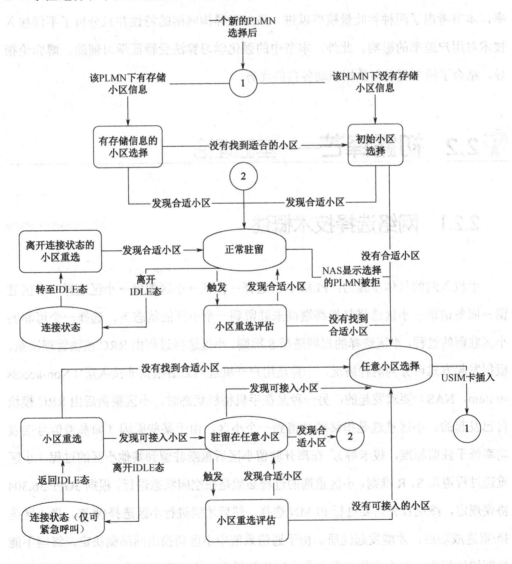

图 2.4 小区选择和小区重选

第 2 章
端侧智能网络选择

按照用户是否存有之前的选网信息,分为初始小区选择和存储信息小区选择,具体地,第一种情况,用户没有存储之前的选网信息,即初始小区选择:用户扫描接入网部分频带内所有信道,在每个载频上用户搜索一个最好的小区。第二种情况,用户存有之前的选网信息,即存储信息小区选择:在用户之前存有的测量控制信元或者检测到小区储存起来的载频信息中进行选择。首先检测用户存储的载频信息,若找到合适小区,则直接选择该小区;若没有找到合适的小区,则需要按照初始小区选择的流程进行选网。

当有新的 PLMN 选择后,用户首先需要判断是否存有之前测量控制信息,如果没有存储之前的信息,则启动初始小区选择。如果存有之前的测量信息,则用户首先要检测用户存储的载频信息。如果在存储的载频信息中有符合条件的小区,则用户直接选择该载频信息所在的小区;如果在存储的载频信息中没有符合条件的小区,则启动初始小区选择流程,即用户需要扫描接入网部分频带内所有信道,并选择信号质量最好的小区。小区重选过程通常由两部分组成:测量与重选。即用户根据信道状态信息配置的相关参数,在满足提前设置的阈值条件时发起选网流程。

判断终端是否驻留时,需要将小区的参数与 S 准则做对比,对比的参数为:信号质量与电平,同时也要达到重选判决准则。当用户驻留小区不低于 1 秒时,即可发起小区重选。小区重选的约束条件有:①用户在原小区驻留时间超过 1 秒;②当用户处理非普通移动状态,如高铁上、火车上等情况时,则根据情况对重选时间和驻留阈值进行缩放;③检测到在不少于重选时间条件下,排序列表中有比当前服务小区质量好的新目标小区。

当驻留小区后依旧需要测量该小区的信号质量。RRC 层根据参考信号接收功率测量结果计算小区选择接收功率值,为了判断是否启动邻区测量,需要将本小区的信号质量和 Sintrasearch(同频测量门限值)与 Snonintrasearch(异频/异系统测量启动门限)进行比较。具体的流程如下。

1）对于同频/同优先级情况重选流程

如图 2.5 所示，对于同频小区重选，由参数 Sintrasearch 决定是否进行同频小区重选。对于同频的小区，或者异频但具有同等优先级的小区，用户通过 R 准则对周围小区排序。具体地，服务小区的 Rs：$Rs=Q_{meas,s}+Q_{hyst}$，测量小区的参考信号接收功率值由 Q_{meas} 表示，Q_{hyst} 表示小区重选迟滞值；目标小区的 Rt 为：$Rt=Q_{meas,t}-Q_{offset}$（目标小区），(Q_{meas},t) 为目标小区的参考信号接收功率大小；Q_{offset} 表示目标小区的偏移值。如果目标小区在重选时间内目标小区的 Rt 值均超过服务小区的 Rs 值，用户将重选到该目标小区。

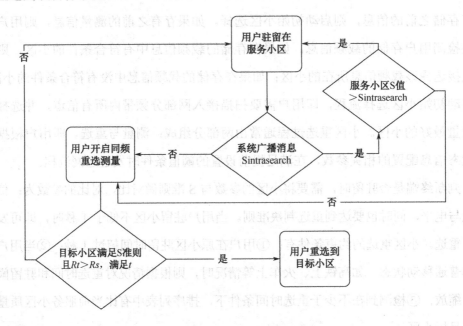

图 2.5　同频/同优先级重选流程

2）对于异频/异系统/不同优先级情况重选流程

如图 2.6 所示，异频小区重选情况下，利用参数 Snonintrasearch 决定要不要进行异频小区重选测量。当服务小区的优先级比相邻小区的优先级低时，可以启动异频小区重选测量。当系统消息内没有广播参数 Snonintrasearch 时,用户也需要启动异频小区的重选测量。反之,用户可在服务小区的 S 值低于 Snonintrasearch 时,启动异频小区的重选测量。

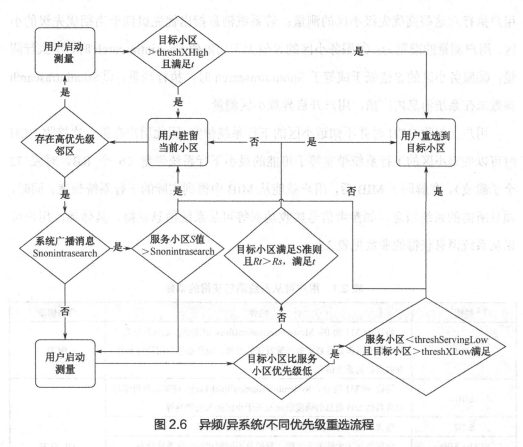

图 2.6 异频/异系统/不同优先级重选流程

其中频点的优先级信息可以通过用户在广播消息或通过 RRC 连接释放消息获取,相邻小区的优先级在 SIB5 中广播。小区的异频切换基于优先级值的大小,cellReselectionPriority 可表示异频小区重选的优先级,数值与优先级成正比。RRC 层的信令也可能有关于频率的优先级信息。

因此,当系统消息提供专用优先级时,用户则使用系统消息中定义的公共优先级。若系统消息中没有提供用户当前驻留小区的优先级信息，用户将把该小区所在的频点优先级设置为最低。用户只在系统消息中出现的并提供优先级的频点之间按照优先级策略进行小区重选。若系统消息定义的优先级高于当前频率优先级的小区，用户执行对这些高优先级小区的测量；若系统消息指出优先级低于当期优先级的小区，用户测量的准则为：①服务小区的 S 值大于门限值 Snonintrasearch 时，不执行测量；②服务小区的 S 值低于或等于 Snonintrasearch 时，执行测量；③Snonintrasearch 参数未在系统消息内广播，用户开启异频小区测量。

用户在接收 BCH 时并不知道小区的下行系统带宽，因此用户在第一次接收 BCH 时可以假定小区的下行系统带宽等于可能的最小下行系统带宽（6 个 RB，对应 72 个子载波）。在解码了 MIB 后，用户就能从 MIB 中得到实际的下行系统带宽。同时，项目所需的系统消息，如参考信号接收功率等可从系统消息获得。具体地，用户可以从系统消息获得的参数见表 2.1。

表 2.1 用户可从系统消息获得的参数

类型	内容	传输信道
MIB	协议 36.311 的 IE：MasterInformationBlock 规定该参数信息包含一些数量有限但最重要也最频繁发送的参数，用户必须使用这些参数获取其他的系统信息	BCH
SIB1	协议 36.331 的 IE：SystemInformationBlockType1 规定该参数信息包含其他 SIB 信息的调度信息及关于小区接入的参数等	DL-SCH
SIB2	包含了定时器相关参数，共享信道配置等消息	
SIB3~SIB8	分别包含了大量关于同频、异频及不同制式的小区重选信息	
SIB9	包含 HNB 的相关信息	
SIB10~SIB12	包含 ETWS 等警告消息	
SIB13	包含与 MBSFN 有关的信息	

综上所述，现有的网络选择算法所涉及的 S 准则及 R 准则中有大量需要人工设置的参数，因此参考条件依赖人工经验且门限值固定，这使传统终端选网方法难以

第 2 章
端侧智能网络选择

自适应满足用户的多样化需求。另外,网络选择时所依靠的单一指标不能精准地衡量链路质量,容易因链路质量相近而引起严重的频繁重选/切换,从而使业务连续性受到冲击,增加不必要的耗电,使用户体验受限。

2.2.2 SPG 概述

SPG 起源于马尔可夫博弈,引入状态动态特性,并且拥有一些非常优秀的性质。例如,SPG 的纳什均衡在势博弈中更加容易被得到证明。另外,SPG 通过解耦问题更容易设计分布式算法。这些特性使得 SPG 非常适合多参与者系统。

一方面,本节中全局优化问题是所有用户或基站的求和形式。常用解决方法是将原始问题分解为若干个子问题,并得到全局最优解的近似解。SPG 设计能够反映局部用户需求的个体开销函数,使用户行为考虑全局收益,并将原始问题分解为多个参与者的博弈问题,当用户依据控制策略执行理性行为,最终将会收敛到全局最优解。另一方面,为了跟踪不断变化的基站负载,用户定义状态空间以感知基站负载和其他用户行为,满足最终解的全局最优性。

多连接 SPG 问题可表示为 5 元组

$$\text{SPG} = \{\mathcal{N}, \mathcal{X}, \mathcal{A}, \mathcal{F}, \mathcal{J}\} \tag{2-1}$$

其中,符号 $\mathcal{N}$ 表示 SPG 的参与者,即用户。符号 $\mathcal{X}$ 表示状态空间,包含当前用户策略状态空间和负载估测状态空间。符号 $\mathcal{A}$ 表示动作空间,用户动作是两个连续状态之间的差值,即用户为了优化当前策略需要修正的偏差。用户动作基于状态空间求解获得。符号 $\mathcal{F}$ 是状态转移函数,描述动作与状态之间的关系。转移函数展示了博弈过程的动态特性,解释了用户如何根据动作的指导实现状态与动作的更新过程。符号 $\mathcal{J}$ 是状态空间的个体开销函数,反映博弈参与者的优化目标。

图2.7表示SPG通过用户动作$a(t)$和用户状态$x(t)$的交互过程组成了序贯博弈，展示了用户状态空间和动作空间的演进轨迹。在时刻t，用户根据个体开销函数和用户状态决定用户动作；而用户状态由前一个时刻的状态、动作和转移函数确定。如果$a(t)=0$，表明当前用户不采取任何动作，下一时刻的状态维持不变，即$x(t+1)=x(t)$。

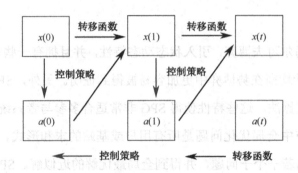

图 2.7 状态与动作的转移顺序

SPG 存在稳定状态纳什均衡。通过类比纳什均衡的概念，定义了稳定状态纳什均衡并强调了稳定状态纳什均衡x^*的稳定性。稳定状态纳什均衡满足：只要用户执行最优动作a^*，在均衡状态x^*下最小化开销函数，根据转移函数状态仍然会转移到x^*。稳定状态纳什均衡确保当 SPG 收敛时用户状态的稳定性，即网络中用户连接状态不会发生振荡。

2.2.3 随机森林

集成学习通过多个机器学习共同作用而实现预测模型，相对于单独的机器学习算法，集成学习有博采众长之特点。由于集成学习是多个学习器相结合的产物，因此集成学习通常比单一学习器泛化性能更强。机器学习的准确性和多样性性能之间存在矛盾，此消彼长。因此产生并结合"好而不同"的个体学习器是集成学习的关键科学问题之一，具体表现为单个学习器要具有多样性的同时，各个学习器之间又要保证准确性。集成学习的关键问题在于：①个体学习器的获取；②为个体学习器选择结合策略。选择一个好的结合策略有诸多好处，例如，扩大假设空间使得可以学得更好的预测模型；可以降低陷入局部最优的风险；可以增加泛化性能。

集成学习中根据个体学习器是否相同，可分为同质个体学习器与异质个体学习器。其中同质个体学习器根据个体学习器之间是否存在依赖关系可以分为两类，第一类为个体学习器之间不存在强依赖关系，即个体学习器可以并行的模式生成，代表算法是随机森林和 bagging 系列算法。第二类为个体学习器之间存在强依赖关系，该模式下个体学习器的生成模式为串行，代表算法是 boosting 系列算法。

随机森林（Random Forest，RF）属于集成学习中的 bagging algorithm，可解决回归问题或分类问题。集成学习将原数据集随机放回抽样以组成多个子数据集，对多个弱学习器分别进行训练，并进行投票表决得到最终结果。通过集成弱学习器，RF 相比单一决策模型提高了准确程度和泛化能力。RF 算法相比基于联结主义的机器学习方法（如神经网络），学习速度更快，推导更快，对计算资源的消耗更少，对小样本有更好的适应性。这些优点便于 RF 算法部署在终端，实现终端智能。另外，尽管神经网络等复杂方法对抽象知识的挖掘能力更强，但是在通信底层，如调度等问题，输入特征维度相对图像处理较低，且关系复杂，但因为数学模型的存在，所以RF 的学习能力已足够应对这类问题。目前，大量的成熟包库可辅助快速实现机器学习算法（如 sklearn 包）。

2.2.4　深度森林

深度森林通过将树组成的森林进行集成并前后串联起来达到表征学习的效果，是一种基于树的集成方法，该算法是可以与深度神经网络相媲美的基于树的模型。

深度森林具有多层分类器，通过分类器的第一层得到参数特征，后继面每一层都可以更新分类。每一层均由随机森林和完全随机森林构成，森林的层数可以根据训练数据自适应。表征学习可由深度森林基于级联结构实现，当输入高维度参数时，可以通过多粒度扫描，使表征学习能力得到极大提升。同时，级联的数量是可以自行调节的，因此即使在处理小数据量的时候效果依然有效。

相关研究证明，深度森林算法在多个不同领域的任务上都取得了比传统算法好的效果，尤其是在训练数据少时效果明显。一个创新点是把多个随机森林的输出概率和原始特征串联起来当作新的特征作为下一阶段的输入，使得分类器有了深度的概念，可以不断精炼输出结果。特征提取器中每一层多个随机森林和完全随机森林并联的设计得到学术界的广泛关注，该方式可以改善随机森林直接输出分类概率作为下一层输入而丢失太多原始信息的情况。决策树集成方法之一的多粒度级联森林，其性能与深度神经网络相比毫不逊色。

相对于深度神经网络而言，深度森林的超参数数量是很少的，且设定性能的鲁棒性很高，因此，在跨域使用时依旧可行。根据深度森林的结构可知该方法适合并行，因此在性能上不会弱于深度神经网络。传统深度神经网络需要大量的数据集来训练，深度神经网络的模型太复杂，而且有着太多的超参数。相比深度神经网络，深度森林有如下若干优点：①与深度神经网络相比，深度森林比较容易训练，且计算开销小。②深度森林基于并行部署的结构，其运行效率高。③深度森林中需要设置的超参数少，模型对超参数调节不敏感，不同的数据集都可以使用这一套数据集。④深度森林可适用于不同大小的数据集，其模型复杂度亦可自适应调整。⑤深度森林中每个级联的生成使用了交叉验证，避免了过拟合。⑥深度森林在理论分析方面可解释性比深度神经网络更强。

第 2 章 端侧智能网络选择

2.3 小试牛刀——同构用户多连接技术研究

由之前的分析可知，现有超密集移动通信系统用户连接存在交互复杂、缺乏业务感知能力等问题。本节主要针对超密集移动通信系统中负载不均衡、无针对多连接技术的用户连接算法等问题，设计了基于 SPG 的用户多连接算法。2.3.1 节描述了用户多连接问题网络模型并定义了多连接问题；2.3.2 节对 SPG 理论进行概述，并将多连接问题建模成了 SPG 问题；2.3.3 节针对全局最优性进行理论证明，并给出算法步骤；2.3.4 节及 2.3.5 节完成仿真并进行总结。

2.3.1 用户多连接问题

本节描述了超密集移动通信系统中的多连接模型，同时定义了需要着重关注和优化的三个性能指标，包括业务流性能、功耗开销和信令开销。

2.3.1.1 多连接场景模型

图 2.8 说明了一个典型超密集移动通信系统多连接场景，其中存在 L 个宏基站（Macro Base Station，MBS）和 $K-L$ 个小基站（Small Base Station，SBS）。所有基站用符号 $K=\{1,\cdots,K\}$ 表示，所有用户用符号 $N=\{1,\cdots,N\}$ 表示。T_i 表示用户 $i \in N$ 的业务，k_u 表示接入基站 u 的用户数量。超密集移动通信系统中用户 i 可能处在多个基站的覆盖范围内，用户邻居基站集合用符号 K_i 表示。K_i 集合的基数，即用户 i 的邻居基站数量用 K_i 表示。K_i 集合中的基站都有可能成为用户 i 的接入基站，用户 i 从中选择一个子集作为多连接基站。其他接入 K_i 集合基站的用户则被用户 i 视为邻居

用户，邻居用户的数量用 N_{K_i} 表示。

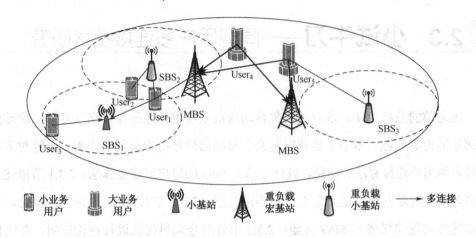

图 2.8 基于业务感知的同构多连接方法

实际通信中，用户有不同的业务特征。一些用户可能有更频繁的业务传输请求，更大的传输文件，如图 2.8 所示，Vser4、Vser5 是大业务用户；一些用户是小业务用户，如 Vser1、Vser2 等传输请求以小文件为主。用户业务的不确定性和用户分布的不均衡性使得实际网络中负载不均衡，例如，基站会呈现重负载状态（如 MBS 和 SBS₁）和轻负载状态（如 SBS₂ 和 SBS₃）。基站负载的差异化通过用户分布的不均衡表现。由于多连接用户与多基站建立传输链路并且分配不同比例的业务，如 Vser5 接入 MBS 和 SBS₃。多连接技术可通过调整传业务分配比例实现更灵活的用户连接，从而实现负载均衡。因此，网络中需要考虑用户业务特征的多连接算法。

2.3.1.2 业务感知模型

1. 业务感知

基于 Simpy 实现离散事件，模拟每个用户随机生成传输请求。假定用户 i 的传输请求到达时间间隔服从泊松分布，期望是 λ_i；传输文件大小服从期望为 $\frac{1}{\mu_i}$ 的指数分布。因此，用户的业务大小用 $\frac{\lambda_i}{\mu_i}$ 表示，表示用户平均每秒发起 $\frac{\lambda_i}{\mu_i}$ bit 的传输请求。本节用 T_i 代表 $\frac{\lambda_i}{\mu_i}$，T_i 越大表示用户的业务量越大，T_i 的单位为比特每秒。

用户根据连接策略将传输请求分配到不同的基站。用户连接策略用 $\upsilon_i = \{\upsilon_i^1, \upsilon_i^2, \upsilon_i^3, \upsilon_i^4, \ldots, \upsilon_i^K\}$ 表示，符号 υ_i^k 代表用户 i 向基站 k 卸载传输业务占该用户总业务的比例。举例说明，如果用户 i 提出一个 m 比特的传输请求，m 服从期望为 $\frac{1}{\mu_i}$ 的指数分布，则基站 k 需要传输 $m\upsilon_i^k$ 比特。如果用户需要完成完整的传输请求，则 $\sum_k \upsilon_i^k = 1$。根据 $m\upsilon_i^k$ 的物理意义，用户的策略应当总为正值，即 $\upsilon_i^k \geq 0$。

2. 用户连接开销

因为超密集移动通信系统中的基站密度大，用户周围存在多个基站可接入。然而，维持多连接需要额外的信令开销。本节定义开销函数 $S(\upsilon)$ 以控制用户多连接的数量。向量 υ 表示所有用户的连接策略，即 $\upsilon = [\upsilon_1, \upsilon_2, \cdots, \upsilon_N]$。当用户建立更多连接时，开销函数会升高以限制链路的增加。本节定义用户连接的网络开销 $S(\upsilon)$ 为

$$S(\upsilon) = \sum_{i=1}^{N} \sum_{k=1}^{K} \frac{1}{\left(\upsilon_i^k - \frac{1}{K_i} + 2\right)^2} \quad (2\text{-}2)$$

为了起到限制连接数量的作用，式（2-2）的分母是均方误差的形式。方差可衡量数据的离散程度，本节使用方差衡量连接策略在基站上的离散程度。如果用户多连接基站数量较少，则分母增大，整体开销降低。

2.3.1.3 基站模型

由于基站频率复用因子为 1，因此基站间存在干扰，而接入同一基站的用户之间由于资源的正交性无干扰。仿真中基站轮询服务缓冲区内用户的传输请求，每个时

刻只服务一个用户，以此描述资源正交性。无法得到服务的用户在基站缓冲区中进行排队等待传输，用户业务请求在基站中符合M/GI/I排队模型。

本节主要研究下行传输，基站k提供给用户i的传输速率用c_i^k表示。c_i^k可根据香农公式$c_i^k = B\log_2\left(1+\gamma_i^k\right)$计算，其中$B$是系统带宽。$\gamma_i^k$表示用户$i$接入基站$k$的SINR，可根据$\gamma_i^k = \dfrac{p_k g_i^k}{\sum\limits_{j \in K/k} p_j g_i^j + \sigma^2}$计算，其中$p_k$是基站$k$发射功率，$g_i^k$是基站$k$到用户$i$的链路增益。$\sum\limits_{j \in K/k} p_j g_i^j$是用户接收到来自其他用户的干扰。$\sigma^2$是系统噪声。传输速率受其他基站下行链路的干扰。

1. 负载模型

基站负载为：

$$\rho_k = \sum_{i=1}^{N} \frac{T_i v_i^k}{c_i^k} \qquad (2\text{-}3)$$

其中，ρ_k是基站k的负载，T_i是用户i的业务大小。v_i^k是用户连接策略，表示用户i在基站k的业务分配比例。c_i^k是用户传输速率，受信道条件影响。

基站负载ρ_k描述基站处理所有传输请求所需相对时间，表示为用户负载之和。其中，$T_i v_i^k$是用户i在基站k的业务。用户i在基站k上的负载为$\dfrac{T_i v_i^k}{c_i^k}$，表示为用户业务除以传输速率。为网络稳定ρ_k应小于1，如果负载大于1表示基站无法将单位时间内产生的业务传输完毕，存留业务将会停留在缓冲区内直到被传输，网络可能拥塞。

2. 功耗开销

基站k最大功耗为g_k，功耗开销包含静态功耗和传输功耗两部分。基站功耗可被定义为：

$$\phi_E(\upsilon) = \sum_{k=1}^{K}\left((1-q_k)\rho_k g_k + q_k g_k\right) \quad (2\text{-}4)$$

静态功耗和传输功耗占全部功耗的比例为 q_k，ρ_k 反映负载对基站功耗的影响，负载越大则基站功耗越大。静态功耗 $q_k g_k$ 包含电路功耗和冷却功耗等。

3. 业务性能

业务性能反映用户业务流传输体验。业务流可表示为连续的 TCP（Transmission Control Protocol，TCP）会话或文件传输请求。定义业务流性能为形似 α 公平效用函数的开销函数，表示为：

$$\phi_{F,\alpha}(\upsilon) = \begin{cases} \sum_{k=1}^{K}\dfrac{(1-\rho_k)^{1-\alpha}-1}{\alpha-1}, & \alpha \neq 1 \quad (a) \\ \sum_{k=1}^{K}\log\left(\dfrac{1}{1-\rho_k}\right), & \alpha = 1 \quad (b) \end{cases} \quad (2\text{-}5)$$

其中，符号 α 反映函数偏好性，即负载均衡度，ρ_k 表示基站 k 负载。当 $\alpha = 2$ 时，最小化公式（2-5）等同于最小化平均流数。根据 Little 定律，最小化平均流数等同于最小化时延。当 $\alpha = 0$ 时，最小化公式（2-4）等同于优化吞吐量。随着 α 的增大，用户越倾向于进行基站间负载均衡。

2.3.1.4 问题定义

基于式（2-2）、式（2-4）和式（2-5），为联合考虑时延、负载、功耗和连接开销，多连接问题开销函数定义为：

$$\min \Phi = \phi_{F,\alpha}(\upsilon) + \eta\phi_E(\upsilon) + \beta S(\upsilon) \quad (2\text{-}6)$$

约束条件为

人工智能
超密集移动通信系统

$$\rho_k \leqslant 1 \tag{2-6.1}$$

$$\sum_{k}^{K} v_i^k = 1 \tag{2-6.2}$$

$$v_i^k \geqslant 0 \tag{2-6.3}$$

其中，$\phi_{F,a}$ 是业务流性能效用，$\phi_E(v)$ 反映能量效率，$S(v)$ 表示连接开销。式（2-6）函数形式复杂，包含了反比例、对数和线性等形式，而权重和是多种复杂性能指标联合优化的常用形式。符号 η 和 β 是常数权重因子，用以平衡不同的性能维度。开销函数 $\Phi: v \rightarrow R$ 将用户策略映射到实数域以反映开销的高低。v 是所有用户策略的集合，用 $v = v_1 \times v_2 \times v_3 \ldots \times v_N$ 表示。根据业务特征和基站模型，开销函数存在若干约束条件。约束（2-6.1）表征网络维持稳定性以免拥塞，约束（2-6.2）和（2-6.3）代表多连接策略的物理约束，用户的连接策略应大于 0 且和为 1。根据式（2-2）、式（2-4）和式（2-5），式（2-6）为全局优化问题，需要考虑所有的用户和基站。然而，用户并不能获得全局信息。因此，引入 SPG 将全局优化问题建模为分布式优化问题，并在下一节解得分布式的控制策略。

2.3.2 SPG 建模

本节将用户多连接问题建模为基于状态的多连接势博弈问题，其中符号 $\mathcal{N}$ 指网络用户。符号 v_i^k 代表用户连接策略，即用户 i 在基站 k 上分配业务的比例。符号 e_i^k 表示用户 i 对基站 k 负载的估测。

1. 状态空间

定义 1：每个状态 $x \in \mathcal{X}$ 可表示为二元组 $x = (v, e)$，$v = (v_1, v_2, \cdots, v_N)$ 是用户的连接策略，定义为用户连接策略状态。$e = (e_1, e_2, \cdots, e_N)$ 是用户对基站负载的估测，定

第 2 章
端侧智能网络选择

义为用户负载估测状态。符号 e_i 包括 $e_i=(e_i^1,e_i^2,\cdots,e_i^K)$，其中，$e_i^k$ 表示用户 i 对基站 k 的负载的估测，用户用公式 Ne_i^k+1 估测基站负载 ρ_k。

由于用户不能获得完美的全局信息，用户决策难以达到全局最优。因此，用户使用估测负载间接获得全局信息。

2. 动作空间

用户需要不断更新连接策略状态和负载估测状态以适应网络状态和用户业务的变动。用户 i 的动作可表示为二元组 $a_i=(\hat{v}_i,\hat{e}_i)$，其中 $\hat{v}_i^k$ 是时间上相邻的连接策略差值，用以更新用户连接策略状态。$\hat{e}_i$ 是用户交互的负载估测状态修正信息，用户 i 与邻居用户协作完成基站负载的估测与更新。当满足一定初始条件时，用户负载估测状态存在不变性，即邻居用户的负载估测状态之和总能使等式

$$\sum_{i=1}^{N} e_i^k(t) = \sum_{i=1}^{N} \frac{T_i v_i^k(t)}{c_i^k} - 1 = \rho_k - 1 \tag{2-7}$$

成立（用户状态的不变性后续进行具体证明）。因此，当用户 i 过高估计基站负载时，必定存在其他用户低估基站负载。

用户根据交互信息按照转移函数更新用户状态，交互信息 $\hat{e}_i$ 包含两部分：

（1）用户 u 向邻居用户 j 发送的信息用 $\hat{e}_{u\to j}^k$ 表示。例如，当用户 u 高估了基站负载 ρ_k 而用户 j 低估了 ρ_k，用户会发送 $\hat{e}_{u\to j}^k$ 调整负载估测状态，在 e_u^k 中减去 $\hat{e}_{u\to j}^k$，在 e_j^k 中加上 $\hat{e}_{u\to j}^k$。

（2）用户 u 收到来自邻居的交互信息用符号 $\hat{e}_{u\leftarrow\text{in}}^k$ 表示，满足 $\hat{e}_{u\leftarrow\text{in}}^k=\sum_{j\in N_u} e_{j\to u}^k$。用户会在 e_u^k 中加上 $\hat{e}_{u\leftarrow\text{in}}^k$ 以调整负载估测状态。

符号 $\hat{e}_{u\to j}^k$、$\hat{e}_{u\leftarrow\text{in}}^k$ 中的箭头代表交互信息的流向。例如，$\hat{e}_{u\leftarrow\text{in}}^k$ 表示从用户 u 向用户 j 发送的信息。

如果针对基站负载 ρ_k 的估测 Ne_i^k+1 是完全准确且合适的，则应满足以下两个条件：

（1）首先，针对同一个基站负载的估测，某个用户和其邻居应当是一致的。

（2）其次，估测的负载 Ne_i^k+1 应为正值并且小于 1（网络的稳定性）。

为了维持这两个条件的成立以及追踪负载变化，用户需要通过 $\hat{e}_{i\to\text{out}}^k$ 交互负载信息，修正负载估测状态。

3. 转移函数

状态和动作间的更新关系为 $x, a \to \tilde{x}$ 定义为线性转移函数

$$\tilde{v}_i = \left\{ v_i^k + \hat{v}_i^k \right\}_{k \in K_i} \tag{2-8}$$

$$\tilde{e}_i = \left\{ e_i^k + \frac{T_i}{c_i^k}\hat{v}_i^k + \left(\frac{T_i'}{c_i^k} - \frac{T_i}{c_i^k}\right)v_i^k + \hat{e}_{i\leftarrow\text{in}}^k - \hat{e}_{i\to\text{out}}^k \right\}_{k \in K} \tag{2-9}$$

其中，符号 $\tilde{v}_i$ 和符号 $\tilde{e}_i$ 表示下一时刻连接策略状态和负载估测状态，$\hat{v}_i^k$、$\hat{e}_{i\leftarrow\text{in}}^k$、$\hat{e}_{i\to\text{out}}^k$ 是用户动作。$\hat{e}_{i\to\text{out}}^k$ 满足 $\hat{e}_{i\to\text{out}}^k = \sum_{j \in N_i} \hat{e}_{i\to j}^k$，为用户向邻居发送的信息之和。由于式（2-7）形式复杂，为了便于进行求导分析，本书采用线性形式描述状态与动作的关系。转移函数（2-9）的物理意义体现了用户如何实现对基站负载的感知，包含三部分：

（1）用户的历史负载估测对当前估测的影响，即式（2-9）中的 e_i^k。（ ）

（2）用户业务或连接策略的变化会引起基站负载变化。$\left(\dfrac{T_i'}{c_i^k} - \dfrac{T_i}{c_i^k}\right)v_i^k$ 表示用户业务变化对基站负载估测的影响。$\dfrac{T_i}{c_i^k}\hat{v}_i^k$ 表示用户连接策略变化对基站负载估测的影响。

（3）用户之间协作对基站负载进行修正。交互项 $\hat{e}_{i\leftarrow\text{in}}^k$ 和 $\hat{e}_{i\to\text{out}}^k$ 维持了估测准确性。例如，如果存在基站 1、基站 2 和基站 3，用户的连接策略 v_i 为 $(1,0,0)$，表示该用户的业务全部由基站 1 完成。用户的动作 $\hat{v}_i$ 为 $(-0.5, 0.5, 0)$，根据转移函数，用户的下一次连接策略 $\tilde{v}_i$ 为 $(0.5, 0.5, 0)$，而且仍然符合约束（2-6.2）和（2-6.3）。连接策

略 (0.5, 0.5, 0) 表示用户的业务由基站 1 和基站 2 负责传输，0.5 为业务的分配比例。

4. 开销函数

基于式（2-2）、式（2-4）、式（2-5）和式（2-6），通过消除式（2-6）中非邻居用户开销，用户的个体开销函数 $J_i(x,a)$ 可定义为

$$J_i(x,a)=J_i(\tilde{x})=\sum_{i\in N_K}\left(\sum_{k\in K}\frac{\left(1-\left(N\tilde{e}_i^k+1\right)\right)^{1-\alpha}-1}{\alpha-1}+\eta\sum_{k\in K}\left[(1-q_k)(N\tilde{e}_i^k+1)p_k+q_kp_k\right]+\beta\sum_{k\in K}\frac{1}{\left(\tilde{v}_i^k-\frac{1}{K_i}+2\right)^2}\right)+$$

$$\mu\sum_{j\in N_{K_i}}\sum_{k\in K}\left(\tilde{e}_i^k-\tilde{e}_j^k\right)^2+\xi\sum_{j\in N_{K_i}}\sum_{k\in K}\left[\max\left(0,\tilde{e}_j^k\right)\right]^2$$

（2-10）

式（2-10）结合了业务流性能、功耗开销、信令开销，还包含两个惩罚项。用户 i 的开销函数是用户 i 及其邻居状态的函数。用户需要获得局部信息以描述自身和邻居的共同开销。式（2-10）将邻居的代价纳入考虑会帮助用户形成更有全局视野的行为，实现全局最优。而用户能够实现考虑邻居代价的基础在于用户可通过状态空间感知周围基站负载，即用户通过 $N\tilde{e}_i^k+1$ 估测负载 ρ_k。

符号 μ 和 ξ 是惩罚因子，两个惩罚项意义为：

（1）为保证用户与邻居能够获得一致的估测，对相同基站负载估测的不一致进行惩罚。

$$C_1=\sum_{l\in N_{K_i}}\sum_{k\in K}\left(\tilde{e}_i^k-\tilde{e}_l^k\right)^2$$

（2-11）

其中，$\tilde{e}_i^k$ 表示用户 i 估测的基站 k 的负载，方差描述用户间估测的偏差程度。

（2）为了网络的稳定性，考虑耦合约束 $\rho_k\leqslant 1$，定义惩罚项为：

$$C_2=\xi\sum_{j\in N_{K_i}}\sum_{k\in K}\left[\max\left(0,\tilde{e}_j^k\right)\right]^2$$

（2-12）

其中，$\tilde{e}_j^k$ 应当为负值，max( ) 使得惩罚项惩罚正值（下一节将会具体分析）。

但是用户只能根据自身估测进行决策，负载估测状态之和的正确性无法保证每个用户的估测都是正确的，即式（2-7）。用户的错误估测会影响用户的连接策略，可能导致连锁反应并引起网络拥塞。

2.3.2.1 SPG 控制策略

博弈论中用户互相竞争并调整自己的动作以最小化个体开销函数。由于式（2-10）是典型的非线性问题，SPG 采用梯度下降法求解用户动作。用户根据梯度下降法确定动作 $\hat{v}_i$ 和 $\hat{e}_{i \to j}^k$ 为：

$$\hat{v}_i^k = \left[-\varepsilon_i \cdot \frac{\partial J_i(x(t), a)}{\partial \hat{v}_i} \bigg|_{a=0} \right]^+ \tag{2-13}$$

$$\hat{e}_{i \to j}^k = -\varepsilon_i \cdot \frac{\partial J_i(x, a)}{\partial \hat{e}_{i \to j}^k} \bigg|_{a=0} \tag{2-14}$$

其中，$J_i(x,a)$ 是用户 i 的个体开销函数，符号 $[\ ]^+$ 表示最后的结果应投影到用户策略领域以满足动作的约束，即式（2-6.2）和式（2-6.3）。用户动作通过 $J_i(x,a)$ 在 $\hat{v}_i$ 和 $\hat{e}_{i \to j}^k$ 上求导解得式（2-13）和式（2-14）。

2.3.3 性质证明与算法设计

根据转移函数分析演进过程中的各项条件和特性，分析 SPG 纳什均衡的存在性和唯一性，证明算法的收敛，最终给出 TAMA 算法的算法步骤。

2.3.3.1 状态演进

状态空间的演进过程由转移函数指导。首先，给出状态不变性（2-7）成立的条件并证明；然后，根据状态的不变性说明估测的合理性。

1. 状态不变性

通过初始化和转移函数的设计，同一个基站所有用户的负载估测状态之和总是等于基站的真实负载减去1。

引理1：基站 k 的负载与用户的连接策略存在关系

$$\sum_{i=1}^{N} e_i^k(t) = \sum_{i=1}^{N} \frac{T_i v_i^k(t)}{c_i^k} - 1 \tag{2-15}$$

且式（2-15）一直成立。如果在演进过程中满足初始条件

$$\sum_{i=1}^{N} e_i^k(0) = \sum_{i=1}^{N} \frac{T_i v_i^k(0)}{c_i^k} - 1 \tag{2-16}$$

并且服从转移函数的指导。

证明：基站的实际负载为 $\sum_{i=1}^{N} \frac{T_i v_i^k(t)}{c_i^k}$。根据转移函数式（2-9）可知

$$\sum_{i=1}^{N} e_i^k(t) = \sum_{i=1}^{N} \left(e_i^k(t-1) + \frac{T_i \hat{v}_i^k(t-1)}{c_i^k} \right) + \sum_{i=1}^{N} \left(\hat{e}_{i \leftarrow \text{in}}^k(t-1) - \hat{e}_{i \to \text{out}}^k(t-1) \right) \tag{2-17}$$

成立。由于用户只会在邻居间交互信息，用户发送的信息总会流入某个邻居用户。因此符号 $\hat{e}_{i \leftarrow \text{in}}^k(t-1)$ 和 $\hat{e}_{i \to \text{out}}^k(t-1)$ 针对一个基站下的所有用户求和时总会相互抵消。$e_i^k(0)$ 和 $e_i^k(1)$ 之间的关系根据转移函数式（2-9）和初始状态式（2-16）符合

$$\sum_{i=1}^{N} e_i^k(1) = \sum_{i=1}^{N} \left(\frac{T_i v_i^k(0)}{c_i^k} + \frac{T_i \hat{v}_i^k(0)}{c_i^k} \right) - 1 \tag{2-18}$$

根据转移函数式（2-8），$\dfrac{T_i v_i^k(0)}{c_i^k} + \dfrac{T_i \hat{v}_i^k(0)}{c_i^k}$ 等价于 $\dfrac{T_i v_i^k(1)}{c_i^k}$。因此，递推证明式（2-15）对任意的 t 和 $t-1$ 都成立。

根据引理 1 的成立条件，用户的初始策略应为 $v_i^k(0)=0$，用户的初始负载估测状态应满足 $e_i^k(0)=-\dfrac{1}{N}$。当满足这两个初始条件时，用户可保证初始条件式（2-15）成立。因此，用户状态的不变性得到保证。

2. 估测准确性

个体开销函数中可用 Ne_i^k+1 估测基站 k 的负载。

说明：根据负载定义（2-2）及引理 1，基站的负载满足 $\sum\limits_{i=1}^{N} e_i^k(t) = \sum\limits_{i=1}^{N} \dfrac{T_i v_i^k(t)}{c_i^k} - 1 = \rho_k - 1$。

为了使每个用户能够尽量准确地估测负载，个体开销函数对估测的不一致性进行惩罚。根据式（2-10），用户针对同一基站的估测会逐渐相等。因此，算法使用 Ne_i^k+1 估测负载 ρ_k。

2.3.3.2 纳什均衡存在性与唯一性

本节根据势博弈的性质和势函数的凸性证明 SPG 纳什均衡的存在性和唯一性。

1. 势博弈证明

证明 SPG 问题属于势博弈问题。

定理 1：对于博弈问题 $\{\mathcal{N}, \mathcal{X}, \mathcal{A}(x), \mathcal{F}(x,a), \mathcal{J}(x,a)\}$，如果存在函数 Φ 满足如下两个条件，则博弈问题为势博弈且 Φ 是原博弈问题 $\{\mathcal{N}, \mathcal{X}, \mathcal{A}(x), \mathcal{F}(x,a), \mathcal{J}(x,a)\}$ 的势函数。

（1）对每个用户 $i \in \mathcal{N}$，用户动作 $a \in \mathcal{A}(x)$ 和 $a' \in \mathcal{A}_i(x)$ 满足

$$\mathcal{J}_i(x, a_i', a_{-i}) - \mathcal{J}_i(x, a) = \Phi(x, a_i', a_{-i}) - \Phi(x, a) \tag{2-19}$$

（2）对于任意的用户动作 $a \in \mathcal{A}(x)$ 和确定状态 $\tilde{x} = f(x,a)$，函数 Φ 满足

第 2 章
端侧智能网络选择

$$\Phi(x,a) = \Phi(\tilde{x},0) \qquad (2\text{-}20)$$

其中，x 和 a 为前面定义的状态和动作。

根据个体开销函数，定义 $\Phi(x,a)$ 为

$$\Phi(x,a) = \sum_{i \in N} \left(\sum_{k \in K} \frac{\left(1-\left(N\tilde{e}_i^k+1\right)\right)^{1-\alpha}-1}{\alpha-1} + \eta \sum_{k \in K} \left[(1-q_k)\left(N\tilde{e}_i^k+1\right)p_k + q_k p_k\right] \right) + \beta \sum_{k \in K} \frac{1}{\left(\tilde{v}_i^k - \frac{1}{K_i}+2\right)^2} + $$

$$\mu \sum_{j \in N} \sum_{k \in K} \left(\tilde{e}_i^k - \tilde{e}_j^k\right)^2 + \xi \sum_{j \in N} \sum_{k \in K} \left[\max\left(0, \tilde{e}_j^k\right)\right]^2$$

$$(2\text{-}21)$$

式（2-21）由五部分组成，包含业务流性能、信令开销、功耗开销和两个惩罚项。根据转移函数的规则，(x,a) 等价于 $(\tilde{x},0)$。因此，式（2-20）成立。根据转移函数规则可知，用户的动作只会影响到邻居。所以式（2-21）的每个子项可分解成两个成分。例如，式（2-21）中业务流性能可以被表示成与 i 相邻用户和非相邻用户两部分

$$\sum_{i \in N}\left(\sum_{k \in K}\phi_{F,\alpha}(x,a_i,a_{-i})\right) = \sum_{i \notin N_{K_i}}\left(\sum_{k \in K}\phi_{F,\alpha}\left(e_i^k,v_i^k\right)\right) + \sum_{i \in N_{K_i}}\left(\sum_{k \in K}\phi_{F,\alpha}\left(e_i^k,v_i^k\right)\right) \qquad (2\text{-}22)$$

因此，对于该用户动作空间的其他可能动作 $a' \in \mathcal{A}_i(x)$，$\Phi(x,a)$ 的差值应符合等式

$$\Phi(x,a_i',a_{-i}) - \Phi(x,a) = \sum_{i \in N}\left(\sum_{k \in K}\phi_{F,\alpha}(x,a_i',a_{-i})\right) - \sum_{i \in N}\left(\sum_{k \in K}\phi_{F,\alpha}(x,a)\right)$$

$$= \sum_{i \in N_{K_i}}\left(\sum_{k \in K}\phi_{F,\alpha}\left(e_i^{k'},v_i^{k'}\right)\right) - \sum_{i \in N_{K_i}}\left(\sum_{k \in K}\phi_{F,\alpha}\left(e_i^k,v_i^k\right)\right) \qquad (2\text{-}23)$$

$$= \mathcal{J}_i(x,a_i',a_{-i}) - \mathcal{J}_i(x,a)$$

其中，$\Phi(x,a)$ 是式（2-21）中给出的函数，$\phi_{F,\alpha}$ 是业务流性能，见式（2-5）。由于用户只会影响其邻居，因此相减后只剩下相邻用户部分，即个体效用函数的差值。因此，$\Phi(x,a)$ 也满足式（2-18）。综上所述，本节构建的 SPG 模型符合定理 1 对势

博弈问题的定义，且 $\Phi(x,a)$ 为其势函数。

2. 势函数凸性证明

证明 $\Phi(x,a)$ 为凸函数。

定义 2：如果满足

$$\forall x_1, x_2 \in X, \forall t \in [0,1]: f(tx_1+(1-t)x_2) < tf(x_1)+(1-t)f(x_2) \tag{2-24}$$

则 f 是严格凸的。

证明：由于惩罚项为平方形式，惩罚项部分具有凸性。除惩罚项以外势函数由三个成分组成，由于各部分之间为线性求和的形式，可分别对凸性进行证明。证明过程中用 h 代替 $-N\tilde{e}_i^k$。首先，证明业务流性能部分的凸性。当 $0 \leqslant \alpha < 1$ 时，根据定义 2 及式（2-5），化简后证明业务流性能的凸性等价于证明

$$\left[\beta h+(1-\beta)h'\right]^{1-\alpha} > \beta h^{1-\alpha}+(1-\beta)h'^{1-\alpha} \tag{2-25}$$

式（2-25）为 $x^{1-\alpha}$ 形式的函数，并且 $x^{1-\alpha}$ 在 x 上为凸函数。因此根据定义 2，不等式（2-24）成立，原问题在 h 上为严格凸。当 $\alpha > 1$ 时，证明方法与 $0 \leqslant \alpha < 1$ 类似。当 $\alpha = 1$ 时，根据 $-\log(x)$ 的凸性可知

$$\log(\beta h+(1-\beta)h') > \beta \log(h)+(1-\beta)\log(h') \tag{2-26}$$

成立。因此，业务流性能函数为凸函数。由于 h 是 $\hat{v}_i^k$ 和 $\hat{e}_{i \to j}^k$ 的线性函数，原问题在动作变量上是严格凸的。然后，功耗开销部分是线性函数，并不会影响函数的凸性。最后，信令开销部分为 $\frac{1}{x^2}$ 形式的函数，变量 $\tilde{v}_i^k$ 与变量 $\hat{v}_i^k$ 根据转移函数又是线性相关。所以，信令开销函数在动作空间上也为凸函数。最终，$\Phi(x,a)$ 被证明为凸函数。

第 2 章 端侧智能网络选择

3. 纳什均衡的存在性和唯一性

纳什均衡的存在性由定理 2 证明。

定理 2：如果定义 SPG 博弈问题 $F = \{\mathcal{N}, \mathcal{X}, \mathcal{A}(x), \mathcal{F}(x,a), \mathcal{J}(x,a)\}$，则 F 的纳什均衡点集合与博弈问题 $F^* = \{N, X, A(x), F(x,a), \Phi(x,a)\}$ 的纳什均衡点集合一致，即

$$\text{NESet}(F) \equiv \text{NESet}(F^*) \tag{2-27}$$

根据定理 2，当博弈问题 F^* 的效用函数为 SPG 的势函数，则 SPG 的纳什均衡解与其一致。而博弈问题 F^* F^* 的效用函数 Φ 是严格凸的，因此 F^* 存在唯一的纳什均衡解，从而 F 有且只有一个纳什均衡解。因此，基于以上分析，SPG 有且只有一个纳什均衡点。

2.3.3.3 分布式的 TAMA 算法

图 2.9 给出了 TAMA 算法。算法包含三个部分：用户通过计算得到各自的连接策略、用户向邻居传递信息和用户更新负载估测状态。仿真通过离散事件仿真方法体现离散的传输请求和异步的用户决策。

在算法的开始阶段，用户设定默认值作为对基站负载的初始估测以满足状态稳定性的初始条件。然后，用户根据交互信息和连接策略的变化更新负载估测状态，用户连续提出传输请求并根据计算结果进行决策，用户将会触发事件向邻居传递信息，更新负载估测状态在算法会尽量限制基站负载小于 1，所以符号 e_i^k 应在区间 $\left(-\dfrac{1}{N}, 0\right)$ 中。如果发生异常情况，基站会强制负载估测状态 e_i^k 在邻居之间取平均。

如果用户离开或加入网络，用户只需保证式（2-14）的成立。当用户离开网络时，应向任意邻居 j 传递修正信息 $\hat{e}_{i \to j} = \left\{ e_i^k - \dfrac{T_i v_i^k}{c_i^k} \right\}_{k \in K}$ 以表示用户负载的离开。当用户加入

网络时只需将初始状态 v_i 和 e_i 初始化为 0。用户动作由式（2-13）、式（2-14）控制。随着用户信息的交互，不准确估测将会逐渐被修正。

算法：TAMA 算法	
步骤 1	初始化 用户负载估测状态 e_i^k 为 $-\dfrac{1}{N}$，用户连接策略状态 v_i^k 为 0
步骤 2	While 事件"用户接收来自邻居的信息 $\hat{e}_{j \to i}^k$"：
步骤 3	更新用户负载估测状态 $\tilde{e}_i = \{e_i^k + \hat{e}_{i \leftarrow in}^k\}_{k \in K}$
步骤 4	End While
步骤 5	While 事件"用户提出传输请求"：
步骤 6	检查负载估测准确性
步骤 7	If 负载估测是正确的：
步骤 8	根据控制策略式（2-13）和式（2-14）计算用户动作 $\dot{v}_i^k$ 和 $\hat{e}_{i \to j}^k$
步骤 9	根据转移函数式（2-8）和式（2-9）更新用户状态
步骤 10	Else：
步骤 11	修正异常估测
步骤 12	根据控制策略式（2-13）和式（2-14）计算用户动作 $\dot{v}_i^k$ 和 $\hat{e}_{i \to j}^k$
步骤 13	根据转移函数式（2-8）和式（2-9）更新用户状态
步骤 14	发起事件"向 j 用户发送信息 $\hat{e}_{i \to j}^k$"
步骤 15	根据用户连接策略状态 v_i 接入并传输业务
步骤 16	End While

图 2.9　TAMA 算法

（1）算法稳定性分析

负载估测状态 e_i^k 应为负数，e_i^k 的初始状态应为 $e_i^k(0) = -\dfrac{1}{N}$。当 e_i^k 从负逐渐接近 0 时，惩罚项 C_2 会增大以避免 e_i^k 超出边界，以抑制基站 k 负载的继续增大，即为内点法。本节采用梯度下降法优化用户动作。由式（2-4）可知，业务流性能的导数为反比例函数形式，函数的定义域不包含零点，搜索过程应当限制在定义域内。然而，在算法的初始阶段，用户有可能错误地估测基站的负载，用户动作 $\dot{v}_i^k$ 的理性又受估测准确程度的影响。例如，用户有可能还未校正估测就接收了邻居传递的信息而超出了定义域，个体效用函数也无法维持凸性。因此，用户应当在决策前检查 e_i^k 的合理性，如果不合理，用户应当避免向基站 k 分配传输业务并及时交互信息，即算法中步骤 6 和步骤 11。

2.3.4 算法仿真

2.3.4.1 仿真环境

本节介绍多连接仿真的仿真环境和参数。离散事件仿真和传输业务的队列行为基于 Simpy 实现。本节关注多连接技术对于时延的增益。考虑一个两层的超密集移动通信系统场景，1 个宏蜂窝，14 个小蜂窝，50 个用户，分布在 100×100 的正方形区域。为了体现用户分布的差异性和基站负载的不均衡性，用户随机分布在编号为奇数的基站附近。详细的仿真参数见表 2.2。

表 2.2 多连接仿真参数

参数	值
系统带宽	10 MHz
系统频率	2 GHz
天线增益	12 dB
噪声功率	−176 dBm/Hz
宏蜂窝数	1
微蜂窝数	14
宏蜂窝发射功率	46 dBm
宏蜂窝最大运行功率	50 dBm
微蜂窝发射功率	30 dBm
微蜂窝最大运行功率	35 dBm
宏蜂窝路损	$30\lg(f) - 71 + 30\lg(d)$
微蜂窝路损	$-35.4 + 26\lg(d) + 20\lg(f)$
业务到达率	0.002
平均文件大小	200 kbit

MBS 和 SBS 具有不同的发射功率和信道衰落模型，微蜂窝路径模型为 COST 231 Walfisch-Ikegami 非视线衰落模型。用户之间异步离散地生成文件传输请求，传输请求在基站中进行排队等待传输，如图 2.10 所示。

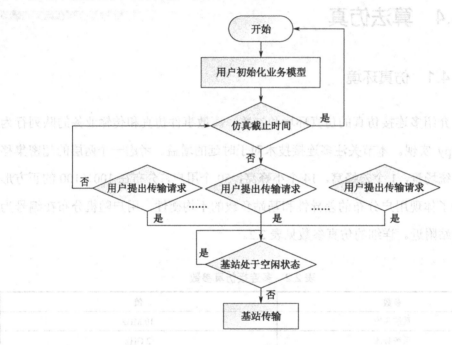

图 2.10　仿真环境流程

2.3.4.2　仿真结果分析

1. 用户业务影响

用户业务波动会影响 TAMA 算法的收敛情况。每 450 000 ms 用户的业务状态会改变，即用户传输请求的平均文件大小会改变。图 2.11 所示为基站负载受用户业务状态波动的影响。图 2.12 所示为用户开销的变化，反映了 TAMA 算法的收敛。

第 2 章
端侧智能网络选择

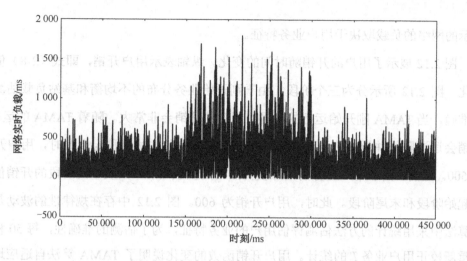

图 2.11　用户业务波动对于网络实时负载的影响

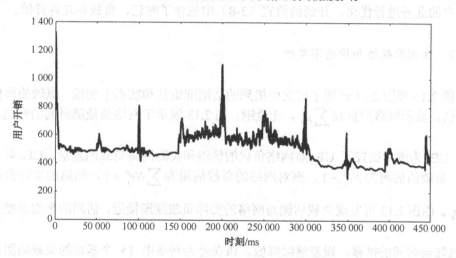

图 2.12　TAMA 降低用户的开销

　　图 2.11 展示了网络实时负载随时间的变化。纵轴的单位是毫秒，表示基站每刻需要传输的业务大小除以当前数据速率。0 到 150 秒时网络负载大概为 500 ms，在这段时间用户平均传输文件大小为 200 kbit。因此 150 到 300 秒网络的负载大概达到了 1 300 ms，用户平均传输文件大小为 400 kbit。随后用户的业务又开始回落，图 2.11

所示的网络的负载取决于用户业务特征。

图 2.12 展示了用户的开销随时间的变化。纵轴表示用户开销，即式（2-8）值的变化。图 2.12 所示分为三个阶段。由于刚开始业务分布的不均衡和基站负载估测的不准确，当 TAMA 刚开始运行的时候，用户的开销会非常大。随着 TAMA 的运行，开销会逐渐降低并最终达到均衡，说明算法逐渐收敛并达到稳定。此时，用户开销为 500。然而，由于用户业务的增加使得网络的负载增加，曲线中间阶段的开销值高于起始阶段和末尾阶段。此时，用户开销为 600。图 2.12 中存在规律性的波动是因为算法中采用统计的方法估测评估用户的业务特征，为了估测的准确性，每 50 秒需要重新校正用户业务 T_i 的统计。用户开销函数的变化说明了 TAMA 算法自适应地根据用户的业务进行优化。开销函数式（2-8）中包含了时延、负载和功耗开销。

2. 估测准确性和状态不变性

图 2.13 和图 2.14 证明了前文中提到的估测准确性和状态不变性。纵轴的单位为相对值，显示网络的负载 $\sum_{k} \rho_k$，无量纲。图 2.13 展示了网络负载随时间的变化。以用户 UE_0 为例，比较了 UE_0 对网络负载的估测和实际网络负载的差别。UE_0 对于基站 k 负载的估测为 Ne_i^k+1，则对网络的负载估测为 $\sum_{k} Ne_i^k+1$，网络的实际负载为 $\sum_{k} \rho_k$。由图 2.13 可发现负载估测与网络的实际负载逐渐接近，估测的平均误差小于 1，且随着时间的推移，误差继续降低。该误差为网络中 15 个基站的负载估测误差综合，每基站估测误差为 0.067。因此，该算法能保证估测的准确性和有效性。

图 2.14 展示了负载估测状态的不变性。本节证明了负载估测状态的不变性，即用户负载估测状态之和与网络的实际负载保持一致。两条曲线重合说明网络的实际负载与用户估测之和相同。

第 2 章 端侧智能网络选择

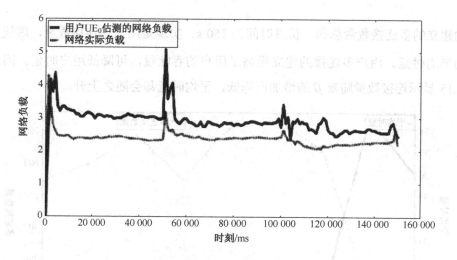

图 2.13 负载估测与网络实际负载的差别

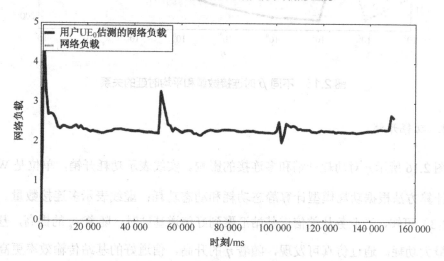

图 2.14 用户依赖状态不变性对网络负载进行估测

3. 连接开销

尽管用户可向多基站分配传输业务,但是用以维持多连接信令开销也会上升。因此,算法中考虑了连接开销式 (2-2)。图 2.15 所示为网络在传输过程中生成的多连接数量和平均时延随参数 β 的变化,连接数量是用户在仿真过程中为了每次文件传输建立的多连接数量总和,仿真时间为 150 s。实现是用户的连接数量,虚线为用户的平均时延。用户多连接的建立提高了用户的吞吐量,可降低用户时延。因此,图 2.15 显示连接数量随着 β 的增加而降低,平均时延却会随之上升。

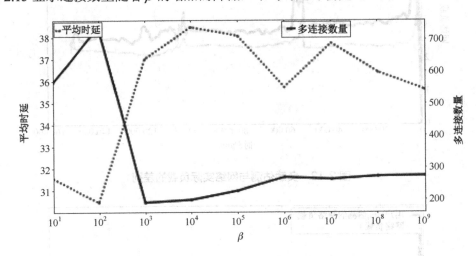

图 2.15 不同 β 时连接数量和平均时延的关系

4. 功耗开销

图 2.16 所示 η 对功耗开销和多连接的影响。实线表示功耗开销,单位是 W,功耗的计算方法根据功耗模型计算静态功耗和动态功耗;虚线表示多连接数量。根据式(2-3)可知,当业务从差信道基站汇聚到好信道基站时,随着 ρ_k 的提高,基站会达到最大功耗。通过仿真可发现,随着 η 的升高,信道好的基站传输效率更高,用户更倾向于接入信道较好的基站,多连接数量降低。

图 2.17 所示为 q_k 对功耗开销和多连接数量的影响。横轴为 q_k 的值,范围为 $(0,1)$。图 2.17 表明,随着 q_k 的增加,功耗开销和多连接数量也在增加,并且随着 q_k 的增加,功耗开销愈发侧重静态功耗。而静态功耗为一个常数,所以功耗开销渐渐失去对于功耗的控制而达到最大值,并失去对于用户连接的控制能力,多连接数量会上升。

第 2 章 端侧智能网络选择

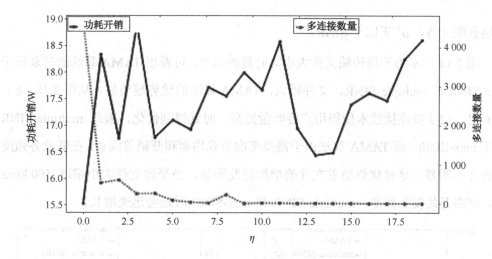

图 2.16 η 对功耗开销和多连接的影响

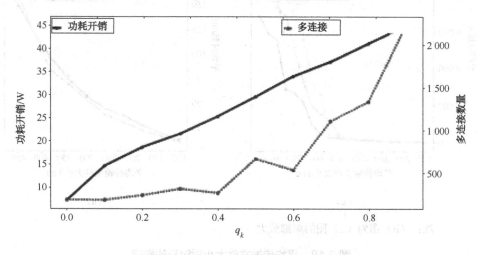

图 2.17 q_k 对功耗开销和多连接的影响

5. 性能对比

本节对比了 max-SINR、基于 SINR 的多连接（multiple association based on SINR, multiple-SINR）算法和 TAMA 算法的算法性能。max-SINR 中用户选择能够提供最佳信号的基站进行接入，multiple-SINR 用户依据 SINR 确定多连接策略，用户依据 SINR

比例分配业务，v_i^k 正比于 SINR。

图 2.18 所示为平均传输文件大小对时延的影响，可看出 TAMA 算法的时延低于 max-SINR 和 multiple-SINR，文件越大，TAMA 算法的优势越明显。从图 2.18（b）可看出，由于多连接技术使得用户吞吐量提高，时延得到优化，因此 multiple-SINR 优于 max-SINR。而 TAMA 算法由于需要考虑负载均衡和开销等因素，在低业务强度优势并不明显。这种优势随着文件的增加越发明显，当平均文件大小超过 500 kbits 时，网络开始发生拥塞，multiple-SINR 和 max-SINR 时延会迅速增长。

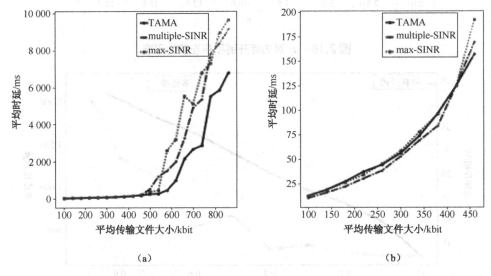

注：（b）图为（a）图的局部放大

图 2.18　平均传输文件大小对时延的影响

TAMA 与 multiple-SINR 相比可看出，当平均文件大小小于 410 kbit 时，multiple-SINR 略微优于 TAMA。然而随着传输文件的增大，multiple-SINR 的时延也会激增。这是由于当基站负载较轻时，简单的依据 SINR 建立多连接并分配用户业务充分发挥了信道的优势。但是当负载增加，用户不能再以 SINR 作为多连接的连接策略准则时，可能发生拥塞。总而言之，TAMA 算法在重负载情况下表现出更好的性能。

图 2.19 显示了三种用户连接算法平均文件大小对功耗开销的影响。在这些算法当中，TAMA 算法的功耗开销是最大的，其次为 multiple-SINR。这是多连接技术的劣势，因为当用户为了负载均衡或时延需求向信道相对较差的基站分配业务时，整体网络负载是会提高的。这表示用户的时延优势建立在全局负载和能耗的上升。多连接算法驱使用户向多个基站分配传输业务以缩短时延，所以用户的业务越重，网络负载越大，功耗开销也越大。这也是多连接算法需要考虑功耗开销的必要之处。

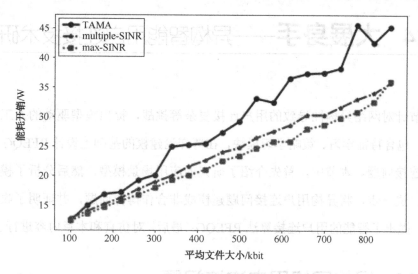

图 2.19　三种用户连接方法的功耗开销

2.3.5　小结

上述将多连接问题建模为 SPG 问题，并提出 TAMA 算法。用户通过状态空间跟踪基站负载的动态变化，并利用局部信息交互达到网络全局最优。TAMA 算法考虑了网络负载均衡，降低用户时延。本节证明了多连接问题纳什均衡解的存在性和唯一性，明确全局最优的性质。

TAMA 算法首次在考虑业务感知的情况下解决用户多连接问题。有别于传统最大接收功率策略，TAMA 算法不仅考虑信噪比，同时考虑基站负载和功耗。另外，为了解决用户开销问题，TAMA 引入连接开销对用户连接数量进行控制。仿真结果显示，TAMA 算法对于功耗开销和连接开销的控制效果，平均时延的对比显示了 TAMA 算法在高负载场景下的卓越性能。

2.4 大展身手——异构智能用户连接技术研究

本节针对网络异构性导致的用户连接复杂等挑战，提出模型驱动的人工智能学习框架，包含特征学习、策略学习模块，在博弈论建模的基础上设计 RFEQG 算法解决用户连接问题。本节中，首先介绍了研究的应用场景模型，然后分析了模型驱动的框架；进一步，将异构用户连接问题建模成非合作博弈问题，并证明了收敛性；接下来，提出了智能的用户连接算法 RFEQG；最后，对仿真和本章内容进行了总结。

2.4.1 异构网络用户连接问题

如图 2.20 所示研究场景考虑 WiFi 和 LTE 共存的网络。网络中存在 M 个服务节点，服务节点用 k 表示；且存在 N 个用户。$N_k(t)$ 表示 t 时刻接入服务节点 k 的用户个数，且 $\sum_{k=1}^{M} N_k(t) = N$。每个用户选择合适的服务节点建立连接，接收数据传输服务。图 2.20 中，UE_2、UE_3 接入 LTE_1，UE_4、UE_5 和 UE_6 接入 $WiFi_1$。场景中存在用户处在多个服务节点的覆盖范围内（如 UE_1 和 UE_7）的情况，需要通过连接算法选择网络进行接入。然而，用户可能因 RSRP 相近导致在多个服务节点间频繁重选。而且，

第 2 章
端侧智能网络选择

图 2.20 中的服务节点由于用户的分布呈现不同的负载状态,如 $WiFi_1$ 由于接入的用户较多呈现高负载状态。如果 UE_1 根据最大 RSRP 选择 $WiFi_1$,用户体验可能反而下降。

由于服务节点使用不同接入技术与介质接入控制(Medium Access Control,MAC)协议,用户体验的吞吐量并不相同。为了体现节点异构性,根据 MAC 协议的不同划分为两类吞吐量模型。

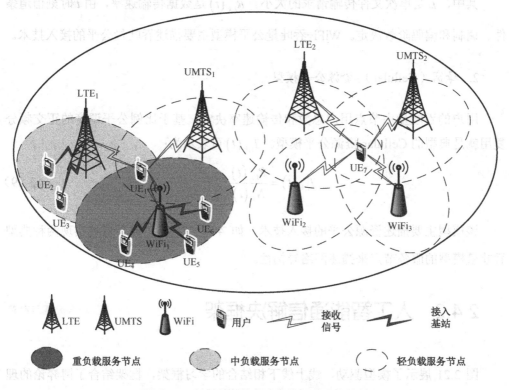

图 2.20 基于业务的超密异构网络用户连接

1. WiFi-吞吐量公平模型

接入相同服务节点的用户吞吐量相同。典型代表就是 802.11 中的分布式协作功能（Distributed Coordination Function，DCF），服务节点通过调度等方法实现吞吐量公平的用户连接。例如，服务节点依据轮询方法调度队列中的用户数据传输。因此，用户 i 的在服务节点 k 中的吞吐量 $T_{i,k}(t)$ 可表示为：

$$T_{i,k}(t) = \frac{L}{\sum_{i'=1}^{N_k(t)} \frac{L}{R_{i',k}(t)}} = \frac{1}{\sum_{i'=1}^{N_k(t)} \frac{1}{R_{i',k}(t)}} \tag{2-28}$$

其中，L 是单次文件传输请求的大小。$R_{i,k}(t)$ 是数据传输速率，由 t 时刻信道条件、调制和编码阶数决定。WiFi-吞吐量公平模型主要描述吞吐量公平的接入技术。

2. 蜂窝（Cellular）-资源公平模型

用户的吞吐量由节点用户总数和传输速率决定，基于比例公平调度的正交频分复用就是典型的 Cellular-资源公平模型。$T_{i,k}(t)$ 可表示为：

$$T_{i,k}(t) = \frac{R_{i,k}(t)}{N_k(t)} \tag{2-29}$$

该模型主要描述资源公平的接入技术，如 4G、3G 等。本节通过实现两种典型吞吐量模型的服务节点来描述网络异构性。

2.4.2 人工智能通信解决框架

图 2.21 展示了模型驱动、线上线下相结合的学习框架，框架结合了博弈论的理论增益和机器学习的学习增益。学习框架分为三部分：特征学习、策略学习和博弈建模。其中，特征学习和策略学习基于机器学习方法，博弈建模基于博弈论。特征学习所需模型在线下进行学习，线上使用；策略学习使用在线学习方法。模型驱动体现在策略学习受博弈建模理论结果的指导。本框架的优势体现在三个方面：

（1）用户本地数据具有小样本特性，而且黑盒模型使得机器学习的性能和结果难以预期。通过博弈论理论分析指导可使学习过程更加稳定，保证收敛性能，提高收敛速度。

（2）机器学习应用时面临通信实时性和学习耗时性的矛盾。线上线下相结合的框架将复杂学习过程放在线下，线上学习决策过程，以此降低决策时延。

（3）该框架设计时为便于用户部署，使用学习压力较小的学习算法。

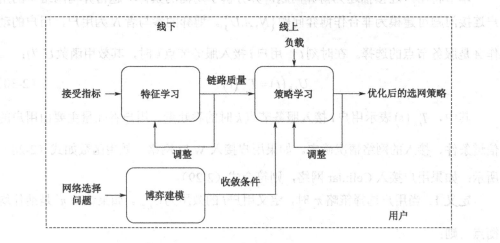

图 2.21　模型驱动的学习框架

链路质量与多个指标有关，通信中众多的指标与链路质量之间的关系是复杂非线性的。因此，基于监督学习方法的特征学习模块可通过学习多个指标（如 RSRP、SINR、BER）与链路质量之间的映射关系，辅助用户快速准确地预测链路质量，如随机森林、神经网络。特征学习线下基于历史数据进行训练，学习各种空口指标数据与链路质量的关系，确定模型与参数；线上使用时，模型以通信时的空口指标为输入，以更为精准的链路质量为输出。

策略学习主要基于强化学习，如 Q-learning、actor-critic，通过不断地与环境在线动态交互，学习连接策略。其中策略学习不仅考虑链路质量，也考虑服务节点的负载，以避免重负载小区引起的无效连接。博弈建模分析复杂异构场景下用户连接问题，进而得到必要的均衡收敛条件，解决策略学习中收敛困难和收敛慢的问题。

2.4.3 用户连接问题的非合作博弈

本节将用户连接描述为博弈问题，并分析了均衡的条件。超密异构网络中的用户连接问题可建模为非合作博弈问题 $\{N, A, U\}$。博弈的参与者 N 为用户，用户的动作 A 是服务节点的选择。在时刻 t，用户 i 接入服务节点 k 时，其效用函数 U 为：

$$U_{i,k}(t) = T_{i,k}(t) \tag{2-30}$$

其中，$T_{i,k}(t)$ 表示用户 i 接入服务节点 k 时的吞吐量。用户吞吐量主要由用户的信道条件、接入的网络情况确定。如果用户接入 WiFi 网络，效用函数如式（2-28）所示；如果用户接入 Cellular 网络，则符合式（2-29）。

定义 1：当用户选择策略 π_i 时，定义用户 i 的效用为 U_{i,π_i}。如果策略 π^* 是纳什均衡点，则：

$$U_{i,(\pi_i^*, \pi_{-i}^*)} \geq U_{i,(\pi_i, \pi_{-i}^*)}, \forall i \in N, \pi_i \in \Pi_i \tag{2-31}$$

其中，π_i 表示用户 i 的策略，表示用户 i 接入 π_i 服务节点。策略集合用 Π_i 表示。所有用户的策略为 $\pi = (\pi_1, \pi_2, ..., \pi_i, ..., \pi_N)$。$\pi_{-i}$ 是除了用户 i 以外的所有用户的策略。

用户倾向于选择理性或最佳策略，即用户倾向选择能够提高更高吞吐量的服务节点建立连接。然而，用户的自私理性接入无法确保网络状态的收敛，网络可能存在乒乓效应，因此需要通过博弈论分析确保网络状态的收敛。用户的理性接入可用重选增益 $U_i^{j \to k}(t+1)$ 描述，可被定义为：

$$U_i^{j \to k}(t+1) = \frac{U_{i,k}(t+1)}{U_{i,j}(t)} \tag{2-32}$$

第 2 章
端侧智能网络选择

其中，$U_{i,k}(t+1)$ 是用户 i 在 $t+1$ 时刻接入到服务节点 k 得到期望吞吐量，$U_{i,j}(t)$ 是用户 i 在 t 时刻的实际吞吐量。$U_i^{j \to k}(t+1)$ 表示该重选是否能够带来性能增益，因此期望增益 $U_{i,k}(t+1)$ 应满足：

$$U_i^{j \to k}(t+1) \geqslant \mu \tag{2-33}$$

μ 是重选门限且 $\mu \geqslant 1$。

期望吞吐量 $U_{i,k}(t+1)$ 可根据公式（2-28）、式（2-29）计算。用户的即时传输速率 $R_{i,k}(t+1)$ 为：

$$R_{i,k}(t+1) = B \log_2 \left(1 + \gamma_{i,k}(t+1)\right) \tag{2-34}$$

并依此计算期望吞吐量，其中，B 为系统带宽，$\gamma_{i,k}(t+1)$ 为用户 i 的 SINR。用户可通过 802.11u 与外部网络互通协议（InterWorking with External Networks）或接入网发现和选择功能（Access Network Discovery and Selection Function，ANDSF）获得网络中的用户数和传输速率信息。802.11u 中的 Hotspot 2.0 标准提供了一种机制，使 WiFi 可辅助用户获得一定网络信息，如服务节点中的用户数量。ANDSF 部署在核心网中通过专用接口与用户通信，辅助用户获得一定的网络信息。

如果在同一时间有多个终端接入同一服务节点，期望吞吐量可能与实际吞吐量相差甚远，这会导致当用户接入后，尽管接收信号强，但是用户体验差。因此，建立连接过程中可通过回退机制减少并发接入情况。与 802.11 DCF 中的二进制指数回退类似，用户 i 可进行选择或重选的概率为：

$$\rho = \rho^{\chi_i} \tag{2-35}$$

其中，χ_i 为用户 i 观察到的并发次数，只有当用户生成的随机数小于概率 ρ 时，用户才会尝试接入或重选。每次发生并发接入时，用户通过 $\chi_i = \chi_i + 1$ 不断降低重选概率，抑制重选操作。

2.4.3.1 博弈均衡的收敛性

首先证明服务节点全部为 WiFi 时的均衡性,然后证明服务节点全部为 Cellular 时的均衡性,最后给出混合网络中的均衡性条件。

1. 单一模式收敛性

定理 1:WiFi 模式下,非合作用户连接博弈存在纳什均衡状态,并能够收敛到纳什均衡。

证明:基于相关研究对定理 1 进行证明,等价于"当博弈用户采取自私理性的连接策略时,用户连接问题能建模为博弈问题 $\{N,A,U\}$,任何用户无法通过单边的改变策略而提高自身吞吐量,而且网络和用户的连接状态最终会收敛,用户会停止重选"。

U_i 表示用户 i 的效用,并假设用户效用存在如下排序

$$U_1 \leqslant U_2 \leqslant \ldots \leqslant U_i \leqslant \ldots \leqslant U_N \tag{2-36}$$

虽然接入相同服务节点的用户在 WiFi 中获得相同的吞吐量,然而接入不同服务节点的用户可能吞吐量不同。为证明用户会因为无法再获得重选增益而停止重选,定义函数 G 为:

$$G = U_1 \times S^{N-1} + U_2 \times S^{N-2} + \ldots + U_i \times S^{N-i} + \ldots + U_N \tag{2-37}$$

其中,S 为一个非常大的常数。

假定用户 i 从服务节点 j 重选到 k,服务节点 j 和 k 的用户的吞吐量都会改变。节点 j 中的吞吐量会因为用户的离开而上升,节点 k 中的吞吐量会因为用户的加入而下降,然而接入后的吞吐量应大于原来的吞吐量,否则重选就失去了意义。对于用户重选后新的吞吐量,总存在 S 使函数 G 严格递增。然而,由于网络中基站和用户有限,函数 G 不可能无限增长。因此,所有用户的重选总会停止在某一点,用户无

第 2 章
端侧智能网络选择

法再通过单独改变自己的连接策略而获得吞吐量增益,该状态即纳什均衡状态。

例如,此处考虑一个 2 服务节点 5 用户的网络,其中,用户 1、2、3 接入服务节点 j,用户 4、5 接入服务节点 k,假定效用排序为:$U_1 = U_2 = U_3 < U_4 = U_5$,函数 G 为:

$$G = U_j \times \left(S^4 + S^3 + S^2\right) + U_k \times \left(S^1 + 1\right) \tag{2-38}$$

如果用户 3 尝试从服务节点 j 重选到 k,则 $U_1 = U_2 < U_3' = U_4' = U_5'$,$U_j' > U_j$,$U_k' < U_k$,$U_k' > U_j$ 成立。因此,对于整体效用函数 $G' = U_j' \times \left(S^4 + S^3\right) + U_k' \times \left(S^2 + S^1 + 1\right)$ 而言,总存在 S 使不等式

$$G' - G > 0 \tag{2-39}$$

恒成立。因此,函数 G 严格递增。然而,由于服务节点和用户的数量有限,函数 G 也存在上界,不会无限增长,用户重选总会停止。定理 1 说明了当用户自私理性地选择连接策略时,即重选后的吞吐量必然大于重选前的吞吐量,单一 WiFi 模式用户连接问题总能建模为博弈问题 $\{N, A, U\}$,并达到纳什均衡状态。

定理 2:在单一 Cellular 模式下,非合作博弈用户连接问题存在纳什均衡,并且能够达到纳什均衡状态。

证明:根据反证法,定理 2 等价于证明 Cellular 中用户连接过程不收敛不成立。如果 Cellular 中用户连接过程不收敛,则用户会不停地进行重选。当网络中用户有限且节点有限时,用户与服务节点的连接状态也有限。因此,用户与服务节点的连接状态会形成循环,循环的初始连接状态与末尾状态相同。

两个相邻状态之间,用户吞吐量存在不等式 $U_k' > U_j$,表明重选后的吞吐量大于重选前的吞吐量。不管何时,当用户从某个节点离开,总会由于不收敛再次回到该节点,存在不等式:

$$\frac{R_{i,k}}{N_k} > \frac{R_{i,j}}{N_j} \tag{2-40}$$

$$\frac{R_{i,h}}{N_h'} > \frac{R_{i,k}}{N_k} \tag{2-41}$$

当用户从 j 重选接入 k 时，用户的自私理性使得不等式（2-40）成立。由于"环"的存在，用户总会再从 k 离开，因此式（2-41）成立。不等式的左侧和右侧分别相乘后，不等式两边的 $R_{i,k}$ 会相互抵消。

此外，随着用户进入或者离开 k 节点，N_k 也会相应增加或减少 1 个用户。因此，当用户进入节点 k 使用户数量等于 N_k 时，不等式的左边存在 $\frac{1}{N_k}$；若干个状态跳转后由于存在循环，当节点 k 有用户离开时，不等式的右边存在 $\frac{1}{N_k}$。不等式两边的分数项也会相互抵消，不等式最终化简为 1>1，不等式不成立。因此，根据反证法可知，用户不会无限重选，总会稳定在某个状态。定理 2 说明了当用户连接策略自私理性时，即重选后的吞吐量必然大于重选前的吞吐量，单一 Cellular 模式用户连接问题总会达到纳什均衡状态。

2. 混合模式收敛性

混合网络与单一模式网络不同，网络仍可能存在无限振荡现象。因此，本节引入迟滞机制避免不同制式的网络之间的收敛振荡。

定义 2：（迟滞机制）$class-A$ 和 $class-B$ 表示不同类型的网络。为了避免用户 i 在两种网络间来回重选、无法收敛，迟滞机制规定，当用户需要重选接入另一种网络时，需要满足重选后吞吐量大于迟滞值。用户 i 的迟滞值 $hv_i[class]$ 定义为用户上一次在 class 模式网络中的最大吞吐量。

本节研究 Cellular 和 WiFi 共存的异构网络，如图 2.22 所示。用户 i 从 WiFi 节点接入到 Cellular 节点，在经历了一系列 Cellular 节点间的重选后，如果用户 i 期望重选回 WiFi 节点，应满足以下条件：

$$U_{i,d} > U_{i,c} \ \& \ U_{i,d} > hv_i[\text{WiFi}] = U_{i,a} \tag{2-42}$$

其中，$U_{i,d}$ 表示用户 i 在 WiFi 节点 d 中的期望吞吐量，$U_{i,c}$ 为用户 i 在 Cellular 节点 c 中的吞吐量。根据定义 2，迟滞值 $hv_i[\text{WiFi}] = U_{i,a}$。

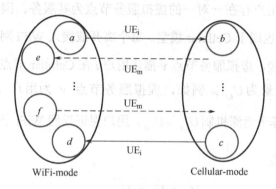

（a）混合模式中的用户连接

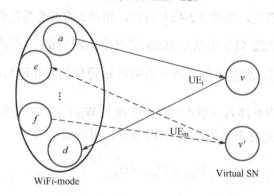

（b）虚拟服务节点

图 2.22　Cellular 和 WiFi 共存的异构网络

定理 3：基于定义 2 描述的迟滞机制，非合作混合网络用户连接中的纳什均衡存在且能够达到。

证明：基于反证法，定理 3 等价于证明混合网络中用户连接过程的不收敛不成立。定理 1 和定理 2 已经证明了单一模式的网络中的纳什均衡，因此，若混合网络用户连接问题不收敛，则循环发生在两种网络之间的重选。此处定义循环的开始为用户从 WiFi 节点重选到 Cellular 节点。图 2.22（b）中用户 i 和用户 m 会从 WiFi 节点重选到 Cellular 节点，并在重选后回到 WiFi 节点中。

此处假定每个用户存在一对一的虚拟服务节点为其服务。因此，虚拟服务节点既属于 WiFi 模型，也属于 Cellular 模型。每个离开或接入 WiFi 网络的用户会先与虚拟服务节点建立连接。虚拟服务节点 v 描述用户 i 在 Cellular 节点中的吞吐量状态，为用户提供的吞吐量为 $U_{i,v}$。例如，虚拟服务节点 v 为用户 i 提供的吞吐量为 $U_{i,v} = \dfrac{U_{i,a} + U_{i,d}}{2}$。基于迟滞机制 $U_{i,d} > U_{i,a}$，用户保证返回 WiFi 节点时一定会有更高的吞吐量，因此存在

$$U_{i,d} > U_{i,v} > U_{i,a} \tag{2-43}$$

借助虚拟服务节点，由式（2-43）可知，用户 i 的重选都是有增益的。

同样，对于图 2.22（b）中从 Cellular 节点重选到 WiFi 节点的用户 m，多次重选后返回 Cellular 节点。虚拟服务节点 v' 为用户 m 提供的吞吐量为 $U_{m,v'} = \dfrac{U_{m,e} + U_{m,f}}{2}$。由于多次循环后用户再接入 e 节点时已存在接入 WiFi 节点的先验历史，即迟滞值为 $hv_m[\text{WiFi}] = U_{m,f}$，则对于某次往返 WiFi 节点，用户 m 存在

$$U_{m,e} > U_{m,v'} > U_{m,f} \tag{2-44}$$

在图 2.22（b）中，若证明过程中认为虚拟服务节点为 WiFi 节点，定理 1 和定理 2 已经证明单一网络中不会有环。然而，$U_{i,e} > U_{i,f}$ 说明用户 m 在 WiFi 节点内存在循环，吞吐量下降，这不符合用户自私理性的行为。因此，存在矛盾。所以，混合网络中的非合作用户连接博弈问题借助迟滞机制和用户的理性行为总存在纳什均

衡，并且能够达到纳什均衡。

2.4.4 RFEQG 算法设计

上面内容将用户连接建模为非合作博弈问题，并分析了纳什均衡的条件。然而，用户建立连接时，需要获得其他用户的信息对网络进行吞吐量的预测。因此，本节通过强化学习降低信息交互，同时又借助博弈指导奖励函数和策略选择机制的设计，提出 RFEQG 算法。

2.4.4.1 基于随机森林的特征学习

本节利用机器学习挖掘链路质量和 RSRP、SINR、BER 之间的非线性关系，使用分组成功率 PSR 表示用户的信道质量，即分组成功传输的概率。每个分组的大小用 L 表示，每个分组通过 RB 进行传输。只有当所有资源块都成功传输分组才可以传输成功，每个 RB 传输失败的概率用 p 表示。随机事件 $X_i^z(t)=1$ 表示用户 i 的分组 z 在 t 时刻成功传输，如果失败则随机事件为 $X_i^z(t)=0$。由于 RB 的传输符合独立同分布，$E(X_i^z)$ 表示为：

$$E(X_i^z) = (1-p)^y \tag{2-45}$$

其中，y 是传输分组 z 所需的 RB 的数量。y 取决于分组大小 L 和 RB 能承载的信息量，表示为：

$$y = \frac{L}{\varsigma} \tag{2-46}$$

其中，ς 表示每 RB 能承载多少比特，由调制阶数和编码方案决定。通过统计用户 i 10 ms 内成功传输的分组数量 z^+ 和失败的数量 z^-，$E(X_i)$ 根据弱大数定律可由

$$E(X_i) = \frac{z^+}{z^+ + z^-} \quad (2\text{-}47)$$

逼近。

如图 2.23 所示步骤，当用户提出传输请求，用户首先获得相邻的节点列表。用户 i 在 t 时刻的节点列表可表示为：

$$\text{List}_i(t) = [1, 2, ..., j, ...] \quad (2\text{-}48)$$

用户依据 D-维的数据预测 PSR，这些信息一部分通过 ANDSF 或者 Hotspot 2.0 发送给用户，另一部分由用户测量所得。特征向量 $\text{FS}_i^{\text{List}}(t)$ 表示为：

$$\text{FS}_i^{\text{List}}(t) = \{x_1(t), x_2(t), ..., x_d(t), ..., x_D(t)\} \quad (2\text{-}49)$$

其中，$x_d(t)$ 是特征空间中第 d 维特征，$x_d(t) = (..., x_d^k(t), ... x_d^j(t), ...)^T$。例如，$x_d^k(t)$ 和 $x_d^j(t)$ 表示用户 i 接收到节点 j 和 k 的 RSRP。因此，随机森林的功能表示为：

$$\text{PSR}_i^{\text{List}}(t) = f_i\left(\text{FS}_i^{\text{List}}(t)\right) \quad (2\text{-}50)$$

其中，$\text{PSR}_i^{\text{List}}(t)$ 是用户 i 的链路质量向量，f_i 是用户 i 训练的随机森林学习器。

步骤 1	数据需求：$\text{List}_i(t)$，$\text{FS}_i^{\text{List}}$ 及 $\text{PSR}_i^{\text{List}}$
步骤 2	初始化学习所需参数
步骤 3	While 子数据集未全部训练：
步骤 4	在子数据集上进行训练、剪枝，提高式（2-48）的预测精准度
步骤 5	End While

图 2.23　特征学习 RF 算法

2.4.4.2　基于深度森林的特征学习

基于深度森林的原理及其特点可知，相比于随机森林，深度森林可以适应于不同大小的数据集，因其具有模型复杂度可自适应伸缩等特点得到广泛的应用，并且深度森林算法更能挖掘各特征之间的内在关系，从而可以更好地模拟空口参数与链路质量之间的映射关系。

基于深度森林的链路质量评估流程如下。

步骤一：获取空口参数及链路质量对应的数据集。

终端利用仿真平台模拟真实场景或真实场景下抓取历史数据，包括空口参数及在该空口参数条件下对应的分组传输成功率。具体地，空口参数包括但不限于参考信号接收功率、信干噪比、参考信号接收质量、接收信号强度指示和误比特率等，以及与此同时它们所对应的链路质量指标（分组传输成功率）。将一一对应的多组数据处理为数据集以供训练模型使用。

步骤二：训练空口参数与链路质量的映射关系，验证调参，并保存模型。

（1）模型训练和模块训练需要将对应的数据输入深度森林模型进行训练，才能得到空口参数与链路质量的映射关系。本节研究不局限于容易训练、计算开销小、超参数少、模型对超参数调节不敏感的深度森林。深度森林因其可以适应于不同大小的数据集，模型复杂度可自适应伸缩等特点得到广泛应用。将上述步骤一中物理层的多维空口参数作为线下训练模型的输入，将分组传输成功率作为训练模型的输出，从而通过深度森林训练得到链路质量评估模型。

（2）通过调参提高预测准确率及保证模型复杂度，深度森林每个级联的生成使用了 k 折交叉验证，避免过拟合，进而将训练好的模型保存到模型存储模块中以供线上使用。

2.4.4.3 基于强化学习的策略学习

在 t 时刻，用户依据策略学习进行决策。本节基于 Q-learning 实现策略学习。借助上述由博弈论得到的迟滞机制和用户行为规则，提出了改进的 Q-learning 算法（Enhanced Q-learning with Game theory，EQG）。策略学习 EQG 算法参见图 2.24。

步骤 1	初始化 $\text{List}_i(t)$, $\text{RSRP}_i^{\text{List}}$, $\text{Load}_i^{\text{List}}$, Q_i, hv_i, s_i
步骤 2	While True:
步骤 3	If rand( ) $> \varepsilon$, ε 为探索率:
步骤 4	随机选择基站 a_i 建立连接
步骤 5	Else:
步骤 6	依据 $a_i = \arg\max_{a_i} Q_i(s_i, a_i)$ 选择接入基站
步骤 7	If $\dfrac{U_{i,a_i}}{U_{i,j}} > \mu$, j 为上一次的连接选择:
步骤 8	If $\text{class}(a_i) = \text{class}(j)$:
步骤 9	If rand( ) $< \rho^{\chi_i}$:
	$a_i = a_i$
步骤 10	If 发生并发接入:
	$\chi_i = \chi_i + 1$
步骤 11	Else:
	$\chi_i = 0$
	Else:
步骤 12	$a_i = j$
步骤 13	Else:
步骤 14	If $U_{i,a_i} > hv_i[\text{class}(a_i)]$:
步骤 15	If rand( ) $< \rho^{\chi_i}$:
步骤 16	$hv_i[\text{class}(j)] \leftarrow U_{i,j}$
	$a_i = a_i$
步骤 17	If 发生并发接入:
步骤 18	$\chi_i = \chi_i + 1$
步骤 19	Else:
步骤 20	$\chi_i = 0$
步骤 21	Else:
步骤 22	$a_i = j$
步骤 23	Else:
步骤 24	$Q_i(s_i, a_i) = 0$
步骤 25	$a_i = j$
步骤 26	用户选择 a_i 传输业务,获得奖励 $R_i^{s,a}$,进入下一个状态 s_i'
步骤 27	计算 $Q^{s,a}$ 并更新
步骤 28	$s_i \leftarrow s_i'$
步骤 29	End While

图 2.24 策略学习 EQG 算法

第 2 章
端侧智能网络选择

用户依据链路质量 $\text{PSR}_i^{\text{List}}(t)$ 和服务节点负载 $\text{Load}_i^{\text{List}}$ 进行决策，选择合适的网络建立连接。用户 i 在 t 时刻的状态可表示为：

$$s_i(t) = \left(\text{List}(t), \text{PSR}_i^{\text{List}}(t), \text{Load}_i^{\text{List}}(t) \right) \quad (2\text{-}51)$$

其中，$\text{Load}_i^{\text{List}}(t) = [n_1, n_2, \ldots, n_j, \ldots]$ 是服务节点的负载。用户的动作为选择的接入节点，$a_i(t) = j$ 表示用户 i 选择服务节点 j 建立连接。用户 i 在执行动作 $a_i(t)$ 后得到的奖励就是接入后的吞吐量。

$$Re_i^{s,a}(t) = U_{i,j}(t) \quad (2\text{-}52)$$

其中，$U_{i,j}(t)$ 表示用户 i 接入 j 节点后的吞吐量。用户得到奖励后，状态动作值函数依据下式更新。

$$Q_i^{s,a}(t) = (1-\alpha)Q_i^{s,a}(t) + \alpha \left[Re_i^{s,a,s'}(t) + \gamma \max_{a_i(t+1)} Q_i^{s',a'}(t+1) \right] \quad (2\text{-}53)$$

其中，s' 是执行动作 a 后的下一个状态，a' 指用户处在状态 s' 时可能的动作。α 是学习速率，控制强化学习算法对环境学习的快慢，α 越大，对值函数的更新越快，但是越容易发生振荡现象。γ 是折扣因子，表示用户对未来收益的预测，因为用户的接入动作不仅会影响下一时刻的奖励，还在一定程度上会影响用户未来的奖励。用户使用表格的方式记录状态动作值函数的映射关系 $(s,a) \to Q$。

首先，用户 i 初始化 Q 表、迟滞向量和状态。用户 i 储存自身在 WiFi 网络和 Cellular 网络中的迟滞值。从图 2.24 步骤 3 到步骤 7，用户根据 ε 贪婪算法选择动作。根据博弈论的分析，用户的动作需要满足两个条件：第一，用户的重选应当是对用户有增益的，即步骤 8 和步骤 29；第二，符合迟滞机制的要求，即步骤 9、19、21。步骤 10 到步骤 17 和步骤 20 到步骤 28 实现了概率回退机制以减少并发接入。根据博弈论的指导，用户将不符合条件的状态动作值映射置为 0。用户依据值函数的更新方法对 Q 表进行更新。

算法对于信息量需求的减少体现在两方面，第一，借助强化学习，用户只需针对强化学习得到的策略进行预测；第二，当强化学习收敛后，用户不再需要服务节点提供除负载以外的信息。

2.4.4.4 RFEQG算法设计

图2.25给出了完整的结合特征学习、博弈论和策略学习的分布式RFEQG算法。

步骤1	初始化：$\text{List}_i(t)$，FS_i^{List} 及 $\text{Load}_i^{\text{List}}$
步骤2	While True:
步骤3	执行算法 RF
步骤4	执行算法 EQG
步骤5	End While

图2.25 分布式RFEQG算法

首先，依据RF算法预测链路质量，通过更精准的链路质量指标降低频繁重选。然后，依据EQG，通过预测的链路质量及负载信息进行决策。RFEQG算法的复杂度主要体现在两方面。首先，RF和Q-learning算法的复杂度由于其黑盒模型及对数据的依赖性，难以严格分析其收敛性。其次，特征学习部分的复杂度主要体现在线下训练，需要用户付出计算资源和计算时间进行学习和参数的调整，线上使用时快速简单。这种复杂度可通过线下使用服务器进行训练，然后通过部署到终端的方案解决。最后，策略学习部分通过博弈论改善学习能力和收敛速度。另外，Q-learning是一种低复杂度的学习方法。本节在仿真部分针对收敛速度进行了分析。

2.4.5 算法仿真

2.4.5.1 仿真环境

由绪论内容和智能通信解决框架可知，特征学习模块立足于通信大数据特征，

第 2 章
端侧智能网络选择

然而简单理论仿真环境不具有多个无线参数和指标,不足以反映当前网络中大数据特征。为了更好地体现数据特征和异构性,以及为了更好地反映更现实的网络,本节将搭建一个实际的仿真平台。

本节构建了基于 LTE 的仿真平台,实现实际的信道,数据速率不再依据理论公式计算,形成了包含功率分配、MCS 确定、RB 调度的数据传输模拟,可提供 RSRP、SINR、BER 指标;实现了两种不同网络节点以刻画网络的异构性。由于参数和仿真环境的不同(如用户的业务特征:分组到达率、分组大小),部分性能指标会有所区别。

考虑超密异构网络,存在两种服务节点 LTE 和 WiFi,分布在 80 m×80 m 的范围内。由于每个用户都需要独立具备特征学习和策略学习能力,这对于仿真而言是一个较大的负担。为了完整地展现每个用户的独立智能和行为,本节聚焦完整网络的一部分,考虑 2 个 LTE 服务节点、2 个 WiFi 服务节点和 15 个用户。异构网络仿真参数见表 2.3。

表 2.3 异构网络仿真参数

参数	值
RAT	LTE,WiFi
节点数量	4
用户数量	15
业务到达率	$\lambda = 0.1$
平均文件大小	200 bit
系统带宽	20 MHz(100 个 RB)
系统频率	2.6 GHz
路损模型	COST 231 Walfish-Ikegami
探索率 ε	0.9
重选增益 μ	1
重选概率 ρ	0.9
学习率 α	0.9
折扣因子 γ_{th}	0.9

仿真平台基于 Python 实现，用户之间离散异步地生成文件传输请求。每 10 ms 有业务需要传输的用户提出连接请求，并选择服务节点接入。然后，服务节点进行功率分配，确定 MCS，进行资源调度。调度器每 1 ms 调度一次用户业务，通过实现两种调度方法体现异构网络吞吐量模型的不同。本节通过 RB 错误率等指标展示算法性能。

2.4.5.2 收敛性分析

图 2.26 显示了 RFEQG 的收敛性。仿真性能以 4 个用户为例，包含 UE_2、UE_3、UE_{10} 和 UE_{11}。横轴为仿真时间，纵轴为连接策略。其中，纵轴服务节点 0 和服务节点 2 是 LTE 网络，服务节点 1 和服务节点 3 为 WiFi 网络。点的密集程度表明用户在算法的未收敛阶段可能接入任意服务节点；在算法收敛后，用户会逐渐收敛到某个节点，不再进行重选。例如，图 2.26 显示 UE_2 对服务节点 3 的偏好，在 700 ms 之前算法处于逐渐收敛阶段，4 个服务节点都有可能尝试接入；收敛后用户基本确定了选择服务节点 3。偶然发生的对其他服务节点的接入是由于强化学习为了避免局部最优而采取的探索机制。

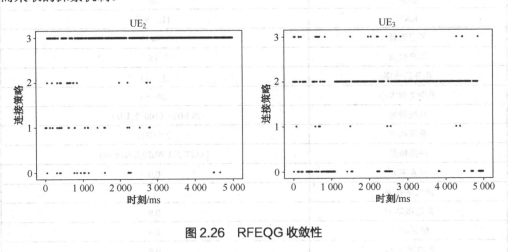

图 2.26　RFEQG 收敛性

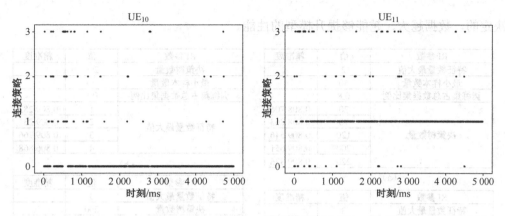

图 2.26　RFEQG 收敛性（续）

2.4.5.3　RFEQG 性能分析

本节首先利用随机森林做链路质量预测工具，并给予仿真性能分析。将深度森林作为链路质量预测工具，并给予仿真性能分析。仿真结果证明，在保证用户吞吐量和时延的前提下可以明显减少频繁切换次数。

1. 特征学习用于基于随机森林算法的性能分析

RF 的准确性取决于参数，包括决策树的数量、特征的最大数量、子数据集占原数据集的比例等。不同的设置对 RF 准确程度的影响也不同。

图 2.27 展示了 RF 算法对于链路质量 PSR 估测的准确性。仿真中考虑了 RSRP、SINR、BER 及服务节点的类型。图 2.27（a）说明了决策树数量对于仿真结果的影响，从图 2.27 可知，尽管决策树数量越大预测越准，但是增益并不明显。图 2.27（b）说明了特征决策树的最大特征数量对随机森林的影响，当最大特征值取 3 时最为准确。根据图 2.27（a）、图 2.27（b）、图 2.27（c）和图 2.27（d）的仿真，RF 的最佳参数设置如图 2.27（e）所示。图 2.27（f）说明了大部分机器学习的性能本质上是由数据

决定的,数据越大,越能够提升模型的性能。

RF参数		值	精准度
特征数量最大值		2	
最小样本数量		50	
训练集占总数据集比例		0.8	
决策树数量	20		0.808 706
	70		0.808 863
	120		0.809 546
	200		0.809 651
	220		0.809 336

(a)

RF参数		值	精准度
决策树数量		200	
最小样本数量		50	
训练集占总数据集比例		0.8	
特征数量最大值	1		0.809 283
	2		0.809 231
	3		0.809 966
	4		0.806 868

(b)

RF参数		值	精准度
特征数量最大值		3	
决策树数量		200	
训练集占总数据集比例		0.8	
最小样本数量	30		0.806 238
	40		0.809 073
	50		0.809 388
	60		0.808 601

(c)

RF参数		值	精准度
特征数量最大值		3	
决策树数量		200	
最小样本数量		50	
训练集占总数据集比例	0.2		0.785 386
	0.6		0.807 545
	0.7		0.809 423
	0.8		0.809 966
	0.9		0.807 603

(d)

RF参数	值
特征数量最大值	3
决策树数量	200
最小样本数量	50
训练集占总数据集比例	0.8

(e)

总数据集大小	精准度
20 000	0.809 966
50 000	0.841 332
200 000	0.877 944

(f)

图2.27 RF参数对于预测准确性的影响

图2.28表现了特征学习的效果。横轴为仿真时间,纵轴为用户连接策略。以UE_1和UE_{12}为例,UE_{12}由于处在4个基站的相对中间的位置,因此存在频繁重选问题,尤其是服务节点0和服务节点3。UE_1的频繁重选问题相对较轻。特征学习的引入使得图2.28中的点更快速地稀疏化,表明UE_{12}和UE_1通过引入特征学习有效降低了频繁切换,实现了更快的算法收敛,与服务节点0更快地确定了非常明显的偏好关系。因此,用户可通过特征学习降低频繁切换,提高收敛速度。

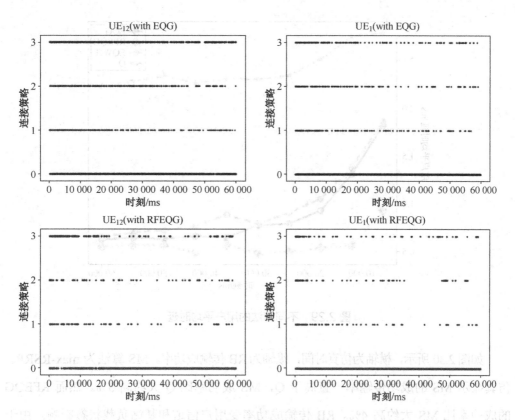

图 2.28 特征学习的效果

图 2.29 比较了不同算法的用户平均时延。横轴为仿真时间,纵轴为用户的平均时延。本节比较了 Q、EQWG、EQG、RFEQG 算法,其中,Q 算法为传统的 Q-learning 算法,EQWG 考虑了切换增益和并发接入,但是没有考虑用混合网络中的迟滞机制来保证混合网络博弈的收敛,EQG 考虑了切换增益、并发接入和迟滞机制,但是没有考虑特征学习,RFEQG 在 EQG 的基础上考虑了特征学习。时延主要反映排队时延和传输时延,由于算法的收敛,用户逐渐收敛到优化基站,时延逐渐降低。根据图 2.29 可知,EQWG 算法平均时延优于传统 Q-learning,这是因为重选增益和并发接入保证了切换的效果,时延大概降低了 1.5 ms 左右。仿真结果说明,RFEQG 和 EQG 通过引入迟滞机制实现了更快的收敛。

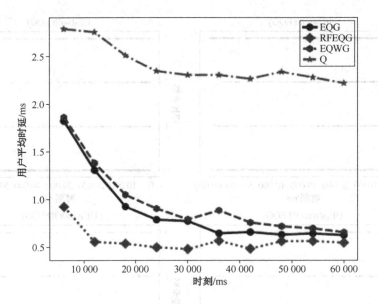

图 2.29　不同算法的用户平均时延

如图 2.30 所示，横轴为仿真时间，纵轴为 RB 传输成功率。MS 算法为 max-RSRP。仿真显示 MS 的成功传输率一直高于 Q，MS 成功率比 Q 大约高 5%。然而 RFEQG 的成功率比 MS 大约高 4%。RB 传输成功率受用户信道和基站负载状态影响。由于 RFEQG 具有更好的收敛效果，用户可以快速确定最佳基站，因此一方面 RFEQG 的 RB 成功率高于 Q 算法；另一方面，由于 RFEQG 考虑了基站负载，实现了更准确的链路质量预测，因此 RFEQG 的 RB 成功率大于 MS。

图 2.31 展示了不同算法的非最优连接率。非最优连接率表示每 6 000 ms 内用户非最优连接建立次数占总重选次数的比率。随着算法的收敛，非最优连接率逐渐降低，曲线对比展示了博弈论指导和特征学习的效果，EQG 的非最优连接率比 Q 低了 42%，RFEQG 则达到了 55%。仿真显示了特征学习、博弈论和策略学习在提高收敛速度、改善收敛效果方面的作用。

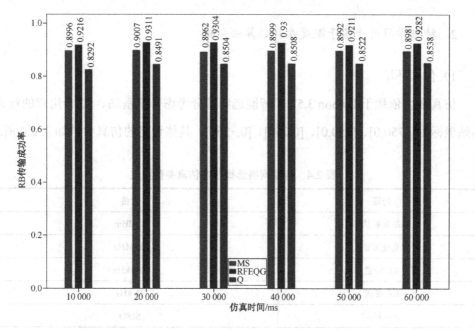

图 2.30 不同算法收敛后的 RB 传输成功率比较

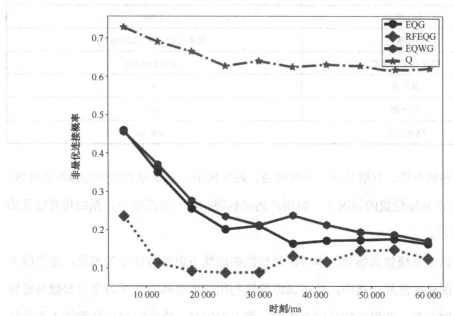

图 2.31 不同算法的非最优连接率

2. 特征学习用于基于深度森林的算法分析

1)仿真环境

仿真环境依赖于 Python 3.5.2,智能选网部分考虑 4 个基站、80 个用户的场景。基站坐标为[-750,0]、[750,0]、[0,250]、[0,-250]。具体设定的仿真参数如表 2.4 所示。

表 2.4 智能网络选择技术仿真参数设定

特征	数值
基站发射功率	43 dBm
系统带宽	20 MHz
RB 带宽	180 kHz
RE 带宽	15 kHz
天线结构	SISO
衰落模型	(0,6.5 dB)
天线增益	5 dB
路损模型	$-35.4 + 26*\lg d + 20*\lg(f_c)$
噪声功率谱密度	-176 dBm/Hz
基站数	4
用户数	80
仿真时间	1 000 ms

确定基站类型、发射功率、天线增益、路损模型、系统带宽和中心频率等参数,在固定 4 个基站位置的情况下,将用户的坐标限制在一定范围内,系统仿真场景如图 2.32 所示。

根据以上系统仿真场景,本节研究智能终端线下训练特征学习模块,运用线上决策的方法进行选网。其中,线下训练模块利用深度森林方法学习空口参数与链路质量的映射关系,并保存特征学习模型。线上使用时,将实时空口参数输入至特征学习模块,输出对应的输出链路质量(分组传输成功率),将链路质量结果输入至强化学习模块（Q-learning），输出接入的基站。

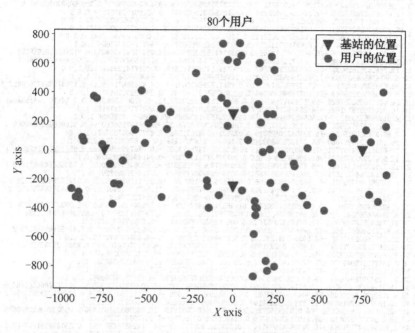

图 2.32　系统仿真场景图

2）算法性能分析

训练链路质量模块仿真部分数据截图如图 2.33 所示。第一列为时间索引，第二列为用户编号，第三列为信号干扰噪声比（SINR），第四列为参考信号接收功率（RSRP），第五列为误码率（BER），第六列为参考信号接收质量（RSRQ），第七列为分组传输成功率（PSR），第八列为用户接入的基站编号。

链路质量模块利用深度森林训练空口参数与链路质量之间的映射关系，将分组传输成功率量化为 10 个量级，预测链路质量的性能如图 2.34 至图 2.36 所示。

```
10.0 0  -1.402554904474248  -76.4661864790105   0.09583954398485296  -13.492123293961847  0.3214285714285714 5 2
10.0 1  7.8988847255680055  -75.27580877156593  0.022249574738045567 -10.532439922812618  0.7272727272727273 3
10.0 2  15.59274560999507   -66.46195760467226  0.008256858819815844 -7.403788978929233   1.0 2
10.0 3  5.968854424772762   -74.71085240028711  0.028737397368333    -9.093405203079152   0.9090909090909091 0
10.0 4  11.65012827863527   -72.244066900333264 0.010102843310021047 -9.924901924051568   0.8 1
10.0 5  30.81048611761638   -50.09273277637337  2.827073367626182e-31 -6.786365362258773  1.0 0
10.0 6  18.22609752024336   -60.09162396182142  0.0016032319787662187 -7.004270122553237   1.0 0
10.0 7  -3.269829456870687  -76.68657500068126  0.11568423168476781  -15.099880956037541  0.2 0
10.0 8  14.53124510798607   -67.63627635442728  0.00970439420955067  -7.744287034672066   1.0 1
10.0 9  2.5722043248522466  -75.4655460374141   0.05232744428853575 25 -12.494065428964094 0.8181818181818182 2
10.0 10 3.935408784505598   -72.75777124699383  0.0569959251486153   -11.91726593977906   0.4166666666666667 1
10.0 11 17.74616361624019   -64.00992282896667  0.0007491142835118864 -7.0517141294403185 1.0 0
10.0 12 9.968476556382598   -72.52618263800801  0.0117210852731019 93 -7.84063245894194 1.0 0
10.0 13 -2.6395224988851185 -77.38770407973716  0.13571729540169178  -14.45635671599159   0.17647058823529413 0
10.0 14 9.084963511223744   -71.62775762393826  0.021355756549364944 -8.209422983548711   1.0 2
10.0 15 20.611010292857625  -59.19464775973038  0.00013757351860078812 -9.470096386377543 0.8461538461538461 1
10.0 16 14.924889938791631  -64.25995274440539  0.00949488201361634  -9.652171538474182   1.0 3
10.0 17 4.81995552338139    -71.66585858160803  0.045708375901499385 -9.670984638225926   1.0 2
10.0 18 19.122754975873578  -62.171281539874858 5.789475563675327e-05 -9.446797094650046  0.9166666666666666 0
10.0 19 7.877378380015932   -74.29304720123316  0.0255321920815815 84 -8.437739067073371  1.0 2
10.0 20 26.58105724983746 4 -55.074935968038425 2.7069268614087624e-10 -6.676381774381886 1.0 2
10.0 21 10.675118114957701  -71.96038502289319  0.012426647475473365 -10.067479662980462 0.8571428571428571 1
10.0 22 12.924539899379823  -69.20697136082815  0.0072013737194942 5 -9.741494950838295  0.75 1
10.0 23 12.795292851841612  -65.73357510520306  0.009667796939252871 -9.900840381021003 0.6428571428571429 1
10.0 24 13.581832646738537  -68.76165852676881  0.005400582022759779 -9.71469586907201  0.875 1
10.0 25 6.853861982339671   -71.50195579877250.100832 -10.825112952518223 0.825571428571429 3
10.0 26 1.7180221563093745  -73.43115500439349  0.06980423975814079  -11.56762008401633   0.8888888888888888 2
10.0 27 8.654680250498677   -73.56524527793438  0.02470891060207     -8.672638472530474   1.0 0
10.0 28 6.88135400045208    -70.66229210752067  0.017452273944246106 -10.542444497906928   0.8333333333333334 1
10.0 29 9.878665036427398   -75.0918252511602   0.08373671396816001  -11.796981403624 0.53846153846153 84 1
10.0 30 17.745955587692983  -63.97866420652176112 -9.000778640026516112 -9.5243889893372 1.0 1
10.0 31 6.875611400072951   -73.88663665075306  0.03670058089175308  -9.93454598927789 7 0.7142857142857143 2
10.0 32 21.17765005991885   -62.193609441291756 2.511668411272309 5e-05 -6.869685670756072 1 0
10.0 33 11.367712599777343  -70.8558106228188198 0.01110680868766572 -9.934370747028 93 0.8333333333333334 1
10.0 34 11.648073875034555  -68.21535787137286  0.013088423275090046 -9.824888703754452  1.0 3
10.0 35 8.839752242040774   -72.571251433004 97 0.020909013445563833 -8.19098513094 8831 1.0 0
10.0 36 11.526185147088 83  -72.043164845423 09 0.0106296943797478 84 -7.71559013826340 1 1.0 0
10.0 37 20.72372872940543   -59.6032880348 83 49 0.00015885298783 6378 -9.481332007 69981 1.0 1
10.0 38 11.319444535 389566 -71.3514304513703 8 0.01284979504548480 2 -7.70021215085 9502 0.9166666666666 666 0
10.0 39 9.418010085627643   -69.34400993566081 0.020151299926917209 0 -10.231117302500 536 0.8333333333333334 1
10.0 40 10.18089803201409 4 -67.527482954581 94 0.0129969397284025 8 -7.834002834465191 1.0 0
10.0 41 -2.000293169602624  -76.02564926273855 0.10631995847021919 -13.840389391511485 0.09523809523809523 2
10.0 42 10.80323703525493   -69.21911830630174 0.011235020640360674 -7.80729747213896 45 1.0 0
10.0 43 8.938945147231063   -75.24805341659014 0.01352131386814741 7 -10.314243764873261 0.818181818181818 2 0
10.0 44 15.647285126405851  -62.81099753183184 0.00227410456110220 -9.564924162583 874 0.875 3
10.0 45 21.161626116468106  -58.3726112864 5829 2.4836280352610912e-05 -6.884586729081366 1.0 0
10.0 46 -0.749264130483 4905 -76.33121551276949 0.10303786640136123 -12.910850361223 433 0.16666666666666 666 0
10.0 47 13.58879065713595 -65.96819133495534 0.006283427154716407 5 -9.77872614778703 8 1.0 1
10.0 48 21.949812779721725  -58.92893987040573 2.7971090046707717e-06 -6.747685323627 579 1.0 2
10.0 49 14.395558902551883  -64.45288933747 4523 0.00605565608033 52895 -9.704464928191 847 1 0
10.0 50 8.2927140341496     -73.86234412541 145 0.016782088237743 156 -8.287810152748 744 1.0 0
10.0 51 17.84467910267702   -62.2228700091 7919 0.0050828248036 59211 -9.47826489254 3677 1.0 8
```

图 2.33 训练集部分数据截图

```
Slicing Sequence...
PSR测试集的预测准确率为: 0.7177083333333333
```

图 2.34 链路质量预测准确率

```
PSR预测结果与测试数据的平均误差为 1.5520833333333333 即小数形式的 0.15520833333333334
```

图 2.35 预测结果与测试数据的平均误差

```
PSR预测结果与测试数据的误差的方差为 5.957009548611111
```

图 2.36 预测结果与训练数据误差的方差

第 2 章
端侧智能网络选择

在相同的仿真时间内，分别对比同一个终端在不同业务到达率的条件，对比不同选网策略的平均吞吐量和平均排队时延，从而直观地对比不同选网方案之间的性能差异。不同的选网策略包括：①传统选网算法中只考虑 RSRP 指标进行选网；②利用深度森林训练出代表链路质量的分组传输成功率指标进行选网；③利用深度森林训练出的分组传输成功率与强化学习中的 Q-learning 进行线上决策从而选网。

仿真考虑业务到达率服从到达率为 1、2、5（数据包/毫秒）的泊松分布，即数据包的平均到达间隔为 1 毫秒、1/2 毫秒、1/5 毫秒，不同的业务到达率能够直观地反映出业务的繁忙程度，每个数据包的大小设置为 320 bit，统计周期为 10 毫秒。

（1）业务到达率服从到达率为 1 的泊松分布的情况

当业务到达率服从到达率为 1 的泊松分布情况时，表示 1 毫秒到达 1 个数据包。具体来说，终端重选切换次数、吞吐量及时延性能各算法对比的仿真结果如图 2.37 至图 2.39 所示。

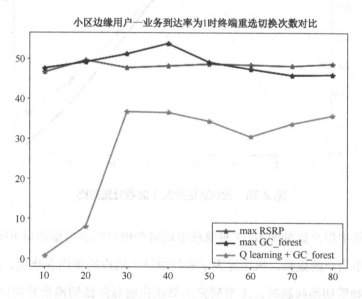

图 2.37　业务到达率为 1 时终端重选切换次数对比

图 2.37 展示了业务到达率为 1 时终端重选切换次数对比。其中,横坐标表示系统中用户的数量;纵坐标表示业务到达率为 1 时终端的重选切换次数。图 2.37 中,max RSRP 表示利用传统的选网算法,即单纯依靠 RSRP 指标进行选网;max GC_forest 表示利用深度学习算法训练出的链路质量即分组传输成功率进行选网;Q learning + GC_forest 表示利用深度森林学习出来的分组传输成功率输入至强化学习(Q-learning)模块做选网决策。由图 2.37 可知,由于业务到达率为 1,RSRP 较为富余,不易发生拥塞,因此传统的选网算法能够保证用户的性能,并且很少会有由于基站无法为用户提供资源而发生切换的情况。

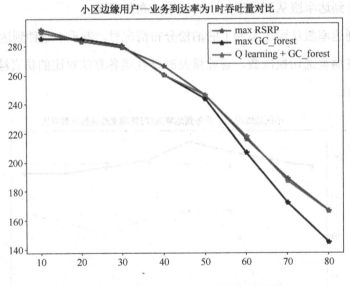

图 2.38　业务到达率为 1 时吞吐量对比

随着系统中用户数量增多,3 种算法平均每个用户的吞吐量均呈下降趋势。横坐标表示系统中用户的数量,纵坐标表示系统中每个用户的平均吞吐量。由图 2.38 可知,在优化频繁切换问题时,本节研究的算法在明显降低切换次数的同时,并没有牺牲吞吐量,或牺牲的吞吐量在可容忍的范围之内。

第 2 章　端侧智能网络选择

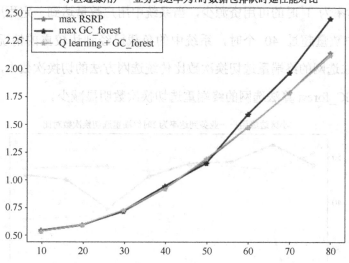

图 2.39　业务到达率为 1 时数据包排队时延性能对比

图 2.39 中，在业务到达率为 1 时，3 种算法平均每个用户的时延均随着系统内用户数量的增加而增加。横坐标表示系统中用户的数量，纵坐标表示系统中平均数据包排队时延。本节所研究的算法在减少频繁切换次数的同时，时延的增加也是在容忍范围之内的。

综上所述，业务到达率为 1 的情况下，链路质量较好，链路质量模块利用深度森林进行特征学习，结合了线上决策模块（Q-learning）的算法能够明显减少频繁切换次数，同时其性能（吞吐量及时延）也并没有被牺牲。

（2）业务到达率服从到达率为 2 的泊松分布的情况

当业务到达率服从到达率为 2 的泊松公布时，表示 1 毫秒到达 2 个数据包。该情况下，链路质量比业务到达率为 1 时差。具体来说，终端重选切换次数、吞吐量及时延性能各算法对比的仿真结果如图 2.40 至图 2.42 所示。

图 2.40 展示了业务到达率为 2 时终端重选切换次数对比，横坐标表示系统中用户的数量，纵坐标表示业务到达率为 1 时终端的重选切换次数。由于业务到达率为 2

079

时比业务到达率为 1 时的可用资源少,当系统中用户数量达到一定程度时较易发生拥塞。当用户数量超过 40 个时,系统中的负载已经到达较重的情况,利用 max GC_forest 算法选网的终端重选切换次数比传统选网方法的切换次数少,同时,利用 Q learning + GC_forest 算法选网的终端重选切换次数明显减少。

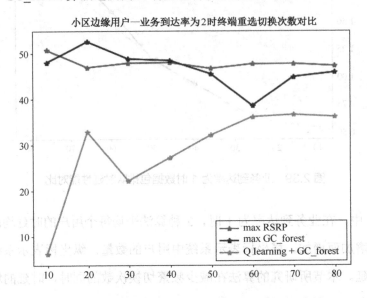

图 2.40　业务到达率为 2 时终端重选切换次数对比

研究频繁切换之余,也要关注用户体验的吞吐量指标。图 2.41 所示的横坐标表示系统中用户的数量,纵坐标表示平均每个用户的吞吐量。业务到达率为 2 时,用户的吞吐量随着系统中用户的数量增加而减少,虽然这 3 种算法的频繁切换数明显减少,但吞吐量没有比传统选网算法少。

业务到达率为 2 时,当用户数不超过 50 时,3 种算法的时延相差无几。当用户数超过 50 个时,利用 max GC_forest 算法的时延较长,但也在可接受的范围之内,如图 2.42 所示。利用了 Q learning + GC_forest 算法的时延与传统算法的时延都较低。

第 2 章 端侧智能网络选择

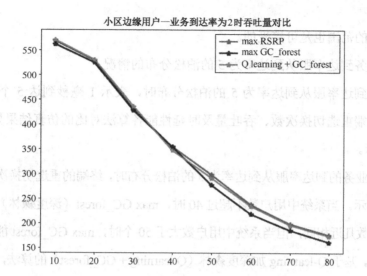

图 2.41　业务到达率为 2 时吞吐量对比

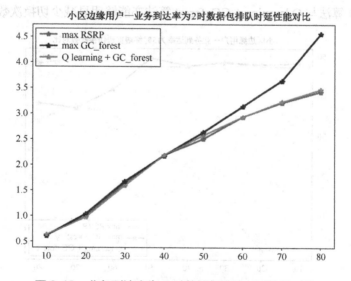

图 2.42　业务到达率为 2 时数据包排队时延性能对比

综上所述，业务到达率为 2 时，传统的选网算法 max RSRP 的切换次数随着系统中用户数的增加而明显增加，max GC_forest 算法及 Q learning + GC_forest 算法的频繁切换次数明显较传统选网算法少。同时，用户的性能（吞吐量及时延）较传统选网算法下降的范围也是可接受的。

（3）业务到达率服从到达率为 5 的泊松分布的情况

当业务到达率服从到达率为 5 的泊松分布时，表示 1 毫秒到达 5 个数据包。具体来说，终端重选切换次数、吞吐量及时延性能各算法对比的仿真结果如图 2.43 至图 2.45 所示。

当用户业务的到达率服从到达率为 5 的泊松分布时，终端的重选切换次数仿真结果如图 2.43 所示。当系统中用户数不超过 40 时，max GC_forest（深度森林）与传统选网算法切换次数几近相同，但当系统中用户数大于 50 个时，max GC_forest 能够明显地降低切换次数。基于 Q-learning 加深度森林（Q learning + GC_forest）的算法，其切换次数明显低于上述两种算法的切换次数。当业务到达率为 5 时，系统中的用户数多至 60 个，max GC_forest 算法与 Q learning + GC_forest 算法亦能够明显减少切换次数。

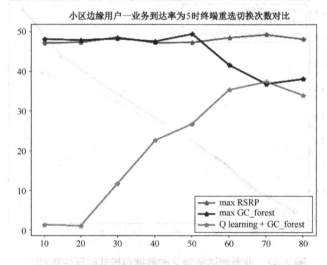

图 2.43　业务到达率为 5 时终端重选切换次数对比

由图 2.44 可以看出 3 种算法的吞吐量差距不大，即本节所研究的算法在降低频繁切换次数时，用户的吞吐量指标能够得到保证。

第 2 章 端侧智能网络选择

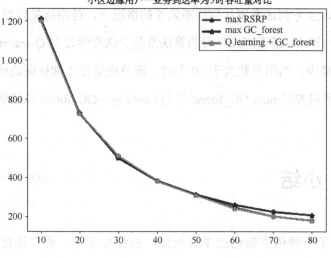

图 2.44　业务到达率为 5 时吞吐量对比

业务到达率为 5 时,数据包排队时延随着系统中用户数的增长而增长。由图 2.45 可知,基于传统选网算法 max RSRP 算法的时延与 Q learning + GC_forest 算法的时延较短,基于 max GC_forest 算法的时延较长,但也在可接受范围之内。

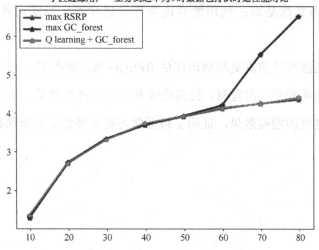

图 2.45　业务到达率为 5 时数据包排队时延性能对比

综上所述，业务到达率服从到达率为 5 的情况下，链路质量较差（拥挤）。当用户数不多于 60 个时，基于深度学习的算法及基于深度学习与 Q-learning 结合的算法切换次数明显减少；当用户数大于 60 个时，链路质量过于拥挤而造成频繁切换现象严重，但本节所研究的 max GC_forest 与 Q learning + GC_forest 算法依然能够减少频繁切换次数。

2.4.6 小结

本节提出了一种模型驱动的学习框架，由特征学习、博弈论建模和策略学习组成。模型驱动的学习框架采用了线上策略学习、线下特征学习结合的学习方法，克服了学习的耗时性和通信问题的实时性之间的矛盾。特征学习和博弈建模辅助策略学习可以获得很好的用户体验，并加速收敛速度。终端利用特征学习挖掘多个指标与准确的链路质量之间的复杂关系，克服单一指标的随机性导致的算法波动，降低频繁切换；利用策略学习，用户连接综合考虑链路质量和网络负载，避免用户接入高负载基站；利用博弈论指导策略学习，算法可实现更快和更优的收敛。

本节利用离散事件仿真更准确地评估 RFEQG 算法的性能，确定了 RFEQG 算法在降低频繁切换和平均时延时，提高资源利用率方面的效果。本节证明了博弈论的引入对收敛速度的增益效果，证明了特征学习有效降低了频繁切换。

第 2 章 端侧智能网络选择

2.5 总结与展望

2.5.1 总结

本章分别研究了多连接场景下和异构场景下的用户连接算法,使用博弈论和机器学习作为分析方法和主要工具。

针对多连接场景下的用户连接问题,本章工作的创新点在于以下几方面。

(1)首次将业务感知引入多连接问题,以得到更细致的用户连接策略。用户连接策略考虑了基站负载、功耗开销和连接开销。

(2)构建了 SPG 的状态空间和动作空间,以实现用户依赖局部信息交互完成对全局负载信息感知的能力。

(3)利用 SPG 博弈理论建模多连接问题,对博弈的纳什均衡的存在性、唯一性进行了证明,确保了分布式算法的全局最优性。

针对异构场景下的用户连接问题,本章工作创新点在于以下几方面。

(1)本章提出的线上线下相结合,特征学习、策略学习组成的学习框架,可解决通信领域应用机器学习的实时性与耗时性矛盾。

(2)分布式的算法可使决策更符合用户的需求,为用户提供定制化、差异化的通信服务。

(3)博弈建模指导强化学习的动作选择,使得强化学习的收敛性得到保证,避免了传统机器学习黑盒模型收敛不确定等问题。

2.5.2 展望

　　TAMA 算法尚未在本次搭建的 LTE 仿真平台中实现，可通过本章提出的学习框架对 TAMA 算法进行改进。此外，信令开销并未被直接仿真，而是通过降低多连接链路的数量和降低用户切换次数侧面体现对信令开销的优化，这也是一个改进的方向。未来读者通过进一步学习协议内容，可以设计更直接反映信令开销的仿真环境。

　　超密集移动通信系统中用户移动性对接入性能影响很大。因此，连接技术需考虑用户移动性。通过机器学习预测用户移动性，并将预测结果作为策略学习的输入，从而降低频繁切换。另外，用户的业务模型、业务预测也是目前负载均衡的研究重点，通过大数据结合支撑向量机、深度神经网络等方法实现流量预测，可实现细粒度的负载均衡。

第 3 章 网侧智能资源调度

3.1 渐入佳境——引言

过去的 20 年间，移动通信系统不断演进，从第一代移动通信系统（The First-Generation Mobile Communication System，1G）、第二代移动通信系统（The Second-Generation Mobile Communication System，2G）、第三代移动通信系统（The Third-Generation Mobile Communication System，3G）、第四代移动通信系统（The Fourth-Generation Mobile Communication System，4G）到目前呈现白热化的第五代移动通信系统（The Fifth-Generation Mobile Communication System，5G），在多址接入技术、数据速率、频带、应用等方面都进行了演进，见表 3.1。1G 实现了语音通信，采用频分多址接入（Frequency Division Multiple Access，FDMA）。2G 发展了窄带分组数据通信，采用码分多址接入（Code Division Multiple Access，CDMA）和时分多址接入（Time Division Multiple Access，TDMA）。3G 拓展了宽带多媒体通信，以 CDMA 为主。4G 结合了移动互联网，采用正交频分多址接入（Orthogonal Frequency Division Multiple Access，OFDMA）。5G 采用更灵活的多址接入方案，如非正交多址接入（Non-Orthogonal Multiple Access，NOMA）等。而且，不同于 3G

和4G的"聚焦移动宽带",5G将解决面向移动互联网和物联网的多样应用场景中实现不同性能指标产生的挑战,旨在提供千倍的业务请求、毫秒级的时延体验、千亿设备的连接能力及数十Gbps的速率。

表3.1 移动通信系统的演进

演进	多址接入	数据速率	频带	带宽	应用
1G	FDMA	2.4 kbps	800 MHz	30 kHz	语音
2G	TDMA/CDMA	200 kbps	850/900/1 800/1 900 MHz	200 kHz	窄带分组数据
3G	CDMA	14.4 Mbps	850/900/1 800/1 900/2 100 MHz	5 MHz	宽带多媒体
4G	OFDMA	100 Mbps	1.8/2.6 GHz	1.4~20 MHz	移动互联网
5G	OFDMA/NOMA	10~50 Gbps	1.8/2.6/30~300 GHz	60 GHz	移动互联网和物联网

5G将实现从移动宽带服务提供者到全连接世界使能者的角色转变。为实现这个目标,5G支持3类场景,包括大规模机器类通信(Massive Machine-Type Communication,mMTC)、超可靠低时延通信(Ultra-Reliable Low Latency Communication,URLLC)及增强型移动宽带(Enhanced Mobile Broadband,eMBB)。因此,对更高速率、更高可靠及更低时延的通信提出了更严格的需求。同时,智能终端的快速发展驱动了业务的多样性,如虚拟/增强现实、超高清视频等。新兴业务在带来爆炸式数据流量的同时,也提出了更严格和更多样的服务质量(Quality of Service,QoS)需求,以保障用户获得极致的体验。

3.1.1 研究背景

3.1.1.1 协作调度研究背景

用户对高数据速率的需求越强烈,频谱危机越严重,无线蜂窝网络发展面临的

第3章 网侧智能资源调度

压力越大。因此,无线网络需要部署大量的基站以应对用户日益增长的需求。随着更密集的基站部署,位于小区边缘的用户可同时接收来自周围多个基站的强信号,需要更先进的干扰协调技术提升频谱效率及吞吐量。同时,正交频分多址接入(Orthogonal Frequency Division Multiple Access,OFDMA)可以避免同一小区内不同用户间的干扰。为了提高频谱效率,通常将频率复用因子设置为1,导致边缘用户从邻小区接收到强干扰信号,因此小区边缘用户性能受限严重。

多点协作(Coordinated Multi-Point,CoMP)系统与多输入多输出(Multiple-Input Multiple-Output,MIMO)技术作为减少小区间干扰从而提高用户的传输速率的主要手段而倍受关注。为了提高边缘用户的吞吐量,协议标准3GPP R9在2010年发布以来,CoMP系统日益受工业界与产业界的欢迎,为协作调度研究带来启发。CoMP系统通常面临频谱分配、资源映射、参考信号设计、分类和反馈信息传输等问题。本书研究干扰感知的CoMP系统在联合处理(Joint Processing,JP)场景中的联合传输(Joint Transmission,JT)模式。其中,JP表示数据可以存在于所有协作基站中的基站,JT则意味着基站可以同时传输数据服务于用户。JP场景下的JT模式流程如图3.1所示。

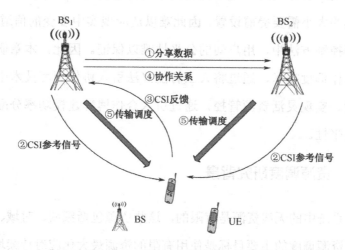

图3.1　JP场景下的JT模式流程

JP 场景下 JT 模式的具体步骤如下。

步骤 1：首先，BS_1 分享数据至其他基站，如 BS_2，其中 BS_1 为簇中心，其他协作基站（Cooperative Base Station，CBS）为簇中其他成员。

步骤 2：基站传输包含参考信号接收功率的信道状态信息（Channel State Imformation，CSI）至用户。

步骤 3：用户将信道状态信息反馈至 BS_1。

步骤 4：BS_1 将簇关系传输至簇中其他基站，建立协作关系。

步骤 5：簇中的 CBS 传输数据至它们服务的用户。

基于 JT 场景，CSI 同时在所有的基站中共享。为了简化网络，本章研究的用户设备（User Equipment，UE）与基站均工作在单天线模型下，并且一个 CBS 簇仅服务一个单独的 UE，一个基站可以通过不同的物理资源块（Physical Resource Block，PRB）服务多个 UE。

传统超密集移动通信系统中，边缘用户接收到的干扰信号较强，迫切需要引进多点协作系统缓解干扰情况，提升用户体验，因此本章研究基于多点协作系统的协作调度问题。协作调度的两个关键问题为传输调度与功率分配。传统的传输调度方法中簇的大小需要提前设置，因此难以适应现实中多变的信道环境。同时，在传统的功率控制方法中，用户间的公平性难以保证。因此，本章研究基于人工智能算法的协作调度技术，通过将人工智能算法引入协作调度技术中，以适应多变的信道环境、实现灵活资源管控，通过引入合作博弈建模功率分配问题，以提升用户间的公平性。

3.1.1.2 资源调度研究背景

移动通信系统中的无线资源是有限的，这些资源包括频域、时域、空域、功率域、码域等。资源调度的主要目标是使用有限的资源最大化应对持续增长的数据流

第3章 网侧智能资源调度

量,在提高无线资源利用率的同时基于用户 QoS 需求为其提供服务。在 3G 中,基站调度的资源是码域资源,并且采用专用信道完成数据传输,即供特定 UE 使用而保留的码域资源。与 3G 不同的是,4G 中基站调度的资源是由时域和频域组成的二维资源,即资源块(Resource Block,RB)。RB 是基站可分配给 UE 进行数据传输的最小无线资源单位,一个 RB 包括频域 12 个子载波和时域 0.5 ms。而且,4G 使用共享信道取代 3G 中的专用信道进行数据的传输,即所有用户的数据被分割后依据资源调度方法被复用在一个共享信道中传输,传输时间间隔(Transmission Time Interval,TTI)为 1 ms。由此可见,系统性能能否充分发挥用户体验,能否得到保障,在很大程度上取决于资源调度方法的效率。因此,资源调度扮演着极其重要的角色。

5G 中基站调度的资源仍是时频二维资源,并且采用共享信道进行传输,即 SBS 为 UE 分配 RB 以满足其 QoS 需求。但 5G 与 4G 存在一些区别,具体区别如下。

(1)复杂的网络:网络从异构网络演变为异构超密集移动通信系统。

(2)多样的资源:可管理资源从纯无线资源,如功率、频率、时间等,演变为综合资源,包括后端/前传容量、可再生能源、计算能力、电池资源等。

(3)可变的 TTI:TTI 从固定演变为可以依据场景需求变化,如缩短 URLLC 中的 TTI,可以降低响应时延。

(4)不同的多载波:除循环前缀-正交频分复用(Cyclic Prefix-Orthogonal Frequency Division Multiple Access,CP-OFDM),引入新的候选波形,如通用滤波多载波(Universal Filtered Multi-Carrier,UFMC)和滤波器组多载波(Filter-Bank Multi-Carrier,FBMC)。其中,FBMC 通过多相网络对子载波进行滤波,UFMC 对 RB 进行滤波,旨在提供更灵活的帧结构。

(5)更大的带宽:除了 1.4 Mbps、3 Mbps、5 Mbps、10 Mbps、15 Mbps、20 Mbps 的带宽,5G 可能需要支持 40 Mbps、100 Mbps 等超大带宽。

图 3.2 为资源管理流程图。在网络部署完成之后,频谱分配被执行。频谱分配即

上层控制器为宏基站和小基站分配子带，目的是降低由基站间干扰带来的性能损耗。频谱分配有两种方式，第一种为联合模式，即宏基站和小基站间使用同频频谱；第二种为独立模式，宏基站和小基站间使用不同频谱。频谱分配完成之后，资源调度被执行，它的主要功能是在每个 TTI 内为服务的 UE 分配共享信道的 RB，以保障用户 QoS 需求，提升资源利用率。

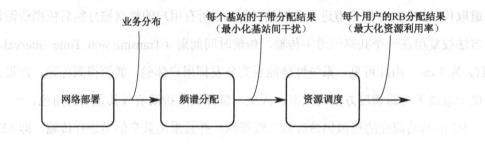

图 3.2　资源管理流程图

图 3.3 为资源调度通用模型，由下到上分别为物理层（Physical，PHY）、介质访问控制层（Media Access Control，MAC）和无线资源控制层（Radio Resource Control，RRC）。PHY 层包括信道质量指示（Channel Quality Indicator，CQI）计算，CQI 由信号干扰噪声比（Signal to Interference plus Noise Ratio，SINR）量化和缩放后得到。RRC 层包括缓冲区、队列、QoS 参数等。执行资源调度的主体是 MAC 层的资源调度器，资源调度器主要包含两个模块。

（1）用户调度：资源调度器根据 CQI、QoS 等参数确定用户调度优先级，旨在确保用户体验的同时最大化系统吞吐量。

（2）资源分配：资源调度器根据待传输包的大小、MCS、用户调度优先级等参数确定分配给选定用户的 RB 数量和 RB 位置。

自适应调制编码模块（Adaptive Modulation and Coding，AMC）与 CQI 相关，用于决定调制编码方案（Modulation and Coding Scheme，MCS），在限定的块错误率（Block Error Rate，BLER）下最大化支持的吞吐量。物理下行控制信道（Physical

第 3 章 网侧智能资源调度

Downlink Control Channel，PDCCH）用于告知 UE 分配的 RB、选定的 MCS 等信息。

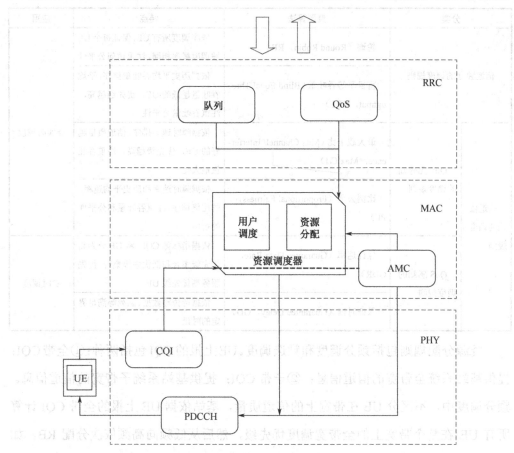

图 3.3 资源调度通用模型

用户调度规则依据是否与无线信道相关可以划分为信道独立的调度规则和信道依赖的调度规则。信道独立的调度规则最初在有线网络中引入，由于无线网络的时变性，该类调度规则不适用于提升无线网络性能。信道依赖的调度规则可以基于信道质量分配资源，从而提升系统性能。信道依赖的调度规则可以依据 QoS 进一步分成 QoS 感知或 QoS 无感知的调度规则，见表 3.2。

表 3.2　用户调度规则的分类和特征

分类		典型算法	特点	应用
信道独立的调度规则		轮询（Round Robin，RR）	依序调度所有 UE，保证每个 UE 被调度概率相同，注重访问公平性	非实时调度
		盲目平等吞吐量（Blind Equal Throughput，BET）	依据历史平均吞吐量排序，平均吞吐量越低的 UE，优先级越高，注重吞吐量公平性	
信道依赖的调度规则	QoS 无感知的调度规则	最大载干比（Max Channel/Interference，Max C/I）	依据瞬时速率排序，信道质量越好的 UE，优先级越高，注重吞吐量最大化	
		比例公平（Proportional Fairness，PF）	依据瞬时速率和历史平均速率的比值排序，注重吞吐量和公平性的折中	
	QoS 感知的调度规则	保证速率（Guarantee Data-Rate，GDR）	依据指标如 CQI，将 UE 分为高优先级集合和低优先级集合，优先服务高优先级 UE	实时调度
		保证时延（Guarantee Delay，GD）	依据待传输数据、队列等满足界定的时延	

资源分配规则包括频分调度和频选调度。UE 上报的 CQI 包括两种：①全带 CQI：提供基站系统全带宽的信道信息；②子带 CQI：提供基站系统子带宽的信道信息。频分调度中，不区分 UE 在带宽上的信道质量，基站依据 UE 上报的全带 CQI 计算所有 UE 在整个带宽上的全带宽调度优先级，然后从低频向高频依次分配 RB。如图 3.4（a）所示，基站先为优先级最高的 UE_1 分配 RB，再为优先级次之的 UE_2 分配 RB。频选调度中，区分 UE 在带宽上的信道质量差别，基站依据 UEs 上报的子带 CQI 计算所有 UE 在各子带上的调度优先级。UE 可以在各自信道质量最好的子带上调度，从而获取信道的频率选择性调度增益。如图 3.4（b）所示，RB 被组合成多个资源块组（Resource Block Group，RBG），UE 可以测得不同 RBG 上的信道质量，RBG_1 分配给 UE_1，RBG_2 分配给 UE_2，因为 UE_1 和 UE_2 在分配的 RBG 对应的调度队列中优先级最高。

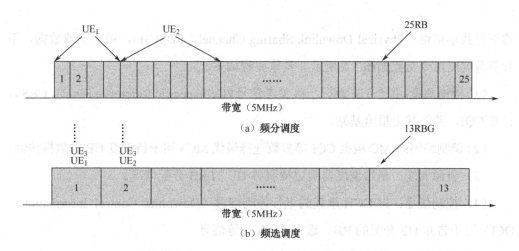

图 3.4 资源分配规则的分类与特征

频分调度和频选调度的优缺点对比如下。

（1）频分调度中，基站获取全带 CQI，可降低信令开销。然而，频分调度无法获取用户在 RB 上的增益，并且全带 CQI 会导致不精确的 MCS。当确定的 MCS 与信道质量传输能力失配时，系统吞吐量下降。

（2）频选调度中，基站通过子带 CQI 分配资源，可以提升资源利用率，并且 MCS 会相应准确，从而最大化系统吞吐量。然而，频选调度中必须准确反馈 CQI 才能最大化频选增益，由于 CQI 上报存在延迟且用户具有移动性，造成上报 CQI 与调度 CQI 失配。而且，CQI 反馈周期越长，频选增益越低，导致频选调度增加了信令开销，却降低了频选增益。此外，被调度用户量少时，频选调度会产生大量频谱碎片。

从被调度个体的角度，调度可分为两种方式。

1）以 UE 为单位的调度：先根据用户调度规则计算所有 UE 的优先级，再依据优先级顺序为 UE 分配资源。调度粒度大，但信令开销低。

2）以 RB 为单位的调度：先根据用户调度规则计算所有 UE 在每个 RB 上的优先级，再把 RB 分配给优先级最高的用户。调度粒度小，但信令开销高。

资源调度分为上行资源调度和下行资源调度。下行资源调度是基站为 UE 分配物理下行共享信道（Physical Downlink Sharing Channel，PDSCH），用于下载数据。下行资源调度信令交互如图3.5所示，具体流程如下。

（1）信道测量：每个UE解码小区参考信号（Cell-specific Reference Signal，CRS），计算CQI，并将其上报给基站。

（2）调制编码：AMC根据CQI等参数选择最优MCS用于待调度UE的数据传输。

（3）资源调度：基站调度器确定待服务UE的RB分配情况。

（4）控制信令：PDCCH承载的下行控制信息（Downlink Control Information，DCI）用于告知UE分配的RB、选定的MCS等信息。

（5）数据传输：基站根据调度结果在PDSCH上填充数据。

（6）数据接收：UE检测PDCCH的有效载荷，若被调度，则UE依据PDCCH告知的信息接收PDSCH的数据。

（7）接收反馈：UE向基站反馈数据接收情况，如果基站收到确认字符（Acknowledgement，ACK），则数据传输成功；若收到非确认字符（Non-Acknowledgement，NACK），则基站重传数据。

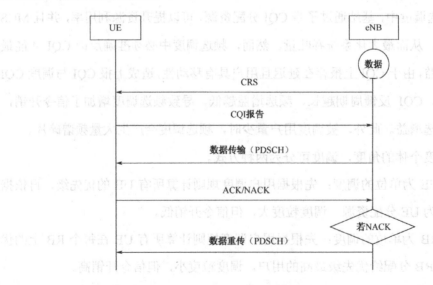

图3.5 下行资源调度信令交互

第 3 章　网侧智能资源调度

上行资源调度是基站为 UE 分配物理上行共享信道（Physical Uplink Sharing Channel，PUSCH），用于上传数据。上行资源调度信令交互如图 3.6 所示，具体流程如下。

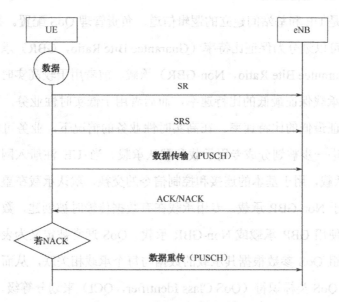

图 3.6　上行资源调度信令交互

（1）调度请求：用户需要上传数据时，发送调度请求（Scheduling Request，SR）给基站。

（2）信道测量：基站依据探测参考信号（Sounding Reference Signal，SRS）测量 SINR。

（3）调制编码：AMC 根据 CQI 等参数选择最优的 MCS 用于待调度 UE 的数据传输。

（4）资源调度：基站调度器确定待服务 UE 的 RB 分配情况。

（5）控制信令：PDCCH 承载的 DCI 用于告知 UE 分配的 RB、选定的 MCS 等信息。

（6）数据传输：UE 检测 PDCCH 的有效载荷，若被调度，则 UE 依据 PDCCH

告知的信息在 PUSCH 上传输数据。

(7) 接收反馈：基站向 UE 反馈数据接收情况，如果 UE 收到 ACK，则数据传输成功，否则 UE 重传数据。

无线承载是 UE 和基站间建立的逻辑信道，负责管理 QoS 配置。根据 QoS 的不同，无线承载可以划分为保证比特率（Guarantee Bite Ratio，GBR）承载和非保证比特率（Non-Guarantee Bite Ratio，Non-GBR）承载。前者用于较高实时性业务，需要调度器对该类承载保证最低的比特速率，而后者用于低实时性业务，不需要调度器对该类承载保证最低的比特速率。在高实时性业务的情况下，业务可能需要降低速率。无线承载进一步被划分成专用承载和默认承载。当 UE 注册入网时，网络会为 UE 创建默认承载，用于基本的连接和控制信令的交换，默认承载在整个连接过程中一直存在，属于 Non-GBR 承载。专用承载在有数据传输时被创建，数据传输结束后被释放，可以使用 GBR 承载或 Non-GBR 承载。QoS 通常被定义为表征用户经历性能的变量。一组 QoS 参数根据其承载的数据与每个承载相关联，从而区分业务流。QoS 服务通过 QoS 类标识符（QoS Class Identifier，QCI）来划分等级，见表 3.3。每类 QCI 由资源类型（GBR 或 Non-GBR）、优先级、时延及丢包率组成，对应支持不同业务。4G 中 QoS 控制的基本粒度是承载，需要通过建立多个专用承载为 UE 提供具有不同 QoS 保障的业务。然而，承载建立较慢，并且信令开销高，基于承载的 QoS 控制粒度较粗，无法满足 5G 业务精细的 QoS 需求。

表 3.3　QCI 等级划分

QCI	资源类型	优先级	时延/ms	丢包率	业务举例
1	GBR	2	100	10^{-2}	语音会话
2		4	150	10^{-3}	视频会话（在线）
3		5	300	10^{-6}	非视频会话（可缓冲）
4		3	50	10^{-3}	实时游戏
65		0.7	75	10^{-2}	关键任务—键通语音
66		2	100	10^{-2}	非关键任务—键通语音
75		2.5	50	10^{-2}	V2X 信息

第3章 网侧智能资源调度

续表

QCI	资源类型	优先级	时延/ms	丢包率	业务举例
5	Non-GBR	1	100	10^{-6}	IMS 信号
6		7	100	10^{-3}	音频,视频直播,互动游戏
7		6	300	10^{-6}	视频(可缓冲)
8		8	300	10^{-6}	基于 TCP、FTP、P2P 文件共享
9		9	300	10^{-6}	
69		0.5	60	10^{-6}	关键任务时延敏感信令
70		5.5	200	10^{-6}	关键任务数据
79		6.5	50	10^{-2}	V2X 信息

5G 基于流粒度执行业务 QoS 处理,QoS 流是精细的 QoS 区分粒度。5G 除支持 GBR QoS 流和 Non-GBR QoS 流,还支持反射 QoS 机制。反射 QoS 的功能就是网络通过用户面数据包的业务数据自适应协议(Service Data Adaptation Protocol,SDAP)的设置,UE SDAP 实体收到后分析推导出一个上行的 QoS 规则进行使用。SDAP 是 5G 新空口用户面新增加的一层协议。在 5G 中,QoS 流通过 QoS 流 ID(QoS Flow ID,QFI)来标识,见表 3.4。每类 QFI 由资源类型(GBR 或 Non-GBR)、优先级、时延、丢包率、平均窗口及最大数据突发量组成,对应支持不同业务。平均窗口是为 GBR QoS 流定义的,用于相关网元统计保证流比特率和最大流比特率。最大数据突发量针对时延敏感的 GBR 流,表示需要服务的最大数据量。5G 中基于流粒度的 QoS 控制粒度更精细,从而满足多样业务的 QoS 需求。

表 3.4 QFI 等级划分

QFI	资源类型	优先级	时延/ms	丢包率	平均窗口/ms	最大数据突发量/B	业务举例
1	GBR	2	100	10^{-2}	2 000	—	语音会话
2		4	150	10^{-3}	2 000	—	视频会话(在线)
3		5	300	10^{-6}	2 000	—	非视频会话(可缓冲)
4		3	50	10^{-3}	2 000	—	实时游戏
65		0.7	75	10^{-2}	2 000	—	关键任务一键通语音
66		2	100	10^{-2}	2 000	—	非关键任务一键通语音

续表

QFI	资源类型	优先级	时延/ms	丢包率	平均窗口/ms	最大数据突发量/B	业务举例
67	GBR	1.5	100	10^{-3}	2 000	—	关键任务视频会话
75		2.5	50	10^{-2}	2 000	—	V2X 信息
5	Non-GBR	1	100	10^{-6}	—		IMS 信号
6		7	100	10^{-3}	—		音频，视频直播，互动游戏
7		6	300	10^{-6}	—		视频（可缓冲）
8		8	300	10^{-6}	—		基于 TCP、FTP、P2P 文件共享
9		9	300	10^{-6}	—		
69		0.5	60	10^{-6}	—		关键任务时延敏感信令
70		5.5	200	10^{-6}	—		关键任务数据
79		6.5	50	10^{-2}	—		V2X 信息
80		6.8	10	10^{-6}	—		低时延 eMBB 应用增强现实
81	时延敏感GBR	1.1	5	10^{-5}	2 000	160	远程控制
82		1.2	5	10^{-5}	2 000	320	智能传输系统
83		1.3	10	10^{-5}	2 000	640	智能传输系统
84		1.9	20	10^{-4}	2 000	255	离散自动化系统
85		2.2	10	10^{-4}	2 000	1358	离散自动化系统

超密集移动通信系统在带来性能增益的同时，也对资源调度提出了新的挑战。同时，5G 业务的多样性也挑战了资源调度算法。具体总结如下。

（1）高复杂：由于激增的基站和用户数量及更动态的无线环境，资源调度通常被建模成高复杂和高计算成本的优化问题，并且当优化问题不具有良好特性时，通常只能获取近似最优解来代替最优解。因此，建模和求解超密集移动通信系统资源调度问题面临挑战。

（2）高开销：资源调度依赖于大量基站和用户的网络状态信息，如信道状态信息等。频繁获取或获取完美的网络状态信息会造成极高的信令开销和反馈。因此，资源调度应在不大量增加开销的前提下考虑提升系统性能。

第 3 章 网侧智能资源调度

（3）QoS 保障：新兴业务提出了更多样和更严格的 QoS 需求，如在时延、可靠性、吞吐量，甚至是多个性能指标的组合等方面。因此，资源调度应结合业务特性进行设计，以保障用户多样且变化的 QoS 需求。

（4）模块分离：现有资源调度由用户调度模块和资源分配模块分步实现，并且性能优化通常侧重于优化单个模块。然而，对于更加复杂的网络，子模块最优可能不是全局最优，而且，模块分步实现存在的时间差可能导致低时效性，从而造成增益损失。

因此，由于高成本和低效率，传统资源调度算法不再适用于 5G 超密集移动通信系统，迫切需要设计可行且有效的资源调度算法解决当前面临的挑战。

3.1.2 研究现状

本节回顾了资源调度研究现状。如图 3.7 所示，本节将现有研究分为 3 类。首先，介绍了传统资源调度研究现状，如图 3.7（a）所示；其次，介绍了智能用户调度研究现状，如图 3.7（b）所示；最后，介绍了智能资源调度研究现状，如图 3.7（c）所示。

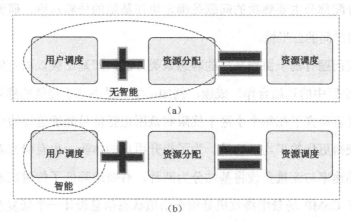

图 3.7　资源调度研究现状分类

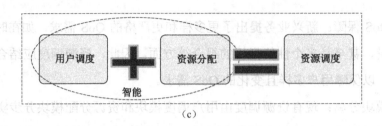

(c)

图 3.7　资源调度研究现状分类（续）

3.1.2.1　协作资源调度研究现状

超密集移动通信系统带来更多网络资源的同时还产生了严重的干扰，使得边缘用户体验不佳，通过基站相互协作为用户提供服务可改善用户性能。CoMP 系统 JP 场景 JT 模式中的多个协作基站可以同时为一个用户传输数据，该技术通过基站与相邻基站合作可以有效地利用干扰，从而有效地增加用户吞吐量，降低中断概率。CoMP 系统中两大关键问题为传输调度和功率分配。为了提高边缘用户吞吐量，传输调度部分研究动态资源调度以提高灵活性，传输调度部分主要解决的两个关键问题为如何选择被服务的边缘用户和如何为选中的边缘用户选择为其服务的基站簇。进一步来讲，功率分配部分主要解决的问题是确定协作基站的传输功率，研究如何通过合作博弈保证用户间的公平性。

传输调度问题有基于协作基站的静态聚类方法，即基站簇以固定的方法（如规定 3 个相邻小区中的基站合作）成簇，例如，学术界中基于传统的静态传输调度的研究，有研究者研究了在每个小区干扰限制范围进行信号处理选择边缘用户，使得系统中用户获得更优的平均吞吐量。为了提升用户的体验，也有研究者按照基站不同的下行传输速率与流量负载将基站分为两种，有效地降低了信道状态信息反馈压力，并在下行 CoMP 场景中接收机处结合信道状态信息设计一个低复杂度的算法。然而，传统的静态分簇算法不能适应现实中复杂多变的信道状态，因此出现了一些针对动态分簇算法的研究。有研究者提出一种基于贪婪算法的协作基站簇生成的方

第 3 章
网侧智能资源调度

法,研究多小区协作处理蜂窝网络中同时适用于上行与下行传输场景的最大化速率的传输调度算法,基站利用 Round-Robin 方法选择被服务的用户,充分保证了用户间的公平性。有研究者基于参考信号接收功率提出两种传输调度算法:集中式动态传输调度算法与分布式动态传输调度算法,对协作基站进行动态聚类,其中所提分布式传输调度算法可以有效减少信令开销。

功率分配作为 CoMP 系统中的另一大关键问题也被学术界关注。有研究者分析了多小区网络下行基于 CoMP 与非正交多址接入技术(Non-Orthogonal Multiple Access,NOMA)系统相结合场景的动态功率分配算法。在 NOMA 系统下行传输调度中,为了确保用户之间的公平性,基站通常为边缘用户分配更多的 PRB,但是这种方法通常因串行干扰消除问题难以实现。另外,通常拥有更差资源的用户需要解码更好的信号而导致更严重的时延。为了公平分配子载波、速率与功率等资源,在 OFDMA 系统中保证用户间公平性的前提下,有研究者基于纳什议价解合作博弈算法研究在每个用户的最大功率与最小功率的约束内,使整个系统的速率最大化的调度算法。

更大的带宽、更智能的服务、日益智能的多媒体应用软件吸引了越来越多的用户。随着超密集移动通信系统场景的到来,网络变得越来越密集,用户的服务质量需求更高。相关研究文献讲述了 CoMP 的系统架构由第四代移动通信系统(The Fourth Generation Mobile Communication System,4G)至第五代移动通信系统(The Fifth Generation Mobile Communication System,5G)的演变进程。如果提供的参考信号接收功率等信道状态信息更新不及时,用户的性能将会因所参考的信息不及时而受限。基于此,CoMP 系统中对时延因素的研究变得至关重要。为了减少启动和切换时延,利用低时延网页即时通信(Web Real-Time Communication,WebRTC)数据信道传输工具携带自适应流媒体(Dynamic Adaptive Streaming over HTTP,DASH)视频部分,提出了一种低时延 DASH 流。为了避免所提供的信道状态信息过时,提高用户的服务质量，基于高斯传播信道利用可获得的最新的信道信息的方法研究回程时延。微基站将会被部署得非常密集，并且在最小化时延研究中发挥极大的作用。由于视频多媒体文件较大，因此与传输时延相比，排队时延对用户体验影响更大，本书主要关注用户传输调度中的传输时延。协作调度技术研究总结见表3.5。

表 3.5 协作调度技术研究总结

研究点	研究内容
传输调度	静态分簇算法
	动态分簇算法
功率控制	将 CoMP 系统与 NOMA 技术结合，虽提升了公平性，但因串行干扰消除而难以实现
	基于 OFDMA 系统利用纳什议价博弈理论建模功率分配问题
优化目标	切换时延
	回程时延

为了突破人工设置门限值的限制，提升边缘用户体验，综合考虑传输时延与吞吐量指标，本书基于人工智能算法研究一种传输调度与功率分配的协作调度框架。通过依据参考信号接收功率引入近邻传播聚类算法在每个 PRB 上为每个边缘用户确定为其服务的基站簇。进一步，本书基于纳什议价解合作博弈提出功率分配算法，并且证明该纳什议价解合作博弈存在唯一的纳什均衡解。

3.1.2.2 传统资源调度研究现状

传统资源调度指的是超密集移动通信系统中无智能的资源调度，即采用传统优化方法和数学工具建模，求解资源调度问题。现有研究可以被分为两类：集中式方案和分布式方案。在集中式方案中，通常是将超密集移动通信系统拆分成多个小型网络，以简化复杂且大规模的资源调度问题。基于以用户为中心的分簇技术设计了 RB 分配方案，首先通过以用户为中心的基站分簇将超密集移动通信系统拆分成多个子网络，然后将 RB 分配建模成最小化簇间干扰的问题，所提方案被证实可以提升

第 3 章
网侧智能资源调度

RB 利用率。有研究者建模了联合小区选择、资源调度及合作成本的问题,设计了适用于实时业务的方案。或是基于电磁波极化现象提出了联合极化、功率及子载波分配方案,所提方案实现了性能和复杂度间的平衡。也有研究者联合考虑了能耗、干扰及不充分的 QoS 保障,设计了子信道分配方案,实现了能效和谱效间的平衡。频谱和网络密度的联合优化,旨在提升网络谱效。基于认知技术设计 QoS 感知的子信道分配方案,考虑了 QoS 需求和干扰,旨在最大化网络吞吐量。

在分布式方案中,通常采用博弈论建模和求解资源调度问题。有研究者联合研究了用户调度、信道分配及功率分配问题,旨在最大化用户满意度。博弈论和图论被用于建模和求解问题以获取纳什均衡解。基于博弈论,有研究者设计了考虑基站的 QoS 和能效的子信道分配方案,首先基于图论分簇,然后每个簇将资源分配建模为最大化自身吞吐量的问题。基于非合作博弈联合考虑了用户接入、信道分配及功率分配,通过将原始优化问题转换为非合作博弈问题,获取了纳什均衡解。将非凸资源调度问题建模为斯塔克尔伯格博弈问题,设计了最大化能效的资源调度方案,所提方案被证实可以在低计算复杂度下实现高能效。有研究者提出了 QoS 感知的子信道分配方案,将复杂的子信道分配问题转换为 QoS 感知的用户分簇问题和在固定数量簇间的子信道分配问题,所提方案考虑了干扰、谱效及公平性,被证实可以保障 QoS 和公平性。

图 3.8 总结了传统资源调度的特点,对比了本书研究对象与传统资源调度的区别。传统集中式方案可以获得较优性能,但需频繁获取大量基站和用户的网络状态信息,造成极高的信令开销和反馈,且计算复杂度高。传统分布式方案采用博弈论建模,由于更多的基站和用户及更动态的无线环境,仍面临建模不准确或问题难求解的挑战。当建模的最优化问题不具有良好特性时,通常只能获取近似最优解来代替最优解。相比于传统资源调度研究,本书设计了分布式资源调度算法,在资源调度器中引入智能化,基于 DRL 将资源调度问题智能建模为最大化用户 QoS 满意度问

题。基站可以通过自学习自优化获取最优分配策略。通过考虑用户多样的 QoS 需求，如时延、可靠性、吞吐量等，设计了适用于不同实时业务的方案，旨在保障用户 QoS 和优化用户体验。

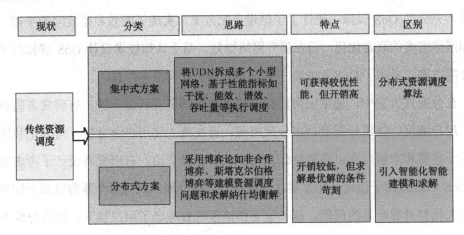

图 3.8 传统资源调度与本书工作的区别

3.1.2.3 智能用户调度研究现状

由于网络的复杂性和业务的多样性，使用单一的用户调度规则难以维持所有 TTI 的性能。传统的用户调度规则有不同的偏好，并且适用不同需求和不同场景，例如，Max C/I 适用于侧重吞吐量的场景；PF 适用于兼顾公平性和吞吐量的场景；当某个 TTI 的业务时延敏感时，网络可能为该 TTI 选择 GD 用户调度规则；当某个 TTI 的业务要求高速率时，网络为该 TTI 选择 GDR 用户调度规则。然而，在已有调度规则中人为地选择每个 TTI 适用的调度规则是不现实的。因此，目前通常的思路是采用智能算法灵活地选择每个 TTI 适用的调度规则，如 PF 或 RR 或 Max C/I 等，以最大化网络整体性能。图 3.9 为智能用户调度研究思路，图 3.9（a）为传统的在所有 TTI 使用的单一用户调度规则，图 3.9（b）为现有的为每个 TTI 灵活选择的用户调度规则。

第 3 章
网侧智能资源调度

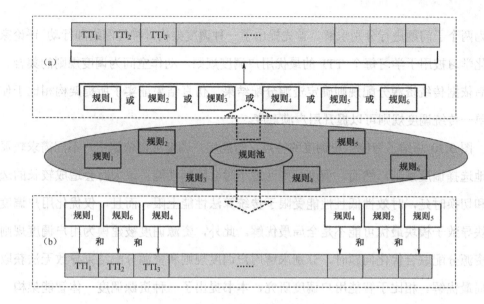

图 3.9 智能用户调度研究思路

有研究者提出了一种基于强化学习的用户调度方案,大量用户调度规则被放入一个规则池中,调度器每个 TTI 从规则池中选择可以最大化运营商效用与用户效用乘积的调度规则。运营商效用指的是网络容量和频谱效率,用户效用指的是用户公平性和 QoS。通过优化 PF,使其满足用户的动态需求。传统的比例公平 $r(t)/\bar{T}(t)$ 被重写为通用的比例公平 $r(t)/(\bar{T}(t))^{\alpha(t)}$,其中,$r(t)$ 是第 t 个 TTI 的瞬时速率,$\bar{T}(t)$ 是第 t 个 TTI 之前的平均速率,$\alpha(t) \in [0,1]$ 是调节参数。$\alpha(t)=0$ 时即是 Max C/I,$\alpha(t)=1$ 时即是 PF。调度器通过改变 $\alpha(t)$,可以自适应地设置每个 TTI 的调度规则。神经网络和行动-评论家强化学习分别被用于将每个 TTI 调度器处于的连续且多维的状态映射为期望的调节参数。不同于之前的研究,有研究者首先采用 Q-learning 预测下个 TTI 基站对吞吐量和公平性的需求,然后预测的需求被设置为门限值,用于从 RR、PF、Max C/I 中选择高于或接近门限值的调度规则。上述方案均注重维持网络吞吐量最大化和用户公平性满意度间的相对平衡,而有的方案则注重最大化用户 QoS 满意度。即将资源调度建模为用户调度规则和资源分配联合优化问题,并将问题分解为两个子问题进行分别求解。首先提出了一种调度架构，神经网络和行动-评论家强化学习被用于学习每个 TTI 的最优用户调度规则，动作空间为调度规则的集合。然后依据传统资源分配规则确定资源分配结果。仿真结果证实了所提架构相比于使用单一传统调度规则可以提升用户满意度。

图 3.10 总结了智能用户调度的特点。智能用户调度可以依据用户不同需求较灵活地选择调度规则，然而，调度规则池过小时会限制性能，过大时会造成较长的选择和切换时延，时效性低且性能受限于传统算法性能上限。而且，仅优化用户调度模块导致子模块最优可能不是全局最优解。此外，资源调度被建模为用户调度规则和资源分配联合优化问题时，分别求解用户调度规则和资源分配结果导致无法获取全局最优解。相比于智能用户调度研究，本书提出了一种资源调度一体智能架构。一体指的是每个 TTI 不输出用户调度规则，而是直接输出决策的资源分配结果。智能用户调度的使用方法是智能选择用户调度规则后采用传统的资源分配规则分配资源，而本书所提的资源调度一体智能架构的使用方法是聚合用户调度和资源分配直接输出分配结果。

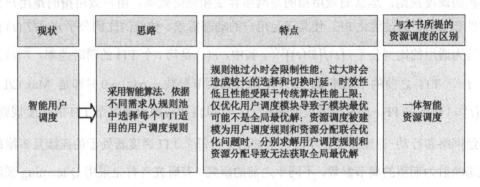

图 3.10 智能用户调度的特点

3.1.2.4 智能资源调度研究现状

智能资源调度指的是采用智能工具建模和求解资源调度问题。现有研究可以被

第3章
网侧智能资源调度

分为两类：集中式方案和分布式方案。在集中式方案中，通常的思路是宏基站是智能体，决策每个 SBS 中 UE 的资源调度。有研究者研究了异构网络中的用户调度和资源分配，用户调度指的是宏基站决定分配给每个 SBS 的 UE 数量，资源分配指的是宏基站决定分配给每个 UE 的子信道数量和功率。行动-评论家强化学习被用于最大化网络能效。有研究者研究了 5G 云无线接入网络中基于用户位置信息的资源调度，相比于基于 CQI 的资源调度，所提方案可以提高谱效，降低复杂度和信令开销。随机森林被用于最大化网络吞吐量。有研究者研究了超密集异构网络中考虑同层干扰的 RB 分配，分别提出了分布式方案和集中式方案，比较了两种方案的收敛性和性能。Q-learning 被用于最大化网络吞吐量。有研究者研究了超密集移动通信系统中的 RB 和功率分配，在保证宏基站用户的 QoS 前提下，通过资源调度，实现网络谱效和能效的均衡。遗传算法被用于设计智能方案。

在分布式方案中，通常的思路是每个 SBS 决策服务的 UE 的资源调度。有研究者研究了蜂窝网络中的带宽和本地重连接分配，首先基于逻辑回归建立预测模型，用于预测用户体验，然后预测模型被用于指导带宽和本地重连接的分配，最后使用资源分配结果调整预测模型。所提方案旨在最小化体验差的用户数量，提升用户的 QoS。有研究者研究了认知无线网络中 QoE 驱动的资源调度，智能体是次用户，深度 Q-learning 被用于决策资源分配，迁移学习被用于加速学习过程，在满足主用户干扰约束的同时最大化次用户的性能。通过研究蜂窝网络中考虑层间干扰的子信道分配，Q-learning 被用于最小化干扰。启发式算法被用于加速学习过程。还有研究者研究了蜂窝 WiFi 网络中频选信道的 RB 分配，在有限信道状态信息下，采用 DRL 最大化用户求和速率的比例，TensorFlow 和 Python 被用于验证所提方案性能。

图 3.11 总结了智能资源调度的特点。不同于现有的智能资源调度研究，本书研究了 5G 超密集移动通信系统中分布式的 QoS 驱动的 RB 分配。智能体是 SBSs，考虑用户异构的 QoS 需求，采用 DRL 设计了最大化每个 SBS 服务用户的 QoS 满意度

的一体智能资源调度架构和方案，旨在提升用户体验。启发式机制被引入 DRL 中用于加速收敛和提升性能，以实现高效的资源自动化管理。此外，本书所提方案在采用 Python 和 Simpy 搭建的平台上进行了验证，证明本方案在实际通信系统中是可行且有效的。

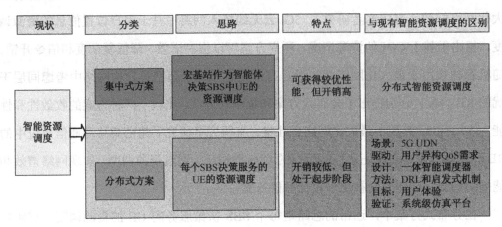

图 3.11　智能资源调度的特点

3.1.3　小结

第五代移动通信系统面向高带宽、高速率的业务需求，通过与人工智能技术结合，设计简洁高效的技术体系，满足多样化的场景与业务是未来通信网络发展的方向。针对超密集移动通信系统干扰严重的现象，以及由上述现象所导致的边缘用户体验不佳问题，拟研究智能协作调度技术提升用户体验。

本章将资源调度研究现状分为 4 类，包括协作资源调度、传统资源调度、智能用户调度及智能资源调度，详细阐述了各类研究的实现思路，分别总结了各类研究的优势和不足。通过上述的分析和介绍，阐明了本节的研究意义，即在 5G 超密集移动通信系统及新兴业务驱动下，从用户体验方面，研究高效的无线资源自动化调

第 3 章 网侧智能资源调度

度方案，保障用户获得极致的 QoS 体验。

3.2 初露锋芒——基础理论

3.2.1 CoMP 系统概述

CoMP 系统场景可以在多个小区间共享信道和数据信息，CoMP 系统中一个用户可同时接收一个或多个基站的信号，且允许多个协作基站同时向一个用户传输数据。因此，CoMP 系统可利用小区间干扰通过协调相邻的基站提升边缘用户吞吐量，从而改善边缘用户性能，因此得到了学术界与产业界的广泛认可。CoMP 技术按照数据流向分为上行 CoMP 接收和下行 CoMP 传输。本书主要研究下行 CoMP 传输，其实质是通过不同地理位置上分开的节点之间相互协作来进行下行数据传输。下行 CoMP 技术按其工作方式分为两种，一种是协作调度/波束赋形（Coodeinate Schedule/ Beamforming，CS/CB），一种是联合处理，如图 3.12 所示。联合处理和动态节点选择需要在节点共享用户数据，但是协作调度/波束赋形不需要在节点共享用户数据。

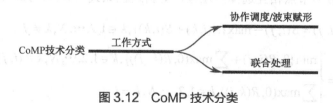

图 3.12 CoMP 技术分类

联合处理技术根据用户的数据信息是一个还是多个传输点分为联合传输和动态小区选择两种场景。本节研究的联合处理场景如图 3.13 所示，在该场景中边缘用户可以同时置于几个基站的同频率上,几个基站可以同时为该边缘用户服务,即在同一个 PRB 上,基站可以同时传输数据服务于用户。

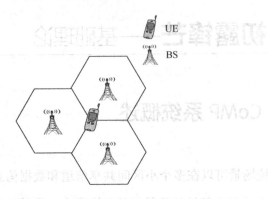

图 3.13　CoMP 的联合处理场景

3.2.2　近邻传播算法

近邻传播算法是由 Fery 等人在 2007 年提出的。该算法是一种半监督聚类算法,近邻传播算法网络中各个节点的聚类中心及数据节点之间的隶属关系是通过消息传递机制搜索得到的,由隶属关系划分聚类数据集,进而得到若干具有特定意义的子集。近邻传播算法中数据的更新主要体现在迭代吸引度和归属度的过程,不断更新过程则为各个数据节点相互选择的过程,更新过程如式(3-1)与式(3-2)所示

$$R(i,j) = S(i,j) - \max\{A(i,k) + S(i,k)\}, k \in 1,2,\cdots,N, k \neq j \tag{3-1}$$

$$A(i,j) = \begin{cases} \min\{0, R(i,j) + \sum_{k} \max(0, R(k,j))\}, k \in 1,2,\cdots,N, k \notin (i,j) \\ \sum_{k} \max(0, R(k,i)), k \in 1,2,\cdots,N, k = i \end{cases} \tag{3-2}$$

近邻传播算法中的重要组成成份有:

$S(i,j)$:数据节点 i 与数据节点 j 的相似度,反应数据节点 j 作为数据节点 i 的

第3章 网侧智能资源调度

聚类中心的吸引度。另外，$S(i,j)$ 可描述为数据节点 i 推荐数据节点 j 的偏好程度，$S(i,j)$ 越大，表示数据节点 i 选择数据节点 j 的可能性越大。在初始状态下，每个数据节点都有可能成为聚类中心，$S(i,j)$ 的数值设置会对聚类结果数量造成直接的影响，算法执行之前需要将 $S(i,j)$ 进行统一设置，通常将该数值设置为相似性矩阵的中位数或平均值。

$R(i,j)$：数据节点 i 与数据节点 j 的吸引度，描述数据节点 j 作为数据节点 i 的聚类中心的程度。根据式（3-1）可以看出，$R(i,j)$ 等于 $S(i,j)$ 减去最强竞争者的评分，$R(i,j)$ 的更新对应数据节点 i 对各个节点的挑选过程，被挑选的节点越出众，则吸引度越强。

$A(i,j)$：数据节点 i 与数据节点 j 的归属度，表示数据节点 i 选择数据节点 j 的适合程度。$A(i,j)$ 的迭代过程即更新数据节点 j 选择为聚类中心的结果对数据节点 i 影响的程度。从式（3-2）可以看出，吸引度 $R(i,j)>0$ 的值对归属度 $A(i,j)$ 都有正的增益。因此其余各个节点均对节点 j 作为聚类中心的认可度比较高时，可以认为数据节点 i 对于数据节点 j 的认可度也比较高。

λ：阻尼系数，主要是让近邻传播算法能够快速收敛，取值范围为 0～1，也称 λ 为振荡因子。该因素主要用于归属度和吸引度的更新。吸引度更新迭代公式为：$R = \lambda R^{\text{old}} + (1-\lambda) R^{\text{new}}$，归属度更新迭代公式为：$A = \lambda A^{\text{old}} + (1-\lambda) A^{\text{new}}$。

近邻传播算法由于其自身独特的优点备受关注，例如，①算法与聚类中心个数与簇大小相关的参数在聚类的过程中不需要人工确定，从而摆脱了人工设置阈值不能适应多变的环境的限制。②算法输入可以是对称的相似度矩阵，也可以是非对称的相似度矩阵。③聚类中心可以确定为待聚类数据的某个数据点。

3.2.3 纳什议价博弈理论

纳什议价解是 John Nash 提出的,纳什议价解博弈属于合作博弈。定义 $K=\{1,2,...,K\}$ 为博弈者集合,S 为博弈者的收益,$R_{\min}^i$ 是第 i 个博弈者的最小收益,$R_{\min}=(R_{\min}^1,...,R_{\min}^K)$。设 $\{R_i \in S | R_i \geqslant R_{\min}^i \forall i \cup K\}$ 为非空的集合,$(S, R_{\min})$ 为 K 人博弈问题。

$\phi(S, R_{\min})$ 是纳什议价博弈解,则纳什议价博弈解如式(3-3)所示:

$$\phi(S, R_{\min}) \in \arg\max_{\overline{r} \in S, \overline{R}_i \geqslant R_{\min}^i \forall i} \prod_{i=1}^{K}(\overline{R}_i - R_{\min}^i) \tag{3-3}$$

本书所研究的 CoMP 系统基于 NBS 的目标函数,定义为:

$$\begin{aligned}
&\max \prod_{i=1}^{L}(U_i - U_i^{\min}) \\
&C1: p_m > 0, m=1,2,...,L \\
&C2: p_m g_n > p_0; m=1,2,...,L; n=1,2,...,N \\
&C3: p_m \leqslant p_{\max}; m=1,2,...,L \\
&C4: U_i \geqslant U_i^{\min}
\end{aligned} \tag{3-4}$$

其中,L 是博弈者的编号,U_i 是第 i 个博弈者的收益,定义第 i 个博弈者的最小收益为 $U_i^{\min}$。约束条件 $C1$ 是为了确保基站的发射功率非负。约束条件 $C2$ 表示每个用户接收到的参考信号接收功率强度不能低于 p_0,否则不能保证用户可以正确接收到信号。约束条件 $C3$ 是为了限制基站的发射功率不能超过基站的最大发射功率 $p_{\max}$。约束条件 $C4$ 保证了效用函数的收益大于最小收益 $U_i^{\min}$。目标为最大化目标函数 $\prod_{i=1}^{L}(U_i - U_i^{\min})$,即如何在每个 PRB 上通过控制基站的发射功率最大化边缘用户吞吐量及最小化传输时延。

第 3 章
网侧智能资源调度

3.2.4 强化学习概述

AI 包含多种学科的不同技术，如机器学习、控制论、元启发式算法、博弈论等。机器学习主要包括 3 类：强化学习（Reinforcement Learning，RL）、无监督学习和监督学习。其中，RL 遵循从状态映射到动作的方式，通过最大化智能体从网络中获得的累积奖励值，可以学习到最优策略。RL 设计奖励机制，使智能体可以连续更新自己的策略来最大化累积奖励值。RL 可以被定义为一个五元组，可被表示为 (S, A, p, R, Q)，其中：

- S 表示状态空间，是智能体所有状态的集合。
- A 表示动作空间，是智能体所有动作的集合。
- p 表示转移概率函数，是智能体在某一状态执行动作后转移到下一状态的概率。
- R 表示立即奖励函数，是智能体在某一状态执行动作后获得网络反馈的立即奖励。
- Q 表示状态动作值函数，也称为 Q 函数，是指智能体在某一状态执行动作，并一直遵循策略直到结束获得的累积奖励值。

RL 一般通过迭代贝尔曼方程求解 Q 函数，通过不断迭代使 Q 函数最终收敛，从而得到最优策略。RL 的本质是使用 Q 表存储每个状态动作对应的 Q 值，并搜索 Q 表得到某个状态下累积奖励值最大的动作，适用于低维状态-动作空间的情况。常用的 RL 算法有 Q-learning、Sarsa 等。由于 RL 可以学习解决问题的策略，因此可以被用于解决资源调度问题。

然而，当处于大状态或连续状态时，RL 通常是低效且高成本的。一方面，迭代方式求解 Q 函数的计算复杂度高。另一方面，构建大的 Q 表存储 Q 值是不现实的。因此，深度强化学习（Deep Reforcement Learning，DRL）已经被发展且用于处理大规模任务。DRL 的主要思路是通过函数近似去逼近 RL 中的 Q 函数，即将 Q 函数用一个函数显性地进行表示。DRL 由 RL 和深度学习（Deep Learning，DL）结合形成。

DL 包含多层非线性运算单元，上一层的输出作为下一层的输入，可以从海量数据中学习和挖掘抽象的特征。相比于浅层网络，DL 具备更好的特征挖掘能力和表达能力。常用的 DL 有深度神经网络（Deep Neural Network，DNN）、卷积神经网络（Convolution Neural Network，CNN）等。神经网络是由许多模仿神经元结构而设计的节点所组成的信息处理网络模型，处理单元节点被称为神经元，这些单元都有与其相关的输入并能够产生输出。神经网络通过在执行过程中不断调整每个神经元的权值参数及连接状态，最终使系统达到一个稳定的状态。

3.3 小试牛刀——智能协作调度

3.3.1 引言

为了最大化边缘用户吞吐量，本节研究一种下行链路传输调度和功率分配框架。首先，基于近邻传播算法研究传输调度算法，具体地，研究如何选取边缘用户及为该边缘用户服务的基站。与传统的静态协作基站分簇方法不同，算法采用协作基站的动态分簇，因此可以更灵活地适应现实中多变的信道环境。进一步，可利用纳什议价博弈理论研究功率分配算法，旨在有效地保证用户间的公平性。

针对边缘用户受干扰严重的挑战，分别研究 CoMP 系统的关键问题——传输调度和功率分配，并设计同时兼顾吞吐量和时延的效用函数。智能协作调度技术的研究内容、研究目标与关键科学问题之间的逻辑关系如图 3.14 智能协作调度框架图所示。针对传输调度问题，通过研究动态资源管理实现管控资源自适应；针对功率分配问题，通过研究如何构建合作博弈框架而保证用户间的公平性；针对效用函数的设计问题，通过研究如何表征兼顾吞吐量和时延的效用函数而改善用户体验。

第 3 章
网侧智能资源调度

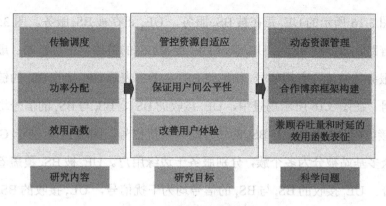

图 3.14 智能协作调度框架图

为了最大化吞吐量及最小化时延,将问题分解为以下子问题进行研究。智能协作调度技术部分研究的 3 个关键部分互为基础,环环相扣,如图 3.15 所示。具体地,传输调度选出边缘用户及为该边缘用户服务的基站簇;效用函数综合考虑吞吐量及时延;功率分配部分基于传输调度结果与效用函数的纳什议价均衡解确定基站传输功率。

图 3.15 智能协作调度研究内容之间逻辑关系

3.3.2 系统模型

为了比较非 CoMP 系统与 CoMP 系统中的干扰情况,以图 3.16 与图 3.17 为例进行比较。图 3.16 所示的 UE_1 正在被 BS_2 服务，UE_2 正在被 BS_3 服务。图 3.16 中实线表示干扰链路，如链路 $BS_1 \rightarrow UE_1$ 表示 UE_1 接收 BS_1 的链路为干扰链路；虚线表示边缘用户从服务基站接收有用信号，如链路 $BS_2 \rightarrow UE_1$ 表示 UE_1 接收 BS_2 的链路传递的是有用信号。在图 3.16 所示场景中，UE_1 接收的 BS_1、BS_3 与 BS_4 的信号均为干扰信号，UE_2 接收的 BS_1、BS_2 与 BS_4 的信号均为干扰信号。图 3.17 为基于 CoMP 系统的场景，众多基站被分为多个簇，分别服务于边缘用户。UE_1 被 BS_2 覆盖着，UE_2 被 BS_3 覆盖着。UE_1 接收的 BS_3 与 BS_4 的信号均为干扰信号，UE_2 接收的 BS_1 与 BS_2 的信号均为干扰信号。定义 UE_m 接收 BS_j 的链路的增益为 G_{jm}，基站 BS_j 的发射功率为 P_j。此时，如图 3.16 所示场景中 UE_1 的信干扰比为：

$$\text{SIR}_{1a} = \frac{P_2 G_{21}}{P_1 G_{11} + P_3 G_{31} + P_4 G_{41}} \tag{3-5}$$

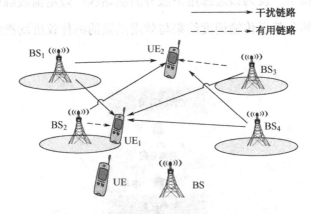

图 3.16 非 CoMP 系统多基站服务用户场景

图 3.17 所示场景中 UE_1 的信干扰比为：

$$\text{SIR}_{1b} = \frac{P_1 G_{11} + P_2 G_{21}}{P_3 G_{31} + P_4 G_{41}} \tag{3-6}$$

通过比较 CoMP 系统场景与非 CoMP 系统场景中用户的信号干扰比，可得到

第 3 章
网侧智能资源调度

$$SIR_{1a} = \frac{P_2 G_{21}}{P_1 G_{11} + P_3 G_{31} + P_4 G_{41}}$$
$$< \frac{P_1 G_{11} + P_2 G_{21}}{P_1 G_{11} + P_3 G_{31} + P_4 G_{41}} \quad (3\text{-}7)$$
$$< \frac{P_1 G_{11} + P_2 G_{21}}{P_3 G_{31} + P_4 G_{41}} = SIR_{1b}$$

因此，$SIR_{1a} < SIR_{1b}$，即用户在 CoMP 系统中的干扰比该用户在非 CoMP 系统中的干扰小。

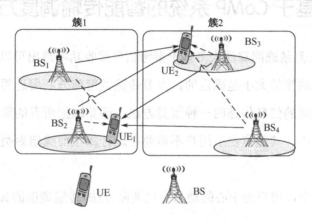

图 3.17　CoMP 系统多基站服务用户场景

定义 $R = \{1, 2, \ldots, R\}$ 为 PRB 的集合，$M = \{1, 2, \ldots, M\}$ 为用户的集合，在第 k 个基站簇的基站用 $CBS_{b,k}$ 表示，其中 $k_b \geq k \geq 1$，k_b 为 PRB_b 上基站簇的编号。P_{bj} 表示 $CBS_{b,k}$ 中基站的传输功率，系统噪声为 σ^2。在该场景，定义 $g_{b,j,k}$ 为 PRB_b 上从基站 j 至其相关联用户链路的功率增益。在 PRB_b 上被 $CBS_{b,k}$ 服务用户的 SINR 为 $\gamma_{b,k}$，具体表示为：

$$\gamma_{b,k} = \frac{\sum_{j \in CBS_{bk}} P_{b,j} g_{b,j,k}}{\sum_{j' \notin CBS_{b,k}} P_{b,j'} g_{b,j',k} + \sigma^2} \quad (3\text{-}8)$$

在 PRB_b 上被 $CBS_{b,k}$ 服务用户的数据速率可以近似为：

$$R_{b,k} = \frac{B}{R}\log_2(1+\gamma_{b,k}) \qquad (3\text{-}9)$$

其中，系统带宽为 B，R 表示 PRB 的编号。

本节研究的目标为最大化边缘用户的吞吐量及最小化时延，可以表述为 $\min\sum_{b\in R}\sum_{k_b\geqslant k\geqslant 1}\text{Delay}_{b,k}$ 和 $\max\sum_{b\in R}\sum_{k_b\geqslant k\geqslant 1}R_{b,k}$。为了解决以上问题，可以将问题分为两个子问题（传输调度、功率分配）进行求解。

3.3.3 基于 CoMP 系统的智能传输调度方案

传统 CoMP 系统选网算法大多基于参考信号接收功率选出可以为边缘用户服务的基站，并且基站簇的大小是确定的。本节传输调度部分利用近邻传播算法，其原理是基于数据点间的信息传递的一种聚类方法，该算法把所有的数据点都看成潜在意义上的聚类中心，其优点在于用户不需要在运行算法前确定聚类中簇的个数及大小等参数。

本节提出一个以用户为中心的动态传输调度方法，传输调度的具体流程如图 3.18 所示。

步骤一：输入基站集、资源块集、边缘用户集、RSRP 及 p_0 至算法流程中。

步骤二：近邻传播算法的节点是所有的基站，包括宏基站和微基站。定义相似度 $S(m,n)$ 为基站 n 与基站 m 传输信号给包含基站 n 的小区。

步骤三：UE 基于公式 $R(m,n) = S(m,n) - \max\limits_{n'\neq n}\{A(m,n') + S(m,n')\}$ 计算吸引度；UE 基于公式 $A(m,n) = \begin{cases} \min\{0, R(n,n) + \sum\limits_{m'\notin\{m,n\}}\max(0, R(m',n))\}, m\neq n \\ \sum\limits_{m'\neq n}\max(0, R(m',n)), m = n \end{cases}$ 计算归属度。为了防止过度振荡，引入振荡因子 λ。具体地，吸引度更新迭代公式为：$R = \lambda R^{\text{old}} + (1-\lambda)R^{\text{new}}$，归属度更新迭代公式为：$A = \lambda A^{\text{old}} + (1-\lambda)A^{\text{new}}$。

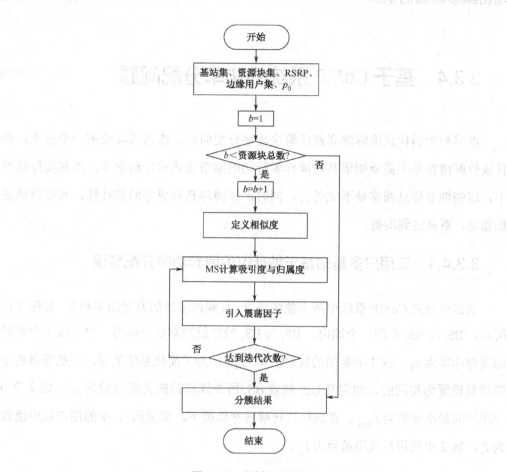

图 3.18　传输调度流程

步骤四：重复步骤三直到吸引度及归属度趋于稳定或达到最大迭代次数。近邻传播算法在每一个节点都寻找 $(A(m,n)+R(m,n))$，其中节点 n 是节点 m 的簇中心，节点 m 是节点 n 的簇成员。

步骤五：如果用户从基站收到的参考信号接收功率低于阈值 p_0，则将该基站从簇中移除。

步骤六：被服务的边缘用户即为簇中心节点，其他簇中心即为该边缘用户服务的基站，输出分簇结果。

3.3.4 基于 CoMP 系统的功率分配问题

本书利用纳什议价解博弈建模解决功率分配问题,作为博弈论的一个分支,纳什议价解博弈并不需要知道其他博弈者行动的细节描述和行动次序,而在实际情况下,这些细节信息通常是不完美的。同时,该博弈具有更好的健壮性,其收敛解更加稳定,更易达到均衡。

3.3.4.1 二用户多基站基于纳什议价博弈功率分配场景

该部分研究 CoMP 系统中两个簇的场景,且簇内基站的发射功率相等。如图 3.19 所示,BS_1 与 BS_2 在同一个簇内,BS_1 与 BS_2 的发射功率是一样的。定义簇 1 中基站的发射功率为 p_1,簇 2 中基站的发射功率为 p_2。为了简化系统模型,干扰链路的信道增益设置为相同的,如定义 UE_1 接收 BS_2 所在簇基站的信道增益为 g_1。定义第 i 个用户的最小开销为 $T_{i\min}$。在纳什议价解博弈模型下,定义簇 1 中的用户效用函数为 T_1,簇 2 中的用户效用函数为 T_2。

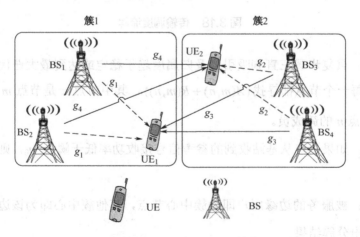

图 3.19 CoMP 系统场景图

该场景基于纳什议价解博弈算法的效用函数为：

$$U = (T_1 - T_{1\min})^{w_1}(T_2 - T_{2\min})^{w_2}$$
$$C1: p_m > 0, m = 1,2$$
$$C2: p_m g_n > p_0, m = 1,2,3,4, n = 1,2 \quad (3\text{-}10)$$
$$C3: p_m \leq p_{\max}, m = 1,2$$
$$C4: T_i \geq T_i^{\min}$$

其中，w_i 为用户 i 的权重，p 为参考信号接收功率，以 p_0 作为区分高类型用户与低类型用户的阈值，p_0 的值亦取自参考信号接收功率。具体地，如果用户接收到的参考信号接收功率高于 p_0，则定义其为高类型用户，其权重设置为 $w_H = 2$。如果用户接收到的参考信号接收功率低于 p_0，则定义其为低类型用户，其权重设置为 $w_L = 1$。

$$w_H - w_L = 1 \quad (3\text{-}11)$$

在超密集移动通信系统场景中，为了保证用户的服务质量，传输时延成为待解决的关键问题之一。为了同时考虑吞吐量和传输时延，定义效用函数为：

$$T = \text{SINR} \times e^{\frac{1}{\text{Delay}}} \quad (3\text{-}12)$$

其中，用户的传输时延可以利用传输文件的大小除以用户的传输速率表示。图 3.19 所示场景下簇 1 中的用户与簇 2 中的用户的效用函数可分别表示为：

$$\begin{aligned}
T_1 &= \frac{np_1 g_1}{np_2 g_3 + \sigma^2} \times e^{\frac{B}{R}\log(1+\frac{np_1 g_1}{np_2 g_3 + \sigma^2})} \\
&= \frac{np_1 g_1}{np_2 g_3 + \sigma^2} \times (e^{\frac{\ln(1+\frac{np_1 g_1}{np_2 g_3 + \sigma^2})}{\ln 2}})^{\frac{B}{RM}} \\
&= \frac{np_1 g_1}{np_2 g_3 + \sigma^2} \times (e^{\ln(1+\frac{np_1 g_1}{np_2 g_3 + \sigma^2})})^{\frac{B}{RM \ln 2}} \\
&= \frac{np_1 g_1}{np_2 g_3 + \sigma^2} \times (1+\frac{np_1 g_1}{np_2 g_3 + \sigma^2})^{\frac{B}{RM \ln 2}}
\end{aligned} \quad (3\text{-}13)$$

$$T_2 = \frac{np_2g_2}{np_1g_4+\sigma^2} \times e^{\frac{B}{R}\log(1+\frac{np_2g_2}{np_1g_4+\sigma^2})}$$

$$= \frac{np_2g_2}{np_1g_4+\sigma^2} \times (e^{\frac{\ln(1+\frac{np_2g_2}{np_1g_4+\sigma^2})}{\ln 2}})^{\frac{B}{RM}}$$

$$= \frac{np_2g_2}{np_1g_4+\sigma^2} \times (e^{\frac{\ln(1+\frac{np_2g_2}{np_1g_4+\sigma^2})}{1}})^{\frac{B}{RM\ln 2}}$$

$$= \frac{np_2g_2}{np_1g_4+\sigma^2} \times (1+\frac{np_2g_2}{np_1g_4+\sigma^2})^{\frac{B}{RM\ln 2}}$$

(3-14)

为了保证用户间的比例公平及简化模型，本节考虑 CoMP 场景下基于纳什议价解博弈建模功率分配问题，令 $T_{i\min}=0, \forall i \in \{1,2,...,n\}$。此时效用函数可表示为：

$$U_1 = (\frac{np_1g_1}{np_2g_3+\sigma^2} \times (1+\frac{np_1g_1}{np_2g_3+\sigma^2})^{\frac{B}{RM\ln 2}})^{w_1}$$
$$\times (\frac{np_2g_2}{np_1g_4+\sigma^2} \times (1+\frac{np_2g_2}{np_1g_4+\sigma^2})^{\frac{B}{RM\ln 2}})^{w_2}$$

(3-15)

由于第一象限中多个增函数相乘，得到的新函数的增减性不变。另外，$f=x(1+x)^a >0, a>0$，可得 $\frac{\partial f}{\partial x}=(1+x)^a+ax(1+x)^{a-1}>0$，即函数 $f(x)$ 随着 x 的增加而增加。因此为了简化模型，U_1 可化为 F_1：

$$F_1 = (\frac{np_1g_1}{np_2g_3+\sigma^2})^{w_1} \times (\frac{np_2g_2}{np_1g_4+\sigma^2})^{w_2}$$

(3-16)

定理 1：基站个数为 n 的场景中，当满足 $ng_3p_2<(1+\sqrt{2})\sigma^2$ 与 $ng_4p_1<(1+\sqrt{2})\sigma^2$，即用户收到的来自基站的干扰小于系统噪声的 $(1+\sqrt{2})$ 倍时，F_1 有最大值。

证明：定义 $F_2=\log(F_1)$，此时可得到：

$$F_2 = \log(F_1) = F_1 = w_1\log(\frac{np_1g_1}{np_2g_3+\sigma^2}) \times w_2\log(\frac{np_2g_2}{np_1g_4+\sigma^2})$$

(3-17)

为了求得 F_1 的最大值，应该证明 F_2 有最大值。

第3章 网侧智能资源调度

$$\frac{\partial F_2}{\partial p_1} = \frac{w_1}{p_1} - \frac{ng_4 w_2}{np_1 g_4 + \sigma^2} \tag{3-18}$$

$$\frac{\partial F_2}{\partial p_2} = \frac{w_2}{p_2} - \frac{ng_3 w_1}{np_2 g_3 + \sigma^2} \tag{3-19}$$

$$A = \frac{\partial^2 F_2}{\partial p_1^2} = -\frac{w_1}{p_1^2} + \frac{n^2 g_4^2 w_2}{(np_1 g_4 + \sigma^2)^2} \tag{3-20}$$

$$B = 0 \tag{3-21}$$

$$C = \frac{\partial^2 F_2}{\partial p_2^2} = -\frac{w_2}{p_2^2} + \frac{n^2 g_3^2 w_1}{(np_2 g_3 + \sigma^2)^2} \tag{3-22}$$

综上所述，满足公式 $AC - B^2 > 0$ 与 $A < 0$ 即可证明 F_1 存在最大值。上述公式 $AC - B^2 > 0$ 可转化为：$[n^2 g_4^2 (w_2 - w_1) p_1^2 - 2nw_1 p_1 g_4 \sigma^2 p_1 - \sigma^4 w_1] \times [n^2 g_3^2 (w_1 - w_2) p_2^2 - 2nw_2 p_2 g_3 \sigma^2 p_2 - \sigma^4 w_2] > 0$；公式 $A < 0$ 可转化为 $n^2 g_4^2 (w_2 - w_1) p_1^2 - 2nw_1 p_1 g_4 \sigma^2 - \sigma^4 w_1 < 0$。

情况一：当簇 1 与簇 2 中的用户均为高类型用户或均为低类型用户时，即 $w_1 = w_2 = w_H (w_L)$。此时，公式 $A < 0$ 可转化为 $-2ng_4 \sigma^2 w_1 p_1 - \sigma^4 w_1 < 0$；公式 $AC - B^2 > 0$ 可转化为 $(-2nw_1 p_1 g_4 \sigma^2 p_1 - \sigma^4 w_1) \times (-2nw_2 p_2 g_3 \sigma^2 p_2 - \sigma^4 w_2) > 0$。

由上述公式可以看出，当簇 1 与簇 2 中的用户均为高类型用户或均为低类型用户时，公式 $A < 0$ 与 $AC - B^2 > 0$ 恒成立，即情况一时，F_1 恒存在最大值，且 $\frac{\partial F_2}{\partial p_1} = \frac{w_1}{p_1} - \frac{ng_4 w_2}{np_1 g_4 + \sigma^2} > 0$，$\frac{\partial F_2}{\partial p_2} = \frac{w_2}{p_2} - \frac{ng_3 w_1}{np_2 g_3 + \sigma^2} > 0$。因此，当簇 1 与簇 2 中基站的发射功率均取最大值时，F_1 取得最大值。

情况二：当簇 1 中用户为高类型，簇 2 中用户为低类型时，$w_1 = w_H = 2$，$w_2 = w_L = 1$。在该情况下，若要满足公式 $A < 0$ 与 $AC - B^2 > 0$，需要满足 $ng_3 p_2 < (1 + \sqrt{2}) \sigma^2$。

当 $p_1 = \frac{w_1 \sigma^2}{(w_2 - w_1) ng_4}$，$p_2 = \frac{w_2 \sigma^2}{(w_1 - w_2) ng_3}$ 时，F_1 取得最大值。由于 $(w_2 - w_1)$ 为负，

因此 $p_1 = \dfrac{w_1 \sigma^2}{(w_2 - w_1) n g_4}$ 为负。当 $p_2 = \dfrac{\sigma^2}{n g_3}$，$p_1$ 取基站最大的发射功率时，F_1 取得最大值。

情况三：当簇 1 中用户为低类型，簇 2 中用户为高类型时，$w_1 = w_L = 1$，$w_2 = w_H = 2$。在该情况下，若要满足公式 $A < 0$ 与 $AC - B^2 > 0$，需要满足 $n g_4 p_1 < (1+\sqrt{2})\sigma^2$。同理可得，当 $p_1 = \dfrac{\sigma^2}{n g_4}$，$p_2$ 取基站最大的发射功率时，F_1 取得最大值。

3.3.4.2 多用户多基站基于纳什议价博弈功率分配场景

该部分考虑一个簇中有 M 个用户，N 个基站的场景。基于纳什议价博弈理论的效用函数为：

$$U = \prod_{i=1}^{M}(T_i - T_{i\min})^{w_i}$$

$$\text{s.t.} \quad P_{b,j} > 0 \, (b=1,2,\ldots,R; j=1,2,\ldots,N)$$

$$P_{b,j} \leq P_{\max}$$

$$P_{b,j} g_{b,j,k} > p_0 \, (b=1,2,\ldots,R; j=1,2,\ldots,N; k=1,2,\ldots)$$

$$T_i > T_{i\min}$$

（3-23）

用户 i 的效用函数为：

$$T_i = \dfrac{\sum_{j \in \mathrm{CBS}_{b,k}} P_{b,j} g_{b,j,k}}{\sum_{j' \notin \mathrm{CBS}_{b,k}} P_{b,j'} g_{b,j',k} + \sigma^2} \times e^{\dfrac{B}{R}\log(1+\dfrac{\sum_{j \in \mathrm{CBS}_{b,k}} P_{b,j} g_{b,j,k}}{\sum_{j' \notin \mathrm{CBS}_{b,k}} P_{b,j'} g_{b,j',k} + \sigma^2}) / M}$$

$$= \dfrac{\sum_{j \in \mathrm{CBS}_{b,k}} P_{b,j} g_{b,j,k}}{\sum_{j' \notin \mathrm{CBS}_{b,k}} P_{b,j'} g_{b,j',k} + \sigma^2} \times (1 + \dfrac{\sum_{j \in \mathrm{CBS}_{b,k}} P_{b,j} g_{b,j,k}}{\sum_{j' \notin \mathrm{CBS}_{b,k}} P_{b,j'} g_{b,j',k} + \sigma^2})^{\dfrac{B}{RM\ln 2}}$$

（3-24）

在此场景下，基于纳什议价博弈理论的效用函数为：

第 3 章 网侧智能资源调度

$$U = \prod_{i=1}^{M} \left(\frac{\sum_{j \in \text{CBS}_{b,k}} P_{b,j} g_{b,j,k}}{\sum_{j' \notin \text{CBS}_{b,k}} P_{b,j'} g_{b,j',k} + \sigma^2} \times (1 + \frac{\sum_{j \in \text{CBS}_{b,k}} P_{b,j} g_{b,j,k}}{\sum_{j' \notin \text{CBS}_{b,k}} P_{b,j'} g_{b,j',k} + \sigma^2}) \frac{B}{\text{RM} \ln 2} \right)^{w_i} \quad (3\text{-}25)$$

由于第一象限的增函数相乘结果依旧为增函数。为了简化网络，考虑 $T_{\min i} = 0$，此时函数 U 转化为 F_1：

$$F_1 = \prod_{i=1}^{M} \left(\frac{\sum_{j \in \text{CBS}_{b,k}} P_{b,j} g_{b,j,k}}{\sum_{j' \notin \text{CBS}_{b,k}} P_{b,j'} g_{b,j',k} + \sigma^2} \right)^{w_i} \quad (3\text{-}26)$$

定义 F_2 为：

$$F_2 = \log(F_1) = \sum_{i=1}^{M} w_i \log \left(\frac{\sum_{j \in \text{CBS}_{b,k}} P_{b,j} g_{b,j,k}}{\sum_{j' \notin \text{CBS}_{b,k}} P_{b,j'} g_{b,j',k} + \sigma^2} \right) \quad (3\text{-}27)$$

为了证明函数 U 存在最大值，需要证明函数 F_2 存在最大值。

$$\frac{\partial F_2}{\partial P_{b,j}} = \sum_{i=1}^{M} \frac{w_i}{P_{b,j}} > 0 \quad (3\text{-}28)$$

$$\frac{\partial^2 F_2}{\partial P_{b,j}^2} = -\sum_{i=1}^{M} \frac{w_i}{P_{b,j}^2} < 0 \quad (3\text{-}29)$$

综上所述，效用函数为增速下降的单调增函数。因此，在不考虑其他因素（如能量效率）的情况下，多基站多用户场景发射功率取基站的最大发射功率为宜。

3.3.5 算法仿真

3.3.5.1 仿真场景

本节介绍智能协作调度仿真的仿真环境和参数。仿真环境依赖于 MATLAB

2010。CoMP 系统考虑 19 个小区,其中小区的半径设置为 0.5km,有 100 个用户随机分布在其中。多个信道实现上的结果求平均以获得性能点,由于快衰落的效果趋于 0,所以本书忽略快衰落。其仿真场景图如图 3.20 所示,✱代表中心用户,✱代表边缘用户,✱代表基站,实线是小区边界。基于用户接收到的服务基站的参考信号接收功率,选取每个小区中 5 个边缘用户,将每个基站下的用户的参考信号接收功率由大到小进行排序,最后 5 个为该小区的边缘用户。

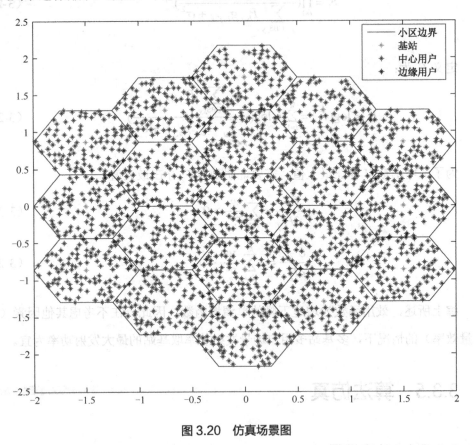

图 3.20　仿真场景图

二用户多基站场景基于纳什议价博弈理论的功率分配部分算法流程见表 3.6。

第3章 网侧智能资源调度

表 3.6　二用户多基站场景基于纳什议价博弈理论的功率分配部分算法流程

算法 1：功率分配
输入： RSRP， p_0，被调度的 UE 集，被调度用户的类型
输出：基站的传输功率
初始化： $N \to B$， $M \to A$
While 效用函数存在最大值
do
if UE_1 和 UE_2 是相同的类型
服务 UE_1 的协作簇中基站的发射功率为基站发射功率的最大值
服务 UE_2 的协作簇中基站的发射功率为基站发射功率的最大值
end
if UE_1 是高类型， UE_2 是低类型
服务 UE_1 的协作簇中基站的发射功率为基站发射功率的最大值
服务 UE_2 的协作簇中基站的发射功率为 $\dfrac{\sigma^2}{ng_3}$
end
if UE_1 是低类型， UE_2 是高类型
服务 UE_1 的协作簇中基站的发射功率为 $\dfrac{\sigma^2}{ng_4}$
服务 UE_2 的协作簇中基站的发射功率为基站发射功率的最大值
end

3.3.5.2　仿真参数

具体来说，为了研究算法在超密集移动通信系统的性能，对比了边缘用户在不同小区半径的吞吐量及传输时延。智能协作调度仿真参数见表 3.7。本书所研究 CoMP 系统中，有 19 个小区的场景，并且系统中每个小区的频率复用因子为 1，且系统中小区跟不同的场景需求设置的半径从 50 m 到 500 m 不等。本书所研究系统带宽设置为 3MHz，路损为 148.1+37.6lg d，其中 d 为小区的半径。在计算吞吐量与传输时延时，多媒体视频文件的大小为 100 MB。

表 3.7　智能协作调度仿真参数

特征	数值
基站发射功率	43 dBm
系统带宽	3 MHz
PRB 的个数	15
子载波带宽	15 kHz
小区半径	0.05～0.5 km
天线结构	SISO
衰落模型	(0，6.5 dB)
天线增益	5dB
路损模型	$148.1+37.6 \lg d$
噪声功率谱密度	−174 dBm/Hz
目标误码率	10^{-6}
小区数	19
频谱复用因子	1
每个小区的用户数	100
每个小区的边缘用户数	5
$RSRP_0$	2.22×10^{-12} mW

3.3.5.3　传输调度分簇结果

本部分主要展示针对不同的场景利用近邻传播算法分簇结果，具体分簇结果如图 3.21 所示。

CoMP 系统下的边缘用户可以同时被一个或多个基站服务，图 3.21 为 LTE 场景下，小区半径为 500 米，每个小区中间有一个基站的场景。基于近邻传播算法的传输调度部分的分簇结果中不同的颜色表示不同的基站簇，具体分簇结果如图 3.21 所示，其中簇的中心表示该小区的边缘用户为被服务的边缘用户，簇中其他成员表示该边缘用户服务的基站。

为了展示利用了近邻传播算法的影响，考虑每个小区只有一个基站的场景，如图 3.22 所示。仿真中小区为六边形，半径为 50 米，每个小区中心的点表示基站，浅灰色表示不同的基站簇，簇中心表示被服务的边缘用户，簇中其他成员表示该边缘用户服务的基站。

第 3 章 网侧智能资源调度

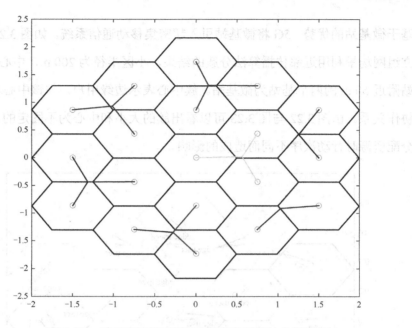

图 3.21　针对不同的场景利用近邻传播算法分簇结果

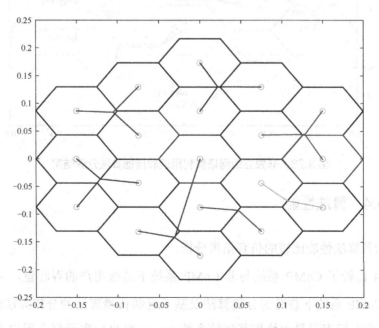

图 3.22　独立组网场景利用近邻传播算法分簇结果

基于微基站的优势，5G 将微基站引入超密集移动通信系统。如图 3.23 所示的是非独立组网场景利用近邻传播算法分簇的结果，小区半径为 200 m，中心为宏基站，宏基站附近 50 m 的两个基站为微基站。簇中心表示边缘用户，与该中心相连的基站表示协作关系。由图 3.22 与图 3.23 可以看出簇的大小和中心为不固定的，打破传统算法分配资源时行动次序不同而造成的影响。

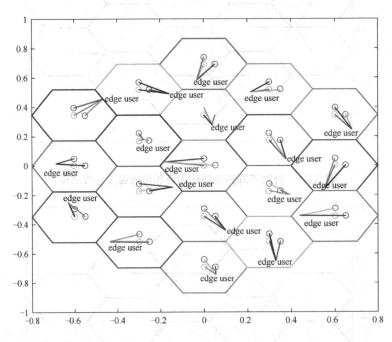

图 3.23　非独立组网场景利用近邻传播算法分簇结果

3.3.5.4　算法性能

本节为各算法性能比较的仿真结果分析。

图 3.24 比较了 CoMP 系统与非 CoMP 系统下边缘用户的吞吐量，并在此基础上比较了 CoMP 系统下普通的分簇算法及基于近邻传播算法的分簇算法的有效性。图 3.24 的横坐标表示最大协作基站的个数 m_{max}，纵坐标表示每个用户平均的吞吐

量。最下面那条线表示的是没有协作情况下平均每个边缘用户的吞吐量的情况,最上面那条线是通过分布式协作状态下平均每个边缘用户的吞吐量。从图 3.24 可以看出,有协作的情况下比没有协作的情况下每个边缘用户的吞吐量要高。从 $m_{max}=3$ 开始,系统吞吐量接近稳定。

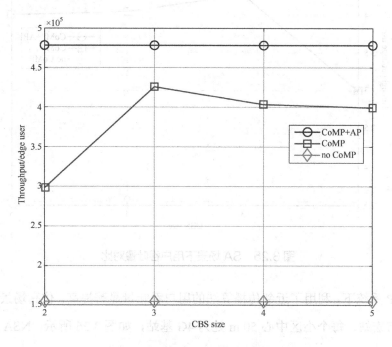

图 3.24　分布式协作对吞吐量的影响

超密集移动通信系统中用户接收到的干扰越来越严重,为了对比边缘用户在各传输调度算法的平均传输速率,仿真了 19 个小区,小区的半径为 50 m。基站的发射功率与路径损耗均服从协议 3GPP TS 38.901,其中路损服从城市宏基站路损模型,具体为 $PL(dB)=32.4+20\lg(f_c)+30\lg(d_{3D})$,基站发射功率为 44 dBm,基站与用户的最小距离为 35 m,中心频率为 1 GHz。从图 3.25 可以看出,吞吐量随着簇大小的增长而增长,当基站簇等于 3 的时候,基于 CoMP 系统的普通传输调度算法的吞吐量趋于平稳。CoMP 系统下基于近邻传播算法的边缘用户的吞吐量高于没有利用近邻传播算法的最大值。

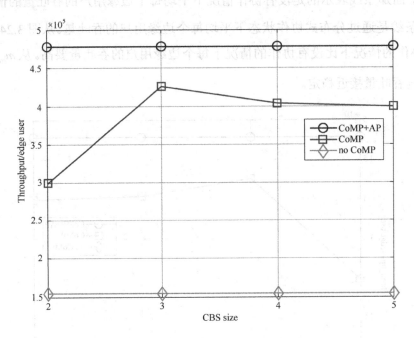

图 3.25　SA 场景下用户吞吐量对比

  CoMP 系统下，利用了近邻传播算法的用户吞吐量显著提高。仿真场景小区中心为 5G 城市宏站，每个小区中心 50 m 处为 4G 基站，如图 3.26 所示。NSA 场景下利用了近邻传播算法的增益明显，如当协作基站簇的大小为 4 时，CoMP 系统下基于传统传输调度方案的边缘用户平均吞吐量为 4×10^5 bps，而 CoMP 系统下基于近邻传播算法的边缘用户平均吞吐量为 5.5×10^5 bps，此时非 CoMP 场景下边缘用户的传输速率为 1.4×10^5 bps。因此，可以认为近邻传播算法可以动态地适应复杂的场景。

  由于传输时延可以利用传输文件大小除以用户的传输速率衡量，为了对比各算法下的用户的传输性能，在仿真场景中，设定边缘用户需要传输 100 MB 的视频文件。如图 3.27 所示为本书所研究的算法与其他算法相比结果。结果表明本书所研究的算法可以减少边缘用户的传输时延。

第3章 网侧智能资源调度

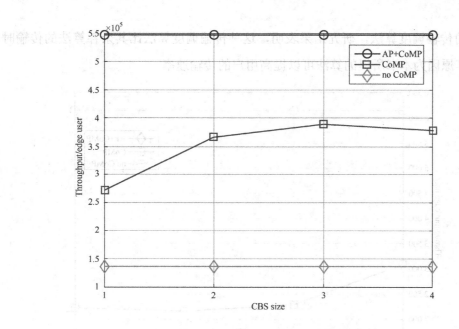

图 3.26 NSA 场景下用户吞吐量对比

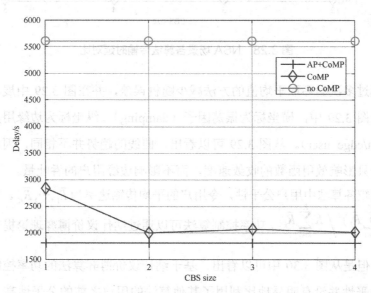

图 3.27 SA 场景各算法传输时延对比

NSA 场景各算法传输时延对比如图 3.28 所示,CoMP 系统下应用了基于近邻传播算法的传输调度算法,研究结果表明,这种传输调度算法比其余各算法的传输时延低,其原因为本书所提的算法可以提高用户的传输速率。

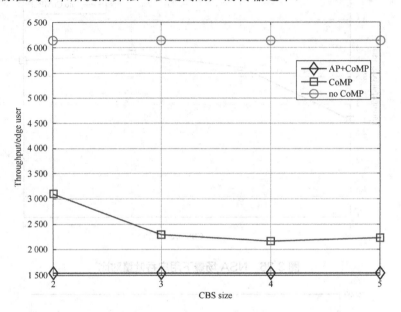

图 3.28　NSA 场景各算法传输时延对比

仿真通过多次循环取平均值的方法减少随机误差,并在图 3.29 中展示了振荡因子的影响。图 3.29 中,横坐标为振荡因子(damping),纵坐标为边缘用户的吞吐量(Throughput/edge user)。从图 3.29 可以看出,曲线的趋势并不相同,因此,可以认为振荡因子只影响效用函数的收敛速度,而不影响边缘用户的吞吐量。

为了比较各算法中用户公平性,令用户的平均传输速率为 $\overline{R}_1,\cdots,\overline{R}_K$。定义基尼公平指数为 $(\sum_{k=1}^{K}\overline{R}_k)^2 \Big/ K\sum_{k=1}^{K}\overline{R}_k^2$。功率控制算法可以通过纳什议价博弈理论提升用户之间的公平性,但是从图 3.30 中可以看出,基于纳什议价博弈算法的功率控制算法的用户之间的公平性并没有明显地比利用了其他算法的用户之前的公平性高。原因可归咎于 CoMP 系统多用户多基站场景下基于普通的功率分配算法的基站的发射功率设定的是相同的。

第 3 章 网侧智能资源调度

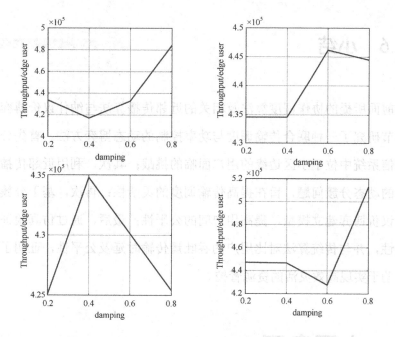

图 3.29 振荡因子的影响

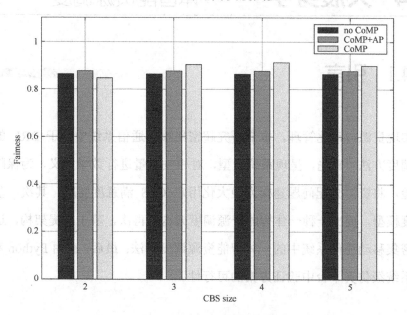

图 3.30 各算法中用户公平性对比

3.3.6 小结

基于前面所提的协作调度算法及相关的近邻传播算法与纳什议价博弈理论研究工具,本节研究了一种联合传输调度与功率控制的动态博弈方法。首先分析了超密集移动通信系统中位于小区边缘的用户面临的挑战;其次,利用近邻传播算法研究边缘用户的动态分簇问题,旨在提高传输调度的灵活性;再次,基于分簇的结果引入了纳什议价博弈建立模型,提高用户间的公平性;最后,通过仿真验证了所提算法的有效性,并与传统算法对比用户的吞吐量传输时延及公平性,证明了本节所提的方法有助于实现高效灵活的资源管控。

3.4 大展身手——一体智能资源调度

3.4.1 引言

为实现资源自动化管理,本节研究超密集移动通信系统中基于 DRL 的一体智能资源调度方法。首先,呈现系统模型,对相关参量进行数学定义,为保障和提升用户体验,将资源分配问题建模为最大化用户 QoS 满意度问题;其次,基于现有资源调度模型,提出一种一体智能资源调度架构;再次,基于所提架构,进而发展一种超密集移动通信系统中的一体智能资源调度算法;最后,在由 Python 和 Simpy 搭建的系统级仿真平台中验证方案的可行性。

第 3 章
网侧智能资源调度

3.4.2 系统模型

考虑一个由多个 SBS 和多个 UE 组成的超密集移动通信系统。每个 SBS 在每个 TTI 内为其服务的 UE 执行下行资源调度。定义 SBS 的集合 $\mathcal{N} = \{1, 2, ..., N\}$，$\forall j \in \mathcal{N}$，其中，$N$ 表示超密集移动通信系统中 SBS 的数量，j 表示 SBS 的下标。定义 UE 的集合 $\mathcal{M} = \{1, 2, ..., M\}$，$\forall i \in \mathcal{M}$，其中，$M$ 表示超密集移动通信系统中 UE 的数量，i 表示 UE 的下标。定义第 j 个 SBS 服务的 UE 数量为 M_j，因此需满足 $\sum_{j=1}^{N} M_j = M$。

SBS 由上层控制器分配部分子带，也就是频谱分配。SBS 的子带被分成多个 RB 进而分配给 UE。定义每个 SBS 拥有 K 个 RB，可表示为 $\mathcal{K} = \{1, 2, ..., K\}$，$\forall k \in \mathcal{K}$，其中，$k$ 表示 RB 的下标。频谱分配被用于执行 SBS 间的子带分配，目的是降低由 SBS 间干扰带来的性能损耗。本书不对频谱分配进行研究，即本书假设频谱分配已经完成。由于这个原因，本书将 SBS 间的干扰当作噪声，SBS 内采用正交 RB 分配。为了便于呈现，考虑相邻的 SBS 使用正交子带，而相隔的 SBS 可以复用子带。如图 3.31 所示，具有相同颜色的 SBS 意味着子带复用，具有不同颜色的 SBS 意味着子带正交。例如，SBS_1、SBS_2、SBS_3、SBS_4、SBS_5、SBS_6、SBS_7、SBS_8、SBS_9 之间是子带正交，而 SBS_1 和 SBS_7 之间、SBS_4 和 SBS_{10} 之间是子带复用。UE_1 由 SBS_1 服务，可以接收来自 SBS_1 的有用信号和来自 SBS_7 的干扰信号。

用户随机分布在超密集移动通信系统中，且用户有不同业务，即具有不同的 QoS 需求。定义 $\mathcal{F} = \{f_1, f_2, ..., f_F\}$ 表示 QoS 指标集合，QoS 指标包括 GBR、non-GBR、时延、丢包率（Packet Loss Ratio，PLR）等。其中，F 表示 QoS 指标的数量，f_F 表示第 F 个 QoS 指标。对于 $\forall i \in \mathcal{M}$，定义第 i 个 UE 的 QoS 需求为：

$$\overline{x_i} = \{\overline{x_{i,f_1}}, \overline{x_{i,f_2}}, ..., \overline{x_{i,f_F}}\}, \forall i \in \mathcal{M} \tag{3-30}$$

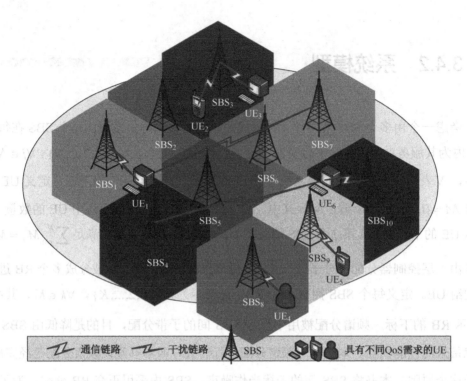

图 3.31 系统模型

其中，$\overline{x_i}$ 表示第 i 个 UE 做业务的 QoS 需求，由 F 个元素组成，$\overline{x_{i,f_F}}$ 表示第 i 个 UE 对 QoS 指标 f_F 的需求。例如，当考虑 GBR、时延、PLR 3 个 QoS 指标时，$F=3$，则 $\overline{x_i} = \left\{ \overline{x_{i,\text{GBR}}}, \overline{x_{i,\text{时延}}}, \overline{x_{i,\text{PLR}}} \right\}$，其中，$\overline{x_{i,\text{GBR}}}$ 表示第 i 个 UE 对于 GBR 的要求，$\overline{x_{i,\text{时延}}}$ 表示第 i 个 UE 对于时延的要求，$\overline{x_{i,\text{PLR}}}$ 表示第 i 个 UE 对于 PLR 的要求。每个 SBS 通过执行有效的资源调度来满足 UE 的 QoS 需求。通过资源调度，SBS 能为 UE 提供的 QoS 定义为 QoS 保障，对于 $\forall i \in \mathcal{M}$，第 i 个 UE 的 QoS 保障表示为：

$$x_i = \left\{ x_{i,f_1}, x_{i,f_2}, \ldots, x_{i,f_F} \right\}, \forall i \in \mathcal{M} \tag{3-31}$$

其中，x_i 表示第 i 个 UE 所连接的 SBS 通过资源调度为该用户提供的 QoS 保障，由 F 个元素组成，x_{i,f_F} 表示第 i 个 UE 所连接的 SBS 通过资源调度为该用户提供的对于 QoS 指标 f_F 的保障。例如，当考虑 GBR、时延、PLR 3 个 QoS 指标时，即 $F=3$，

第3章 网侧智能资源调度

则 $x_i = \{x_{i,\text{GBR}}, x_{i,\text{时延}}, x_{i,\text{PLR}}\}$，其中，$x_{i,\text{GBR}}$ 表示 SBS 提供给第 i 个 UE 对于 GBR 的保障，$x_{i,\text{时延}}$ 表示 SBS 提供给第 i 个 UE 对于时延的保障，$x_{i,\text{PLR}}$ 表示 SBS 提供给第 i 个 UE 对于 PLR 的保障。

为提升用户体验，本书的目标是通过资源调度最大化用户对于不同 QoS 指标的满意度。为了便于表示，将 QoS 指标依据最大化或最小化属性划分为两类。第一类是需要被最大化的 QoS 指标，如 GBR，且属于第一类的 QoS 指标集合表示为 $\mathcal{F}_{\max}$，包括 $F_{\max}$ 个 QoS 指标。第二类是需要被最小化的 QoS 指标，如时延，且属于第二类的 QoS 指标集合表示为 $\mathcal{F}_{\min}$，包括 $F_{\min}$ 个 QoS 指标。因此，满足 $\mathcal{F} = \mathcal{F}_{\max} \cup \mathcal{F}_{\min}$。

对于 $\forall i \in \mathcal{M}$，定义第 i 个 UE 对于第一类 QoS 指标 $\mathcal{F}_{\max}$ 的用户满意度为：

$$S_{i,\mathcal{F}_{\max}} = \sum_{f'=1}^{F_{\max}} S_{i,f'} = \sum_{f'=1}^{F_{\max}} \begin{cases} 1 - \dfrac{\overline{x_{i,f'}} - x_{i,f'}}{\overline{x_{i,f'}}}, & x_{i,f'} < \overline{x_{i,f'}}, \quad \forall f' \in \mathcal{F}_{\max} \\ 1, & x_{i,f'} \geq \overline{x_{i,f'}}, \quad \forall f' \in \mathcal{F}_{\max} \end{cases} \tag{3-32}$$

相关符号的定义如下。

- $S_{i,\mathcal{F}_{\max}} \in [0, F_{\max}]$ 表示第 i 个 UE 对于第一类 QoS 指标 $\mathcal{F}_{\max}$ 的满意度。
- $S_{i,f'} \in [0,1]$ 表示第 i 个 UE 对于 $\mathcal{F}_{\max}$ 中 QoS 指标 f' 的满意度，$\sum_{f'=1}^{F_{\max}} S_{i,f'}$ 表示对于 $\mathcal{F}_{\max}$ 中所有 QoS 指标的求和满意度。
- $x_{i,f'}$ 表示第 i 个 UE 对于 $\mathcal{F}_{\max}$ 中 QoS 指标 f' 的 QoS 保障。
- $\overline{x_{i,f'}}$ 表示第 i 个 UE 对于 $\mathcal{F}_{\max}$ 中 QoS 指标 f' 的 QoS 需求。
- $x_{i,f'} \geq \overline{x_{i,f'}}$ 表示 SBS 通过资源调度提供的对于 QoS 指标 f' 的 QoS 保障可以满足 UE 对于 QoS 指标 f' 的 QoS 需求，则 UE 对于 QoS 指标 f' 的满意度 $S_{i,f'} = 1$。例如，对于 QoS 指标 GBR，当 SBS 提供的 $x_{i,\text{GBR}}$ 大于等于 $\overline{x_{i,\text{GBR}}}$ 时，即用户速率需求得到满足，则满意度 $S_{i,\text{GBR}} = 1$。
- $x_{i,f'} < \overline{x_{i,f'}}$ 表示 SBS 通过资源调度提供的对于 QoS 指标 f' 的 QoS 保障不能满足 UE 对于 QoS 指标 f' 的 QoS 需求，则 UE 对于 QoS 指标 f' 的满意度 $S_{i,f'} \in [0,1)$。

当 QoS 保障 $x_{i,f'}=0$ 时，满意度 $S_{i,f'}=0$，表示用户经历了差的体验。QoS 保障 $x_{i,f'}$ 越高且越接近 QoS 需求 $\overline{x_{i,f'}}$，满意度 $S_{i,f'}$ 越高且越接近 1，用户体验越好。例如，对于 QoS 指标 GBR，通过合适的资源调度策略，SBS 试图提供高的 $x_{i,\text{GBR}}$ 以满足 $\overline{x_{i,\text{GBR}}}$，从而提升满意度 $S_{i,\text{GBR}}$，进而提升用户体验。

类似地，对于 $\forall i \in \mathcal{M}$，定义第 i 个 UE 对于第二类 QoS 指标 $\mathcal{F}_{\min}$ 的用户满意度为：

$$S_{i,\mathcal{F}_{\min}} = \sum_{f''=1}^{F_{\min}} S_{i,f''} = \sum_{f''=1}^{F_{\min}} \begin{cases} 1 + \dfrac{\overline{x_{i,f''}} - x_{i,f''}}{x_{i,f''}}, & x_{i,f''} > \overline{x_{i,f''}}, \ \forall f'' \in \mathcal{F}_{\min} \\ 1, & x_{i,f''} \leq \overline{x_{i,f''}}, \ \forall f'' \in \mathcal{F}_{\min} \end{cases} \quad (3\text{-}33)$$

相关符号的定义如下：

- $S_{i,\mathcal{F}_{\min}} \in [0, F_{\min}]$ 表示第 i 个 UE 对于第二类 QoS 指标 $\mathcal{F}_{\min}$ 的满意度。
- $S_{i,f''} \in [0,1]$ 表示第 i 个 UE 对于 $\mathcal{F}_{\min}$ 中 QoS 指标 f'' 的满意度，$\sum_{f''=1}^{F_{\min}} S_{i,f''}$ 表示对于 $\mathcal{F}_{\min}$ 中所有 QoS 指标的求和满意度。
- $x_{i,f''}$ 表示第 i 个 UE 对于 $\mathcal{F}_{\max}$ 中 QoS 指标 f'' 的 QoS 保障。
- $\overline{x_{i,f''}}$ 表示第 i 个 UE 对于 $\mathcal{F}_{\max}$ 中 QoS 指标 f'' 的 QoS 需求。
- $x_{i,f''} \leq \overline{x_{i,f''}}$ 表示 SBS 通过资源调度提供的对于 QoS 指标 f'' 的 QoS 保障，可以满足 UE 对于 QoS 指标 f'' 的 QoS 需求，则 UE 对于 QoS 指标 f' 的满意度 $S_{i,f''}=1$。例如，对于 QoS 指标时延，当 SBS 提供的 $x_{i,\text{时延}}$ 小于等于 $\overline{x_{i,\text{GBR}}}$ 时，即用户时延需求得到满足，则满意度 $S_{i,\text{时延}}=1$。
- $x_{i,f''} > \overline{x_{i,f''}}$ 表示 SBS 通过资源调度提供的对于 QoS 指标 f'' 的 QoS 保障不能满足 UE 对于 QoS 指标 f'' 的 QoS 需求，则 UE 对于 QoS 指标 f'' 的满意度 $S_{i,f''} \in [0,1)$。当 QoS 保障 $x_{i,f'}$ 越大时，满意度 $S_{i,f'}$ 越接近 0，表示用户经历了差的体验。QoS 保障 $x_{i,f'}$ 越低且越接近 QoS 需求 $\overline{x_{i,f'}}$，满意度 $S_{i,f'}$ 越高且越接近 1。例如，对于 QoS 指标时延，通过合适的资源调度策略，SBS 试图提供低的 $x_{i,\text{时延}}$ 以满足 $\overline{x_{i,\text{时延}}}$，从而提升满

第 3 章
网侧智能资源调度

意度 $S_{i,时延}$，进而提升用户体验。

每个 SBS 期望通过合适的资源调度策略满足其服务 UE 的 QoS 需求。对于 $\forall j \in \mathcal{N}$，第 j 个 SBS 的满意度是其服务的所有 UE 的满意度之和，定义第 j 个 SBS 的满意度为 U_j，表示为：

$$U_j = \sum_{i=1}^{M_j} \left(S_{i,\mathcal{F}_{\max}} + S_{i,\mathcal{F}_{\min}} \right), \forall j \in \mathcal{N} \tag{3-34}$$

基于上述分析，进一步地将超密集移动通信系统中资源调度问题建模为最大化 SBS 的满意度，表示如下：

$$\max U_j, \forall j \in \mathcal{N} \tag{3-35}$$

每个 SBS 期望最大化其服务 UE 对于所有 QoS 指标的满意度。资源调度策略对于 UE 能获得的 QoS 保障存在直接影响，进而影响满意度。因此，为保证和提升用户体验，实现最优资源调度是很重要的。为了寻求可以最大化满意度的资源调度策略，本节提出了一种一体智能调度架构，可以有效实现自动化和智能化的无线资源管理。

3.4.3 一体智能资源调度架构

如图 3.32 所示，基于传统资源调度模型，本节提出了一种聚合用户调度和资源分配的一体智能资源调度架构。传统的资源调度可以理解为采用人为逻辑建模的方式，即每个 SBS 的资源调度器依据一些规则，如公平性、吞吐量、频谱效率、时延、QoS 等，逐步地执行 RB 分配，如图 3.32（a）所示。首先，SBS 获取其服务的所有 UE 的资源调度相关参数，如 CQI、QoS 等。其次，SBS 根据用户调度规则，如 PF、RR、Max C/I 等，确定 UE 的调度优先级。最后，SBS 为具有最高优先级的 UE 确定 RB 的数量和位置。基于人为逻辑建模，SBS 每次为一个 UE 输出 RB 分配结果。

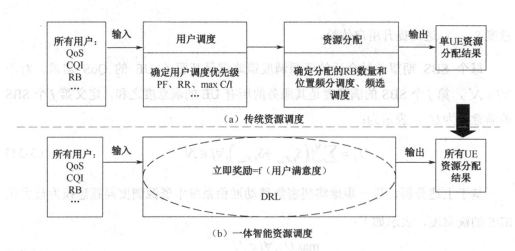

图 3.32 一体智能资源调度架构

本节提出的一体智能资源调度可以理解为采用智能建模的方式实现,即每个 SBS 的资源调度过程可以通过智能工具如 DRL 实现。一体的意思是基于 DRL 将用户调度模块和资源分配模块聚合,实现一步为所有 UE 分配 RB,代替传统资源调度中的逐步实现过程。对于提出的架构,其输入与传统资源调度一致,其输出为 SBS 为所有 UE 分配 RB 的结果。SBS 可以基于 DRL 学习和建立输入与输出之间的隐藏关系。为提升用户体验,DRL 的立即奖励可以设计为相对于用户在不同 QoS 指标上的满意度的函数。相比于采用人为逻辑建模的传统资源调度,提出的一体智能资源调度架构有如下优势。

(1)资源自动化管理:基于现有资源调度流程,所提架构可智能建模超密集移动通信系统中的资源调度问题,实现无线资源管理的智能化和自动化,从用户体验方面自主优化并提升性能,推进了智能化在 5G 中的发展。

(2)聚合增益:由于更加复杂的网络,传统的单模块优化面临子模块最优可能不是全局最优的挑战,且当资源调度被建模为用户调度和资源分配联合优化问题时,分别求解用户调度规则和资源分配结果导致无法获取全局最优解。而且,单模块优化可能带来增益损失,如智能用户调度受限于资源池规模和传统算法性能上限。所

第 3 章
网侧智能资源调度

提架构聚合了用户调度和资源分配,通过模块一体化实现全局最优代替子模块最优,从而降低增益损失。

(3)场景泛化:传统的调度规则有不同的偏好,并且适用不同需求和不同的场景。例如 RR 应用于侧重公平性的场景,而 Max C/I 应用于侧重吞吐量的场景。所提架构考虑了用户多样业务和异构 QoS 需求,优化目标是最大化用户在不同 QoS 指标的满意度,实现了用户体验的提升,可灵活地适应用户在可靠性、吞吐量、时延等性能方面的需求,有效提升场景应用的泛化能力。

(4)决策实时性:由于网络的复杂性,使用单一的用户调度规则难以维持所有 TTI 的性能,由于在不同用户调度规则间选择和切换需要较长的时间,因此会造成较高的决策时延。所提架构由 QoS 驱动进行灵活调度,可避免用户调度规则的选择,从而提升决策实时性。

3.4.4 一体智能资源调度研究

基于所提架构,本节设计了基于 DRL 的一体智能资源调度算法。在每个 TTI,DRL 的主要元素定义如下。

● 智能体:执行资源调度的主体是第 j 个 SBS,$\forall j \in \mathcal{N}$。每个 SBS 具有一个一体智能资源调度器,为其服务的 UE 决定和执行最优 RB 分配策略。

● 状态:SBS 收集所有服务的 UE 的资源调度相关参数,构建状态。第 j 个 SBS 的状态可表示为:

$$s_j = \{s_1, \ldots, s_i, \ldots, s_{M_j}\}, \forall j \in \mathcal{N} \tag{3-36}$$

其中,s_j 表示第 j 个 SBS 的状态,由 M_j 个元组组成,s_i 表示第 j 个 SBS 服务的第 i 个 UE 的状态,可表示为:

$$s_i = \{\overline{x_i}, x_i, \widehat{x_i}\}, \forall i \in \mathcal{M}_j \tag{3-37}$$

其中，$\overline{x_i}$ 和 x_i 分别表示第 j 个 SBS 服务的第 i 个 UE 的 QoS 需求和 QoS 保障，是主观且可控的状态集合，$\widehat{x_i}$ 表示第 j 个 SBS 服务的第 i 个 UE 的环境参量集合，是客观的，且不可控的。具体地，$\overline{x_i}$ 表示第 i 个用户的业务对 QoS 的需求，可表示为：

$$\overline{x_i} = \{\overline{x_{i,f_1}}, \overline{x_{i,f_2}}, ..., \overline{x_{i,f_F}}\}, \forall i \in \mathcal{M}_j \tag{3-38}$$

其中，$\overline{x_i}$ 由 F 个元素组成，$\overline{x_{i,f_F}}$ 表示第 i 个 UE 对于 QoS 指标 f_F 的需求。x_i 表示第 j 个 SBS 通过资源调度实际提供给第 i 个 UE 的业务的 QoS 保障。对于一个特定的 TTI，QoS 保障是该 TTI 之前的 QoS 保障的统计平均值，可表示为：

$$x_i = \{x_{i,f_1}, x_{i,f_2}, ..., x_{i,f_F}\}, \forall i \in \mathcal{M}_j \tag{3-39}$$

其中，x_i 由 F 个元素组成，x_{i,f_F} 表示第 j 个 SBS 通过资源调度提供给第 i 个 UE 对于 QoS 指标 f_F 的性能。QoS 性能取决于资源调度的效率。其中，$\widehat{x_i}$ 表示第 i 个 UE 的环境参量，可表示为：

$$\widehat{x_i} = \{\widehat{x_{i,e_1}}, \widehat{x_{i,e_2}}, ..., \widehat{x_{i,e_E}}\}, \forall i \in \mathcal{M}_j \tag{3-40}$$

其中，$\widehat{x_i}$ 由 E 个元素组成，$\varepsilon = \{e_1, e_2, ..., e_E\}$ 表示环境参量集合，环境参量包括 CQI、业务到达率 λ、待传业务个数、MCS 等，E 表示环境参量的数量，e_E 表示第 E 个环境参量，$\widehat{x_{i,e_E}}$ 表示第 i 个 UE 的环境参量 e_E 的值。例如，当考虑 CQI、MCS、业务到达率 3 个环境参量，即 $E=3$ 时，$\widehat{x_i} = \{\widehat{x_{i,\text{CQI}}}, \widehat{x_{i,\text{MCS}}}, \widehat{x_{i,\text{业务到达率}}}\}$，其中，$\widehat{x_{i,\text{CQI}}}$ 表示第 i 个 UE 的 CQI，$\widehat{x_{i,\text{MCS}}}$ 表示第 i 个 UE 的 MCS，$\widehat{x_{i,\text{业务到达率}}}$ 表示第 i 个 UE 的业务到达率。

● 动作：依据一体化的思路，SBS 为其服务的 UE 决策 RB 分配策略。第 j 个 SBS 的动作可表示为：

$$a_j = \{a_1, ..., a_i, ..., a_{M_j}\}, \forall j \in \mathcal{N} \tag{3-41}$$

第3章
网侧智能资源调度

其中，a_j 表示第 j 个 SBS 的动作，由 M_j 个元素组成，a_i 表示第 j 个 SBS 分配给第 i 个 UE 的 RB 数量。分配给所有 UE 的 RB 数量之和不超过 SBS 拥有的 RB 总数，因此满足 $\sum_{i=1}^{M_j} a_i \leq K$。

● 立即奖励：资源调度的目标是最大化 UE 的 QoS 满意度。因此，在状态 s_j 下执行动作 a_j 获得的立即奖励可表示为：

$$R_j(s_j,a_j) = \sum_{i=1}^{M_j}\left(S_{i,\mathcal{F}_{\max}}(s_i,a_i) + S_{i,\mathcal{F}_{\min}}(s_i,a_i)\right), \forall j \in \mathcal{N} \qquad (3\text{-}42)$$

其中，R_j 表示第 j 个 SBS 在状态 s_j 下执行动作 a_j 获得网络反馈的立即奖励值，即第 j 个 SBS 中的 UE 依据 RB 分配结果进行业务传输的满意度。在每个 TTI，对于 $\forall j \in \mathcal{N}$，第 j 个 SBS 在状态 s_j 下决策动作 a_j，然后 SBS 执行动作 a_j，在下一个 TTI，SBS 获得网络反馈的立即奖励。

在 DRL 中，对于 $\forall j \in \mathcal{N}$，第 j 个 SBS 在状态 s_j 下的决策动作 a_j 的状态动作值函数可表示为：

$$Q_j(s_j,a_j) = R_j(s_j,a_j) + \gamma Q_j(s_j',a_j'), \forall j \in \mathcal{N} \qquad (3\text{-}43)$$

其中，$Q_j(s_j,a_j)$ 表示第 j 个 SBS 在状态 s_j 下决策动作 a_j 获得的累积未来奖励值，γ 表示折扣因子，s_j' 表示第 j 个 SBS 在状态 s_j 下执行动作 a_j 后的转移状态，即下一状态，a_j' 表示第 j 个 SBS 在状态 s_j' 下的动作，$Q_j(s_j',a_j')$ 表示第 j 个 SBS 在状态 s_j' 下的决策动作 a_j' 获得的累积未来奖励值。因此，最优贝尔曼公式可表示为：

$$Q_j^*(s_j,a_j) = R_j(s_j,a_j) + \gamma \max_{a_j'} Q_j^*(s_j',a_j'), \forall j \in \mathcal{N} \qquad (3\text{-}44)$$

其中，$Q_j^*(s_j,a_j)$ 表示第 j 个 SBS 在状态 s_j 下决策动作 a_j 获得的最优累积未来奖励值，$\max_{a_j'} Q_j^*(s_j',a_j')$ 表示第 j 个 SBS 在状态 s_j' 下选取使状态动作值 $Q_j(s_j',a_j')$ 最大的动作 a_j'。

由于高维的状态和动作空间，Q 函数用有限的 Q 表存储搜索很困难，本节使用基于DNN的函数逼近器近似$Q_j(s_j,a_j)$。DNN的结构是由一系列神经元使用权重矢量θ连接而成的,由层数和每层神经元数组成,不同结构的DNN的特征挖掘和表达能力不同。使用DNN逼近的$Q_j(s_j,a_j)$可表示为:

$$Q_j(s_j,a_j) \approx Q_j(s_j,a_j|\theta_j), \forall j \in \mathcal{N} \tag{3-45}$$

其中,θ_j表示第j个SBS的DNN的权重向量。因此,式(3-44)可以重写为:

$$Q_j^*(s_j,a_j|\theta_j^*) = R_j(s_j,a_j) + \gamma \max_{a_j'} Q_j^*(s_j',a_j'|\theta_j^*), \forall j \in \mathcal{N} \tag{3-46}$$

最优资源调度动作a_j^*通过ε贪婪算法选择,ε贪婪算法可表示为:

$$a_j^* = \begin{cases} \arg\max_{a_j} Q_j(s_j,a_j|\theta_j), & 1-\varepsilon \\ P(\ ), & \varepsilon \end{cases}, \forall j \in \mathcal{N} \tag{3-47}$$

其中,$\varepsilon \in (0,1)$表示探索率,$\arg\max_{a_j} Q_j(s_j,a_j|\theta_j)$表示第$j$个SBS在状态$s_j$下选取具有最大$Q_j$的资源调度动作,$P(\ )$表示在动作空间的概率分布。

训练DNN的样本数据从DRL过程中获得。在DRL过程中,使用状态、动作、下一状态及立即奖励构建训练元组,用于记录DRL过程中的样本数据。对于$\forall j \in \mathcal{N}$,第$j$个SBS的一个训练元组表示为$\{s_j,a_j,s_j',R_j(s_j,a_j)\}$。采用最小化损失函数的方式训练DNN,损失函数表示如下:

$$L_j(\theta_j) = (y_j - Q_j(s_j,a_j|\theta_j))^2, \forall j \in \mathcal{N} \tag{3-48}$$

其中,$Q_j(s_j,a_j|\theta_j)$表示DNN的实际输出,y_j表示DNN的期望输出,也就是监督学习的标记,表示为:

$$y_j = R_j(s_j,a_j) + \gamma \max_{a_j'} Q_j(s_j',a_j'|\theta_j), \forall j \in \mathcal{N} \tag{3-49}$$

其中,$\max_{a_j'} Q_j(s_j',a_j'|\theta_j)$表示第$j$个SBS在状态$s_j'$下使用DNN选取使状态动

第 3 章
网侧智能资源调度

作值 $Q_j(s_j', a_j' | \theta_j)$ 最大的动作 a_j'。

综上,给出超密集移动通信系统中的一体智能资源调度(Integrated and Intelligent Resource Scheduling,IIRS)算法,见表 3.8。

表 3.8 一体智能资源调度算法

算法 1:对于 $\forall j \in \mathcal{N}$,第 j 个 SBS 的 IIRS 算法
输入:j,$\mathcal{M}_j$,K,$\widehat{x_{i, \forall i \in \mathcal{M}_j}}$,$\widehat{x_{i, \forall i \in \mathcal{M}_j}}$,$x_{i, \forall i \in \mathcal{M}_j}$
输出:a_j
初始化:θ_j,ε,γ,s_0,η
While True:
If rand( ) $< \varepsilon$
依据 $a_j^* = \arg\max_{a_j} Q_j^*(s_j, a_j | \theta_j^*)$ 决策资源调度动作 a_j
Else
随机决策资源调度动作 a_j
End If
依据 a_j 为 $\mathcal{M}_j$ 中的 UE 执行 RB 分配
获取网络反馈的立即奖励 $R_j(s_j, a_j)$,观察下一状态 s_j'
依据 $y_j = R_j(s_j, a_j) + \gamma \max_{a_j'} Q_j(s_j', a_j' | \theta_j)$ 获取期望累积奖励值 y_j
计算实际累积奖励值 $Q_j(s_j, a_j | \theta_j)$
计算损失函数 $L_j(\theta_j) = (y_j - Q_j(s_j, a_j | \theta_j))^2$
更新 θ_j
End While

执行 IIRS 算法前,初始化 IIRS 算法的相关参数,包括权重矢量 θ_j,探索率 ε,折扣因子 γ,迭代次数 η。对于 $\forall j \in \mathcal{N}$,第 j 个 SBS 的初始状态为 s_0。在每个 TTI,对于 $\forall j \in \mathcal{N}$,第 j 个 SBS 首先通过 ε 贪婪算法选决策资源调度动作 a_j^*。其次,依据 a_j^* 为其服务的用户分配 RB,执行分配后,获得该次 RB 分配的立即奖励 $R_j(s_j, a_j)$,即服务用户的 QoS 满意度,并观察进入下一状态 s_j'。然后,依据立即奖励和 DNN 计算期望累积奖励值 y_j。进一步地,依据 DNN 计算实际累积奖励值 $Q_j(s_j, a_j | \theta_j)$。

最后，计算损失函数 $L_j(\theta_j)$ 并更新 DNN 以便于下一个 TTI 的 RB 分配。

3.4.5 仿真及结果分析

使用 Python 和 Simpy 搭建系统级仿真平台用于验证所提算法性能。Simpy 用于实现离散事件仿真和构建多智能体异步网络。仿真平台包含 3 个类：基站类、信道类和用户类。每个类包含若干属性与功能，平台结构如图 3.33 所示。属性是一些静态的数据结构，如用户属性包含位置、业务到达率等，基站属性包含发射功率、天线高度等。功能是具有执行权的能力，如用户功能包括业务流生成、基站选择、业务添加等，基站功能包括资源调度、MCS 确定、功率控制、缓冲区控制等。通过类的实例化，可以构建系统模型中的 UE、SBS 和信道环境。

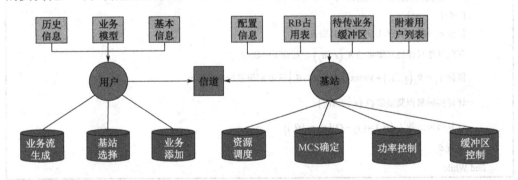

图 3.33　平台结构

图 3.34 为用户流程图，初始化时用户连接基站，并在基站中注册，用户之间异步离散地生成传输业务，并将业务添加到基站的缓冲区中。

图 3.35 为基站流程图，对每一个 TTI，基站进行功率分配、确定 MCS 和资源调度等，并传输数据，依据传输结果更新缓冲区。资源调度模块用于实现智能资源调度算法。

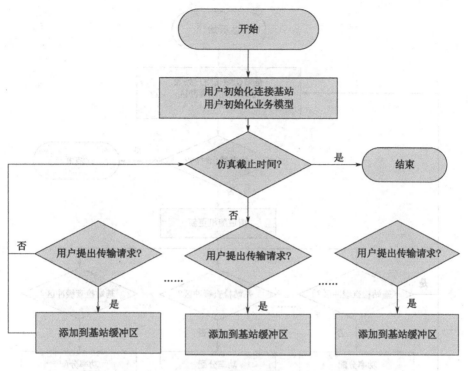

图 3.34 用户流程图

考虑在 60 m×60 m 的正方形区域内部署 4 个 SBS 和 7 个 UE 的超密集移动通信系统场景，UE 随机分布在正方形区域内。每个 SBS 拥有 25 个 RB。UE 传输不同的业务且有不同的 QoS 需求。QoS 需求和 QoS 保障中考虑 2 种 QoS 指标，包括 GBR 和时延，因此 $F=2$。本节考虑 4 种业务，分别为（$\overline{x_{i,\text{GBR}}}=500$ kbps，$\overline{x_{i,\text{时延}}}=4$ ms），（$\overline{x_{i,\text{GBR}}}=400$ kbps，$\overline{x_{i,\text{时延}}}=4$ ms），（$\overline{x_{i,\text{GBR}}}=130$ kbps，$\overline{x_{i,\text{时延}}}=3$ ms），（$\overline{x_{i,\text{GBR}}}=240$ kbps，$\overline{x_{i,\text{时延}}}=2$ ms）。考虑 3 种环境参量，包括业务到达率 λ、SINR 和待传业务个数，因此 $E=3$。相关的仿真参数基于 3GPP TR36.814 设置。路损模型采用 COST 231 Walfish-lkegami 模型，表示为 $\text{PL}(\text{dB})=-35.4+26\lg(d)+20\lg(f_c)$，其中，$d$ 表示距离，单位是 m；f_c 表示系统频率，单位是 Hz。具体仿真参数见表 3.9。

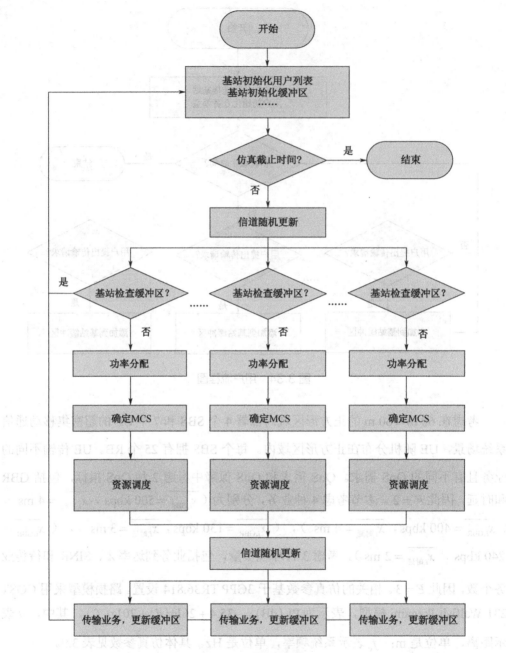

图 3.35 基站流程图

第 3 章 网侧智能资源调度

表 3.9 仿真参数

仿真区域	60 m×60 m
SBS 数量	4
UE 数量	7
每个 SBS 的 RB 数量	25
SBS 发射功率	30 dBm
天线增益	12 dB
系统频率	2.6 GHz
白噪声功率谱密度	−176 dBm/Hz
路损模型	$PL(dB) = -35.4 + 26\lg(d) + 20\lg(f_c)$
快衰落	瑞利衰落
CQI 上报模式	全带 CQI
MCS	QPSK/16QAM/64QAM
SINR 阈值	−5.1 dBm
BLER 阈值	0.2
探索率	0.95

为了更清晰地呈现仿真时间变化图曲线细节，使用用户平均不满意度代替用户平均满意度来表示用户体验，用户平均满意度与用户平均不满意度的和为 1。本节从以下几个方面呈现 IIRS 算法的性能。

- 图 3.36 描绘了 IIRS 算法中不同 DNN 结构下用户不满意度随仿真时间变化图。
- 图 3.37 描绘了 IIRS 算法中不同迭代次数下用户不满意度随仿真时间变化图。
- 图 3.38 描绘了 IIRS 算法中不同折扣因子下用户不满意度随仿真时间变化图。
- 图 3.39 描绘了低业务场景不同资源调度算法下用户不满意度随仿真时间变化图。
- 图 3.40 描绘了高业务场景不同资源调度算法下用户不满意度随仿真时间变化图。

图 3.36 所示为在业务到达率 $\lambda = 0.5$，折扣因子 $\gamma = 0.9$，迭代次数 $\eta = 4$ 时，不同 DNN 结构下用户不满意度随仿真时间变化图。每隔 3 000 ms 做一次统计平均，用户不满意度是在用户数量和时间上的平均值。小规模 DNN 包含 70 层，每层平均有 40 个神经元，大规模 DNN 包含 120 层，每层平均有 60 个神经元。从图 3.36 中可以

看出,当时间为 3 000 ms 时,使用大规模 DNN 的 DRL 算法收敛。当时间为 9 000 ms 时,使用小规模 DNN 的 DRL 算法收敛。这是因为大规模 DNN 特征挖掘能力更强,前期学习更快。当 DRL 算法收敛后,可以看到,使用小规模 DNN 的算法性能优于使用大规模 DNN 的算法性能。当时间为 12 000 ms 时,使用大规模 DNN 的用户不满意度为 0.055,而使用小规模 DNN 的用户不满意度为 0.02,后者与前者相比,实现了 64% 的性能增益。主要原因是,当样本数据有限时,大规模 DNN 会过度学习数据特征,产生了过拟合,从而导致了差的性能。

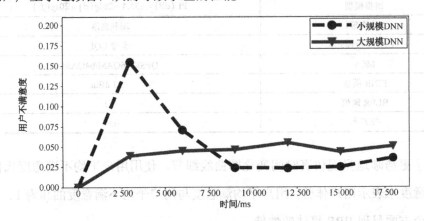

图 3.36　IIRS 算法中不同 DNN 结构下用户不满意度随仿真时间变化图

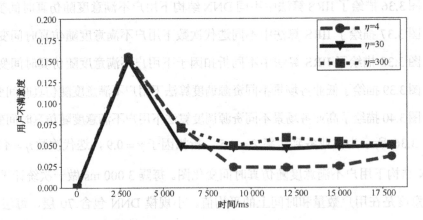

图 3.37　IIRS 算法中不同迭代次数下用户不满意度随仿真时间变化图

第3章 网侧智能资源调度

图 3.37 所示为在业务到达率 $\lambda=0.5$，折扣因子 $\gamma=0.9$，小规模 DNN 时，不同迭代次数下用户不满意度随仿真时间变化图。每隔 3 000 ms 做一次统计平均，用户不满意度是在用户数量和时间上的平均值。从图 3.37 中可以看出，随着 η 的增加，用户不满意度增大。当时间为 12 500 ms 时，$\eta=4$ 对应的用户不满意度为 0.025，$\eta=30$ 对应的用户不满意度为 0.05，$\eta=300$ 对应的用户不满意度为 0.06。主要原因是，随着 η 增大，DNN 的泛化能力变弱，应对未知网络状态时的表现变差，从而导致了差的性能。此外还可以观察到，$\eta=30$ 和 $\eta=300$ 的性能差异不明显，而 $\eta=4$ 和 $\eta=30$ 的性能差异明显，这是因为存在最优 η，在最优 η 附近，DNN 的性能随 η 的增减的变化幅度大；当 η 过大或过小时，DNN 的性能随 η 的增减变化幅度减小。

图 3.38 所示为在业务到达率 $\lambda=0.5$，迭代次数 $\eta=4$，小规模 DNN 时，不同折扣因子下用户不满意度随仿真时间变化图。每隔 3 000 ms 做一次统计平均，用户不满意度是在用户数量和时间上的平均值。γ 越小，表示越注重立即收益；γ 越大，表示越注重长期收益。从图 3.38 中可以看出，当 $\gamma=0.01$ 和 $\gamma=0.5$ 时，算法大约在 3 000 ms 后收敛；当 $\gamma=0.9$ 时，算法大约在 9 000 ms 后收敛。此外，$\gamma=0.9$ 时的性能优于 $\gamma=0.01$ 和 $\gamma=0.5$ 的性能。当时间为 12 500 ms 时，$\gamma=0.9$ 对应的用户满意度为 0.02，$\gamma=0.01$ 和 $\gamma=0.5$ 对应的用户满意度为 0.05。主要原因是，当 γ 大于一定值后，长期收益的效果才会凸显，$\gamma=0.01$ 和 $\gamma=0.5$ 均表示注重立即收益，因此性能相近。而当 $\gamma=0.9$ 时，表示注重长期收益，学习最优资源调度策略需要的时间变长，因此，算法收敛速度变慢，且相比于立即收益，考虑长期收益的资源调度策略更有助于提升网络整体性能。

图 3.39 所示为在业务到达率 $\lambda=0.5$，迭代次数 $\eta=4$，折扣因子 $\gamma=0.9$，小规模 DNN 时，不同资源调度算法下用户不满意度随仿真时间变化图。$\lambda=0.5$ 表示业务平均到达时间间隔为 2 ms，是低业务场景。其中：

- Max C/I 表示传统的 Max C/I 用户调度和频分调度算法；
- PF 表示传统的 PF 用户调度和频分调度算法；

- RR 表示传统的 RR 用户调度和频分调度算法；
- Q 表示基于 Q-learning 的一体智能资源调度算法；
- IIRS 表示提出的基于 DRL 的一体智能资源调度算法。

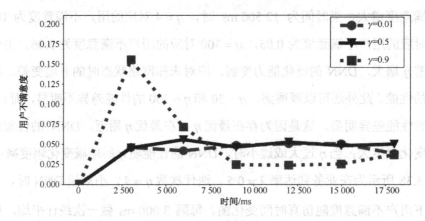

图 3.38　IIRS 算法中不同折扣因子下用户不满意度随仿真时间变化图

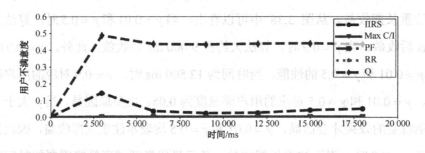

(a)

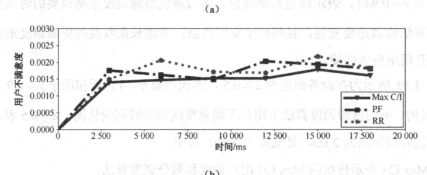

(b)

图 3.39　低业务场景不同资源调度算法下用户不满意度随仿真时间变化图

第3章 网侧智能资源调度

为了更好地呈现仿真时间变化图曲线细节,图 3.39(a)中的 Max C/I、PF、RR 呈现如图 3.39(b)所示。从图 3.39(a)可得,Q 算法和 IIRS 算法均在 6 000 ms 左右收敛,IIRS 算法的用户不满意度为 0.04,Q 算法的用户不满意度为 0.44,因此,所提 IIRS 算法相比于传统 Q 算法实现了 91% 的性能增益。但传统算法与 IIRS 算法相比更适合低业务场景。对比传统算法,从图 3.39(b)可以看出,Max C/I 算法平均性能最优,PF 算法平均性能居中,而 RR 算法平均性能最差。主要原因是,在低业务场景内,与用户公平性相比,信道质量是决定性能的主要因素。

图 3.40 所示为在业务到达率 $\lambda=1.5$,迭代次数 $\eta=4$,折扣因子 $\gamma=0.9$,小规模 DNN 时,不同资源调度算法下用户不满意度随仿真时间变化图。$\lambda=1.5$ 表示业务平均到达时间间隔为 0.67 ms,是高业务场景。其中,Max C/I 算法、PF 算法、RR 算法、Q 算法及 IIRS 算法与图 3.39 一致。为了更好地呈现仿真时间变化图曲线细节,图 3.40(a)中的 Max C/I、PF、RR 呈现如图 3.40(b)所示。从图 3.40(a)可得,Q 算法在 3 000 ms 左右收敛,IIRS 算法在 6 000 ms 左右收敛,这是因为离散化使得 Q-learning 状态空间变小,因此达到收敛的时间变短。然而,离散化造成大量的增益损失。当仿真时间为 6 000 ms 时,IIRS 算法的用户不满意度为 0.25,Q 算法的用户不满意度为 0.5,因此,所提 IIRS 算法相比于传统 Q 算法实现了 50% 的性能增益。与低业务场景相比,在高业务场景,IIRS 算法与传统算法的性能差距缩小。对比传统算法可以看出,PF 算法平均性能最优,而 Max C/I 算法平均性能最差。主要原因是,在高业务场景内,当用户待调度业务增多时,用户公平性和信道质量都是决定性能的主要因素。

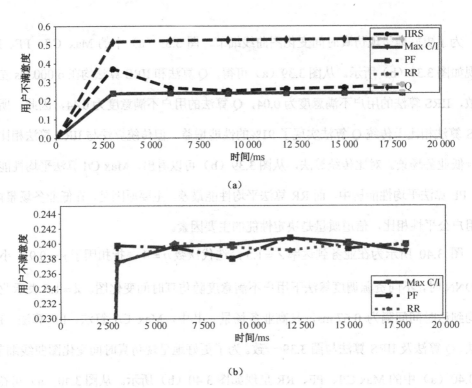

图 3.40　高业务场景不同资源调度算法下用户不满意度随仿真时间变化图

3.4.6　小结

本节主要针对 5G 超密集移动通信系统中资源调度存在的优化问题难求解和用户 QoS 需求难保障等问题，研究了基于 DRL 的一体智能资源调度方法，实现了无线资源自动化管理，推动了智能化在 5G 中的发展。首先，介绍了为保障和提升用户体验的用户 QoS 满意度函数；其次，基于现有资源调度的实现，介绍了一种一体智能资源调度架构；进而，基于所提架构，提出了一种分布式的 IIRS 算法；最后，通过仿真验证了算法性能和可行性。

然而，IIRS 算法仍存在收敛慢和性能差等问题。主要原因是 DL 与 RL 直接

第 3 章
网侧智能资源调度

结合形成的 DRL 存在诸多问题，例如，RL 生成的样本数据不足以训练 DL 中的 DNN，使用 DNN 等非线性网络表示状态动作值函数时存在不稳定等问题。因此，在本节所提算法基础上，进一步研究了一种增强型算法，改进 IIRS 算法以实现高效的资源管理。

3.5 一锤定音——增强型一体智能资源调度

3.5.1 引言

基于前面所提 IIRS 算法，本节研究了一种增强型一体智能资源调度（Enhanced-Integrated and Intelligent Resource Scheduling，E-IIRS）方案。接下来，首先，分析 IIRS 算法存在的不足；其次，针对存在的不足提出解决方案；再次，论述一种 E-IIRS 算法；最后，在平台中验证 E-IIRS 算法的有效性，与传统资源调度算法和 IIRS 算法进行性能对比。

3.5.2 问题分析

基于 DRL 的 IIRS 算法存在一些不足，主要体现在以下几方面。

（1）IIRS 算法中，DNN 既被用于获取实际累积奖励值，又被用于获取期望累积奖励值，使得实际累积奖励值和期望累积奖励值存在相关性。因此，使用单一 DNN 表示状态动作值函数可能造成 IIRS 算法不稳定从而导致性能差。

（2）IIRS 算法中 DNN 的样本数据应满足独立同分布，而 RL 中前后状态高度相关，并且样本数据呈现马尔可夫特性。因此，DNN 不能有效学习全局特征，从而导致 IIRS 算法性能差。

（3）IIRS 算法中，DNN 学习的分布是固定的，而 RL 的分布是一直变化的，因此，低效的 DNN 导致 IIRS 算法性能差。

（4）IIRS 算法仅通过试错法学习资源调度策略，需花费大量时间收敛。SBS 的立即奖励值与其服务的用户数量呈线性关系，导致收敛波动。收敛过程中用户的体验差，过慢的收敛速度是不能被接受的，尤其是在实时通信系统中更不能被接受。

3.5.3 增强型一体智能资源调度研究

为弥补上述不足，实现高效的无线资源智能调度，本节从以下 4 个方面增强 IIRS 算法。

（1）通过使用 2 个 DNN，主网络（Main Network，MainNet）和目标网络（Target Network，TargetNet），解决算法不稳定问题。

（2）通过引入经验池机制和优化采样方式，解决样本数据的相关性及非静态分布问题。

（3）通过引入启发式机制，解决仅通过试错法随机探索造成收敛速度慢和用户体验差的问题。同时，归一化立即奖励函数，解决立即奖励值大幅波动造成收敛慢的问题。

1. MainNet 和 TargetNet

DeepMind 指出，使用非线性函数如 DNN 近似 Q 函数时，RL 会呈现不稳定甚至发散的现象。主要是因为期望累积奖励值 y_j 获取 $\max_{a_j'} Q_j\left(s_j', a_j' \mid \boldsymbol{\theta}_j\right)$ 使用的 DNN（为简化描述，后续称为目标 DNN）和式（3-48）中待更新的 DNN，即 $Q_j\left(s_j, a_j \mid \boldsymbol{\theta}_j\right)$

(为简化描述,后续称为在线 DNN),存在参数联系。由于函数近似的泛化性,当权重矢量更新后,当前 Q 值的改变通常会导致下一个状态所有动作的 Q 值提高,从而导致优化目标随着优化过程一直在变,使训练陷入恶性循环或者发散状态。本节引入 2 个 DNN,即 MainNet 和 TargetNet,降低目标 DNN 和在线 DNN 之间的相关性,提升算法稳定性。

MainNet 和 TargetNet 具有相同的 DNN 结构,对于 $\forall j \in \mathcal{N}$,第 j 个 SBS 的 MainNet 和 TargetNet 可以表示为:

$$Q_{j,\text{MainNet}}\left(s_j, a_j \mid \boldsymbol{\theta}_j\right) = Q_{j,\text{TargetNet}}\left(s_j, a_j \mid \boldsymbol{\theta}_j\right), \forall j \in \mathcal{N} \tag{3-50}$$

其中,TargetNet 作为目标 DNN,用于获取训练过程的样本标记,即期望累积奖励值 y_j。MainNet 作为在线 DNN,用于获取实际累积奖励值,并且更新权重矢量 $\boldsymbol{\theta}_j$。因此,期望输出 y_j 可表示为:

$$y_j = R_j\left(s_j, a_j\right) + \gamma \max_{a_j'} Q_{j,\text{TargetNet}}\left(s_j', a_j' \mid \boldsymbol{\theta}_j\right), \forall j \in \mathcal{N} \tag{3-51}$$

其中,$\max_{a_j'} Q_{j,\text{TargetNet}}\left(s_j', a_j' \mid \boldsymbol{\theta}_j\right)$ 表示第 j 个 SBS 在状态 s_j' 下使用 TargetNet 选取使状态动作值 $Q_{j,\text{TargetNet}}\left(s_j', a_j' \mid \boldsymbol{\theta}_j\right)$ 最大的动作 a_j'。损失函数可表示为:

$$L_j\left(\boldsymbol{\theta}_j\right) = \left(y_j - Q_{j,\text{MainNet}}\left(s_j, a_j \mid \boldsymbol{\theta}_j\right)\right)^2, \forall j \in \mathcal{N} \tag{3-52}$$

其中,$Q_{j,\text{MainNet}}\left(s_j, a_j \mid \boldsymbol{\theta}_j\right)$ 表示使用 MainNet 得到的当前状态动作对应的实际累积奖励值。根据 $L_j\left(\boldsymbol{\theta}_j\right)$ 更新 MainNet 的权重矢量 $\boldsymbol{\theta}_j$,采用牛顿法得到最小化的损失函数和权重矢量,迭代次数表示为 η。

在起始时刻,初始化 MainNet 的权重矢量并将其赋值给 TargetNet。在不断迭代过程中,MainNet 不断更新其权重矢量,而 TargetNet 的权重矢量保持不变。每 C 次迭代后,将 MainNet 的权重矢量赋值给 TargetNet,再用更新后的 TargetNet 生成下一个 C 次迭代的样本标记。C 是一个固定的时间间隔。引入 TargetNet 后,在一段时间内期望累积奖励值是保持不变的,这在一定程度上降低了实际累积奖励值和期望累积奖励值的相关性,增加了训练的稳定性,进而提高了算法稳定性。

2. 经验池和优先扫描

DL 通常假设样本数据独立同分布,而 RL 生成的样本数据通常表现出马尔可夫特性且状态之间高度相关,从而导致样本数据不具备总体代表性。此外,DL 要求训练用的样本数据分布不变,而在 RL 中,随着不断地训练,状态动作值函数对动作的估计不断得到优化,随着状态动作值函数的变化,其输出动作也会跟着改变,继而产生的训练样本的分布也会改变。这些特性均会导致算法性能差。本节引入经验池机制和优先扫描采样方式,解决样本数据的相关性及非静态分布问题。

经验池用于存储训练元组,表示为 D,容量表示为 V。在每个 TTI,对于 $\forall j \in \mathcal{N}$,第 j 个 SBS 使用 ε 贪婪算法选择并执行动作后,产生训练元组 $\left\{s_j, a_j, s_j', R_j(s_j, a_j), Q_{j,\text{MainNet}}\right\}$,并将训练元组存储在经验池 D 中。因此,对于 $\forall j \in \mathcal{N}$,第 j 个 SBS 的经验池可表示为:

$$D_j = \left\{\left\{s_j, a_j, s_j', R_j(s_j, a_j), Q_{j,\text{MainNet}}\right\}^t, t = 1, 2, 3\ldots\right\}, \forall j \in \mathcal{N} \qquad (3\text{-}53)$$

当训练 MainNet 时,不再是仅使用上个 TTI 获取的样本数据,而是从经验池中采样多个样本数据进行平均后用于训练 MainNet。通常的采样方式是随机采样或批量随机采样,即从经验池 D 中随机选择样本数据。本节采用优先扫描采样方式,其主要思想是选取对 MainNet 影响大的样本数据。也就是说,MainNet 可以从选取的样本数据中学习到更多。因此,将经验池 D 中的样本数据依据损失函数(3-53)进行排序,损失函数越大的样本数据,被采样的概率越大。

引入经验池和优先扫描有以下优势。

(1)相比于随机采样方式,优先扫描采样方式可以加速 MainNet 的探索过程,增强 MainNet 的泛化性和准确性。

第3章 网侧智能资源调度

（2）将样本数据存放于经验池中，每一步的样本数据都可以被多次采样，极大地提高了数据采样效率。

（3）优先扫描采样方式打破了训练样本之间的高度相关性，因此降低了参数更新的方差。

（4）采用过去的多个样本数据做平均，从而平滑了训练样本分布，减缓了样本分布变化的问题，避免了训练发散。

3. 启发式机制

DRL 在解决各类问题时均取得了显著效果，但仍存在一个典型的共性劣势，即收敛速度问题。在本书中，IIRS 算法仅通过试错法学习资源调度策略，没有任何先验知识的指导，这将花费大量时间收敛。过慢的收敛速度是不能被接受的，尤其在实时通信系统中。一种解决方式是引入额外的启发式信息指导 DRL 的探索过程，从而加速其收敛。因此，本节在 IIRS 算法中引入启发式机制，旨在加速收敛速度和提升算法性能。

根据式（3-42），SBS 的立即奖励值与其服务的用户数量呈线性关系。用户数量增多时，立即奖励值增大，这将迷惑 MainNet 对最优解的理解，导致训练和收敛效果不佳。因此，对式（3-42）进行归一化：

$$R_j(s_j, a_j) = \frac{\sum_{i=1}^{M_j}\left(S_{i,\mathcal{F}_{\max}}(s_i, a_i) + S_{i,\mathcal{F}_{\min}}(s_i, a_i)\right)}{M_j}, \forall j \in \mathcal{N} \tag{3-54}$$

归一化后，对于 $\forall j \in \mathcal{N}$，第 j 个 SBS 的立即奖励值被限定于 $[0, F]$，有助于加速 MainNet 的训练和收敛。

本书引入传统资源调度算法指导 IIRS 算法，对于 $\forall j \in \mathcal{N}$，第 j 个 SBS 引入的启发式机制定义如下：

启发式机制被定义为作用在动作上的指示函数，可表示为：

$$I_{\text{Rule}(s_j)}(a_j) = \begin{cases} 1, & \text{if } a_j = \text{Rule}(s_j) \\ 0, & \text{if } a_j \neq \text{Rule}(s_j) \end{cases}, \forall j \in \mathcal{N} \quad (3\text{-}55)$$

其中，$I_{\text{Rule}(s_j)}(a_j)$ 表示 $\text{Rule}(s_j)$ 的指示函数。$\text{Rule}(s_j)$ 表示第 j 个 SBS 在状态 s_j 时使用传统调度规则，如 PF、RR、Max C/I 等决策的资源调度动作。搜索动作空间时，如果 $a_j = \text{Rule}(s_j)$，即当前搜索到的动作 a_j 与 $\text{Rule}(s_j)$ 对应的动作一致，则指示函数 $I_{\text{Rule}(s_j)}(a_j) = 1$，否则 $I_{\text{Rule}(s_j)}(a_j) = 0$。

将启发式机制作用于 MainNet，从而决策最优资源调度动作 a_j^*，可表示为：

$$a_j^* = \arg\max_{a_j} \left[Q_{j,\text{MainNet}}(s_j, a_j | \boldsymbol{\theta}_j) + \alpha I_{\text{Rule}(s_j)}(a_j) \right], \forall j \in \mathcal{N} \quad (3\text{-}56)$$

其中，α 表示指示权重，且 $\alpha \in [0,1]$。搜索动作空间时，如果当前搜索到的动作 a_j 与 $\text{Rule}(s_j)$ 对应的动作一致，则启发式机制起作用，将状态 s_j 动作 a_j 对应的 Q 值更新为加入 $\alpha I_{\text{Rule}(s_j)}(a_j)$ 后的 Q 值。$\arg\max_{a_j} \left[Q_{j,\text{MainNet}}(s_j, a_j | \boldsymbol{\theta}_j) + \alpha I_{\text{Rule}(s_j)}(a_j) \right]$ 表示在状态 s_j 下选取最大 $\left[Q_{j,\text{MainNet}}(s_j, a_j | \boldsymbol{\theta}_j) + \alpha I_{\text{Rule}(s_j)}(a_j) \right]$ 对应的资源调度动作 a_j^*。通过启发式机制，传统资源调度算法的经验被引入 DRL 的学习中，指导 DRL 的探索过程，使其先快速接近次优策略，再不断学习最优策略，达到加速收敛的作用。

4. E-IIRS 算法

综上，本节给出超密集移动通信系统中增强型一体智能资源调度算法，即 E-IIRS 算法，见表 3.10。

第3章 网侧智能资源调度

表 3.10 增强型一体智能资源调度算法

算法 2：对于 $\forall j \in \mathcal{N}$，第 j 个 SBS 的 E-IIRS 算法

输入：j, $\mathcal{M}_j$, K, $\overline{x_{i, \forall i \in \mathcal{M}_j}}$, $\widehat{x_{i, \forall i \in \mathcal{M}_j}}$, $x_{i, \forall i \in \mathcal{M}_j}$

输出：a_j

初始化：θ_j, ε, γ, s_0, η, V, C, α

While True:

    If rand( ) < ε

        依据 $a_j^* = \arg\max\limits_{a_j}\left[Q_{j,\text{MainNet}}\left(s_j, a_j | \theta_j\right) + \alpha I_{\text{Rule}(s_j)}(a_j)\right]$ 决策无线资源调度动作 a_j

    Else

        随机决策资源调度动作 a_j

    End If

    依据 a_j 为 $\mathcal{M}_j$ 中的 UE 执行 RB 分配

    获取网络反馈的立即奖励 $R_j(s_j, a_j)$，观察下一状态 s_j'

    存储 $\{s_j, a_j, s_j', R_j(s_j, a_j), Q_{j,\text{MainNet}}\}$ 到经验池 D_j 中

    依据 $L_j(\theta_j) = \left(y_j - Q_{j,\text{MainNet}}(s_j, a_j | \theta_j)\right)^2$ 对 D_j 的样本数据排序并采样

    依据 $y_j = R_j(s_j, a_j) + \gamma \max\limits_{a_j'} Q_{j,\text{TargetNet}}(s_j', a_j' | \theta_j)$ 得期望累积奖励值 y_j

    计算实际累积奖励值 $Q_{j,\text{MainNet}}(s_j, a_j | \theta_j)$

    计算损失函数 $L_j(\theta_j) = \left(y_j - Q_{j,\text{MainNet}}(s_j, a_j | \theta_j)\right)^2$

    更新 θ_j

    每 C 次迭代：

        赋值 $Q_{j,\text{TargetNet}} = Q_{j,\text{MainNet}}$

End While

本节提出了一种 E-IIRS 算法，在 IIRS 算法中引入经验池和优先扫描、MainNet 和 TargetNet 及启发式机制，旨在实现高效的、聚合的、智能的资源调度，以满足 5G 中用户多样化的需求，保障用户极致的体验。算法的输入包括决策主体 SBS、待调度的 UE、待分配的 RB、UE 的 QoS 需求，以及 UE 的环境参量，输出是为待调度 UE 决策的 RB 分配策略。执行 E-IIRS 算法前，初始化相关参数，包括 MainNet 的权重矢量 θ_j，并将 θ_j 赋值给 TargetNet、探索率 ε、折扣因子 γ、迭代次数 η、经验池

容量 V、迭代更新步数 C，以及指示权重 α。对于 $\forall j \in \mathcal{N}$，第 j 个 SBS 的初始状态为 s_0。在每个 TTI，对于 $\forall j \in \mathcal{N}$，第 j 个 SBS 首先通过 ε 贪婪算法决策动作。如果随机变量小于探索率 ε，第 j 个 SBS 依据引入启发式机制的决策资源调度动作 a_j^*。其次，依据 a_j^* 为其服务的用户分配 RB，执行分配后，获得该次 RB 分配的立即奖励 $R_j(s_j, a_j)$，即服务用户的 QoS 满意度，并观察下一状态 s_j'。将训练元组存入经验池 D_j 中，采用优先扫描方式采样。然后，使用 TargetNet 计算期望累积奖励值 y_j。进一步地，使用 MainNet 计算实际累积奖励值 $Q_{j,\text{MainNet}}(s_j, a_j | \theta_j)$。最后，计算损失函数 $L_j(\theta_j)$ 并更新 MainNet 以便于下一个 TTI 的 RB 分配。每 C 次迭代后，将 MainNet 的权重矢量赋值给 TargetNet。

3.5.4 仿真及结果分析

UE 传输不同的业务，并且具有不同的 QoS 需求。QoS 需求和 QoS 保障中考虑 2 种 QoS 指标，包括 GBR 和时延，因此 $F=2$。但本节考虑 4 种业务，分别为（$\overline{x_{i,\text{GBR}}} = 500\ \text{kbps}$，$\overline{x_{i,\text{时延}}} = 4\ \text{ms}$），（$\overline{x_{i,\text{GBR}}} = 400\ \text{kbps}$，$\overline{x_{i,\text{时延}}} = 4\ \text{ms}$），（$\overline{x_{i,\text{GBR}}} = 130\ \text{kbps}$，$\overline{x_{i,\text{时延}}} = 3\ \text{ms}$），（$\overline{x_{i,\text{GBR}}} = 240\ \text{kbps}$，$\overline{x_{i,\text{时延}}} = 2\ \text{ms}$）。考虑 3 种环境参量，包括业务到达率 λ、SINR 和待传业务个数，因此 $E=3$。相关的仿真参数基于 3GPP TR36.814 设置。路损模型采用 COST 231 Walfish-lkegami 模型，表示为 $\text{PL}(\text{dB}) = -35.4 + 26\lg(d) + 20\lg(f_c)$，其中，$d$ 表示距离，单位是 m，f_c 表示系统频率，单位是 Hz。具体仿真参数见表 3.11。

第3章 网侧智能资源调度

表 3.11 仿真参数

仿真区域	60 m×60 m
SBS 数量	4
UE 数量	7
每个 SBS 的 RB 数量	25
SBS 发射功率	30 dBm
天线增益	12 dB
系统频率	2.6 GHz
白噪声功率谱密度	−176 dBm/Hz
路损模型	$PL(dB) = -35.4 + 26\lg(d) + 20\lg(f_c)$
快衰落	瑞利衰落
CQI 上报模式	全带 CQI
MCS	QPSK/16QAM/64QAM
SINR 阈值	−5.1 dBm
探索率	0.95
迭代次数	4
迭代更新步数	20 ms
经验池容量	20
Rule( )	PF

本节从以下几方面介绍了 E-IIRS 算法的性能。

- 图 3.41 描绘了 E-IIRS 算法中不同 DNN 结构下用户不满意度随仿真时间变化图。

- 图 3.42 描绘了 E-IIRS 算法中不同指示权重下用户不满意度随仿真时间变化图。

- 图 3.43 描绘了 E-IIRS 算法中低业务场景不同折扣因子结构下用户不满意度随仿真时间变化图。

- 图 3.44 描绘了 E-IIRS 算法中高业务场景不同折扣因子结构下用户不满意度随仿真时间变化图。

- 图 3.45 描绘了低业务场景不同资源调度算法下用户不满意度随仿真时间变化图。

- 图 3.46 描绘了高业务场景不同资源调度算法下用户不满意度随仿真时间变化图。

图 3.41 所示为在业务到达率 $\lambda=0.5$，折扣因子 $\gamma=0.9$，迭代次数 $\eta=4$，指示权重 $\alpha=0.1$ 时，不同 DNN 结构下用户不满意度随仿真时间变化图。每隔 3 000 ms 做一次统计平均，用户不满意度是在用户数量和时间上的平均值。小规模 DNN 包含 70 层，每层平均有 40 个神经元；大规模 DNN 包含 120 层，每层平均有 60 个神经元。从图 3.41 中可以看出，使用小规模 DNN 和使用大规模 DNN 均在 3 000 ms 时收敛。当 E-IIRS 算法收敛后，使用小规模 DNN 的算法性能优于使用大规模 DNN 的算法性能。当时间为 3 000 ms 时，使用大规模 DNN 的用户不满意度为 0.001 50，而使用小规模 DNN 的用户不满意度为 0.001 25，后者与前者相比实现了 17%的性能增益。而且，与大规模 DNN 相比，小规模 DNN 的收敛趋势更平稳，尤其是在仿真时间增大时。主要是因为随着时间的增加，有限的样本数据使得大规模 DNN 过度学习数据特征产生了过拟合，导致 DNN 泛化能力变差，从而性能变差。

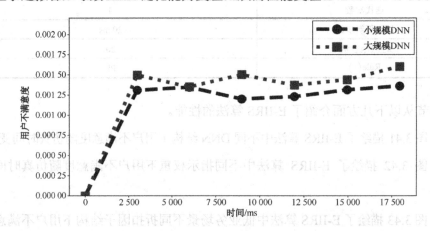

图 3.41　E-IIRS 算法中不同 DNN 结构下用户不满意度随仿真时间变化图

图 3.42 所示为在业务到达率 $\lambda=0.5$，折扣因子 $\gamma=0.9$，迭代次数 $\eta=4$，小规模 DNN 时，不同指示权重 α 下用户不满意度随仿真时间变化图。α 是 SBS 决策最优动作时启发式机制的权重。启发式机制中采用的算法为 PF 算法。$\alpha=0$ 意味着 E-IIRS 算法中启发式机制不起作用。为了更清晰地呈现曲线细节，图 3.42（a）中的

第 3 章
网侧智能资源调度

$\alpha = 0.1$ 和 $\alpha = 1$ 呈现如图 3.42(b)所示。当 $\alpha = 0$ 时,算法在 9 000 ms 后收敛;当 $\alpha \neq 0$ 时,算法在 3 000 ms 后收敛。当时间为 9 000 ms 时, $\alpha = 0$ 对应的用户不满意度为 0.05, $\alpha \neq 0$ 对应的用户不满意度为 0.001 5,后者相比于前者用户不满意度降低了。因此,可以得出结论,启发式机制可以有效加快收敛速度和提升用户体验。此外,从图 3.42(b)中可以观察到, $\alpha = 1$ 的性能优于 $\alpha = 0.1$ 的性能,这是因为 α 越大时启发式机制的影响作用越大。然而,过度的指导可能丧失 DRL 本身的探索和学习能力,无法实现更高的增益。因此,在其他仿真中, α 被设置为 0.1。

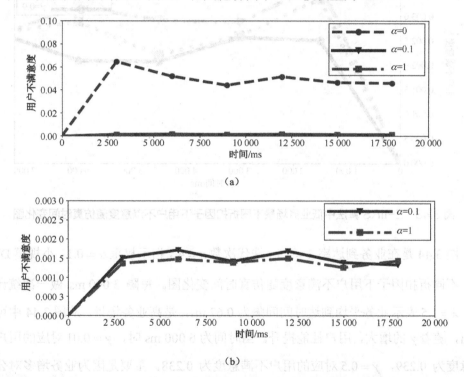

图 3.42 E-IIRS 算法中不同指示权重下用户不满意度随仿真时间变化图

图 3.43 是在业务到达率 $\lambda = 0.5$,迭代次数 $\eta = 4$,指示权重 $\alpha = 0.1$,小规模 DNN 时,不同折扣因子下用户不满意度随仿真时间变化图。每隔 1 500 ms 做一次统计平均,用户不满意度是在用户数量和时间上的平均值。 $\lambda = 0.5$ 表示业务平均到达时间

间隔为 2 ms,是低业务场景。从图 3.43 中可以看出,随着 γ 的增大,用户性能提升。当时间为 1 500 ms 时,$\gamma = 0.2$ 对应的用户不满意度为 0.003 7,$\gamma = 0.5$ 对应的用户不满意度为 0.003 4,$\gamma = 0.9$ 对应的用户不满意度为 0.002 5。主要是因为当 γ 越大时,相当于潜在加强了经验池的作用,可以快速学习到有助于保持性能长期稳定的资源调度策略。

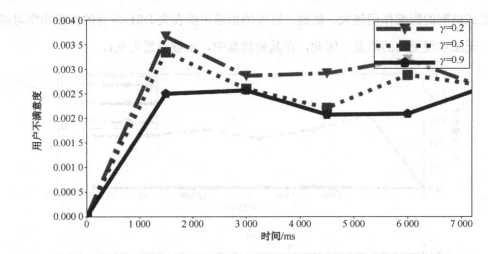

图 3.43　E-IIRS 算法中低业务场景不同折扣因子下用户不满意度随仿真时间变化图

图 3.44 是在业务到达率 $\lambda = 1.5$,迭代次数 $\eta = 4$,指示权重 $\alpha = 0.1$,小规模 DNN 时,不同折扣因子下用户不满意度随仿真时间变化图。每隔 3 000 ms 做一次统计平均。$\lambda = 1.5$ 表示业务平均到达时间间隔为 0.67 ms,是高业务场景。从图 3.44 中可以看出,随着 γ 的增大,用户性能提升。当时间为 6 000 ms 时,$\gamma = 0.01$ 对应的用户不满意度为 0.239,$\gamma = 0.5$ 对应的用户不满意度为 0.238。主要是因为业务增多对公平性的需求增大,注重立即收益难以满足长期性能,因此 γ 越大,性能越好。相比于图 3.43,图 3.44 的用户不满意度更高,这是因为高业务场景下,过多的业务和有限的资源之间的矛盾造成用户业务堆积,从而造成用户不满意度升高。

图 3.45 是在业务到达率 $\lambda = 0.5$,迭代次数 $\eta = 4$,折扣因子 $\gamma = 0.9$,指示权重

第 3 章
网侧智能资源调度

$\alpha = 0.1$，小规模 DNN 时，不同资源调度算法下用户不满意度随仿真时间变化图。其中，对比算法思想分别如下。

- Max C/I 表示传统的 Max C/I 用户调度和频分调度算法。
- IIRS 表示所提出的基于 DRL 的一体智能资源调度算法。
- 非一体化资源调度（Non-Integrated Resource Scheduling，NIRS）表示智能用户调度和频分调度算法，即采用 DRL 依据用户 QoS 需求在 PF、Max C/I 和 RR 中智能选择每个 TTI 适用的用户调度规则，然后采用频分调度分配 RB。
- E-IIRS 表示本节提出的增强型一体智能资源调度算法。

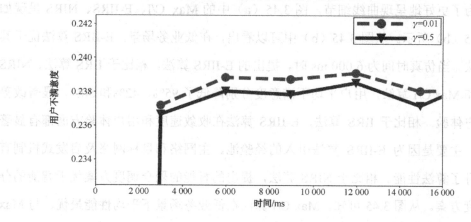

图 3.44 高业务场景不同折扣因子下用户不满意度随仿真时间变化图

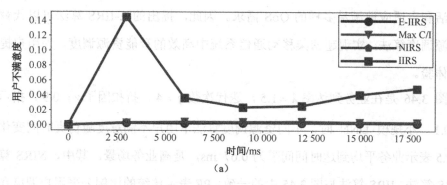

(a)

图 3.45 低业务场景不同资源调度算法下用户不满意度随仿真时间变化图

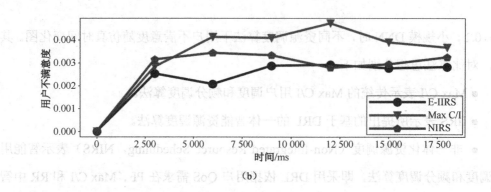

图 3.45 低业务场景不同资源调度算法下用户不满意度随仿真时间变化图（续）

为了更好地呈现曲线细节，图 3.45（a）中的 Max C/I、E-IIRS、NIRS 呈现如图 3.45（b）所示。从图 3.45（b）中可以看出，在低业务场景，E-IIRS 算法优于其他算法。当仿真时间为 6 000 ms 时，提出的 E-IIRS 算法，相比于 IIRS 算法、NIRS 算法和 Max C/I 算法，用户平均不满意度分别降低了 95%、42% 和 50%，显著改善了用户体验。相比于 IIRS 算法，E-IIRS 算法在收敛速度和用户体验方面都有显著提升，主要是因为 E-IIRS 算法引入的经验池、主网络和目标网络及启发式机制有效提升了算法性能。相比于 NIRS 算法，提出的智能的聚合调度方案优于智能的分离调度方案。从图 3.45 可知，Max C/I 算法在低业务场景下平均性能最优。与 Max C/I 算法相比，E-IIRS 算法优于传统调度算法。主要是因为提出的 E-IIRS 算法可以更灵活和自适应地满足多样的 QoS 需求。因此，提出的 E-IIRS 算法可以代替传统的资源调度算法，实现超密集移动通信系统中高效的智能资源调度，为用户提供更优的体验。

图 3.46 是在业务到达率 $\lambda=1.5$，迭代次数 $\eta=4$，折扣因子 $\gamma=0.9$，指示权重 $\alpha=0.1$，小规模 DNN 时，不同资源调度算法下用户不满意度随仿真时间变化图。$\lambda=1.5$ 表示业务平均到达时间间隔为 0.67 ms，是高业务场景。其中，NIRS 算法、E-IIRS 算法、IIRS 算法与图 3.45 中的一致，PF 表示传统的比例公平用户调度和频分

调度算法。为了更好地呈现曲线细节,图 3.46(a)中的 PF、E-IIRS、NIRS 呈现如图 3.46(b)所示。从图 3.46(b)中可以看出,在高业务场景,E-IIRS 算法优于其他算法。当仿真时间为 18 000 ms 时,提出的 E-IIRS 算法,相比于 IIRS 算法、NIRS 算法和 PF 算法,用户平均不满意度分别降低了 15%、2%和 1%。而且,可以观察到,相比于其他算法,E-IIRS 算法更加稳定。与低业务场景一致,相比于 IIRS 算法,E-IIRS 算法在收敛速度和用户体验方面都有显著提升。相比于 NIRS 算法,E-IIRS 算法实现了聚合增益。从图 3.46 可知,PF 算法在高业务场景平均性能最优。与 PF 算法相比,E-IIRS 算法在高业务场景中也优于传统调度算法。因此,无论在低业务场景,还是高业务场景,提出的 E-IIRS 算法均呈现良好的性能,可以代替传统的资源调度算法,实现超密集移动通信系统中高效的智能资源调度,为用户提供更优的体验。

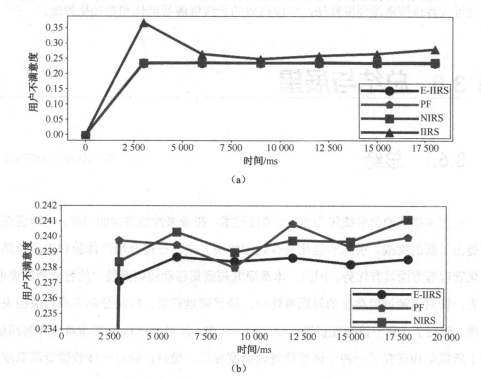

图 3.46 高业务场景不同资源调度算法下用户不满意度随仿真时间变化图

3.5.5 小结

本节主要针对 IIRS 算法存在的收敛速度慢和性能不优等问题,研究了基于 DRL 的增强型一体智能资源调度方法,实现了高效的无线资源自动化管理。首先,分析了 IIRS 算法中存在的问题及原因;其次,针对存在的问题,在 IIRS 算法中引入了经验池、MainNet 和 TargetNet,设计了启发式机制,旨在加速收敛和提升性能;再次,提出了一种 E-IIRS 算法;最后,通过仿真验证了算法性能。无论在低业务场景,还是高业务场景,E-IIRS 算法均呈现了良好的性能增益。相比于现有的智能用户调度算法,E-IIRS 算法实现了模块聚合增益。而且,在 5G 超密集移动通信系统中,E-IIRS 算法可代替传统资源调度算法,实现高效的无线资源智能化和自动化管理。

3.6 总结与展望

3.6.1 总结

超密集移动通信系统作为 5G 的关键技术,在带来性能增益的同时,也对资源调度提出了新的挑战。引入智能化是有效的解决方式,在提升用户体验和实现资源自动化管理等方面具有优势。因此,本章研究超密集移动通信系统中的智能资源调度。首先,针对资源调度存在的问题难建模、最优解难获取、模块分离造成增益损失等问题,研究了一种一体智能资源调度架构。其次,针对用户 QoS 需求难保障等问题,基于所提架构研究了一种一体智能资源调度算法。最后,针对一体智能资源调度算法存在的收敛慢和性能差等问题,研究了一种增强型一体智能资源调度算法。旨在

第 3 章
网侧智能资源调度

设计智能的资源调度器，实现高效的无线资源自动化管理，推动智能化在 5G 中的发展，提升用户体验。

智能协作调度部分首先分析了边缘用户面临的挑战，并针对边缘用户体验差的问题，提出了一个以用户为中心的方案，包括下行传输调度和功率控制，旨在提升边缘用户性能。具体方法是，首先提出一个分布式动态传输调度方案，该方案将近邻传播算法应用于传输调度方案，从而提升资源管控灵活度。其次，利用纳什议价解合作博弈建模了功率控制方法以提升用户的公平性，进而设计了兼顾吞吐量与传输时延的效用函数，并且证明了该函数存在唯一的纳什均衡解。最后，通过仿真验证了本章所提的智能协作调度方案，使用户性能显著提升。

一体资源调度部分首先概述了超密集移动通信系统和资源调度的技术原理，阐明了资源调度的挑战及引入智能化的必要性，回顾了资源调度研究现状，以及与本章研究的区别。另外，针对由于业务多样性和网络动态性等导致的问题难建模、全局最优难获取、用户需求难保障等挑战，采用 DRL，面向用户体验，提出了智能的资源调度算法，并验证了算法可行性和有效性。

本章创新点包括以下方面。

（1）传输调度算法是依据用户接收基站的信道状态信息进行调度的，每次都根据信道状态信息更新各个链路质量参数，从而实现实时动态资源调度，避免了因信息更新不及时而对信道状态判断不准确的难题。

（2）传输调度算法引入近邻传播算法，使得传输调度算法在分簇的过程中不需要提前输入与聚类个数及大小相关的参数，使得分簇的灵活性大幅度提升，也突破了人工设置门限值的限制。

（3）利用纳什议价解博弈算法建模功率分配问题，在优化了用户传输速率，降低传输时延的同时，也提高了用户间的公平性。

（4）效用函数设计同时兼顾用户的传输时延与吞吐量指标，满足多指标需求是未来通信网络的发展方向。

（5）一体化的架构：基于现有资源调度模型设计了聚合用户调度模块和资源分配模块的一体智能架构，实现资源自动化管理。

（6）QoS 驱动的 IIRS 算法：基于 DRL 设计了用户异构 QoS 需求驱动的 IIRS 算法，通过利用多种 QoS 指标，如 GBR 和时延等，表征用户的 QoS 满意度，进而表征资源调度效率，实现用户体验最大化。

（7）高效的 E-IIRS 算法：通过引入 MainNet 和 TargetNet、经验池和优先扫描及启发式机制，设计了高效的 E-IIRS 算法，实现了收敛速度和用户体验的显著提升。

（8）实际的仿真平台：在 Python 和 Simpy 构建的实际平台上验证了所提算法的可行性和有效性。因此，所提算法在真实环境中也是适用的。

3.6.2 展望

本章针对 5G 超密集移动通信系统中的资源调度问题，设计了相应的资源调度算法，以提升用户体验。但本书仍存在以下不足，需要进一步研究。

（1）本章在系统模型中假设用于降低 SBS 间干扰的频谱分配已经完成，并基于此，将 SBS 间的干扰当作噪声。但超密集移动通信系统中干扰也是影响性能的主要因素，因此，如何进一步降低干扰造成的性能损耗是未来待研究的关键问题之一。

（2）本章考虑了 SBS 内采用正交分配，但非正交分配在提升频谱效率和接入更多用户方面有显著优势。因此，如何设计非正交分配机制下的智能调度算法是未来待研究的关键问题之一。

（3）本章设计的智能调度算法主要应用场景为 eMBB，如何结合 URLLC 场景和 mMTC 场景设计综合的调度算法是未来待研究的关键问题之一。

（4）智能协作调度研究方面下一步可以研究将超密集移动通信系统与边缘计算相结合作为减少 CoMP 系统中回程压力的重要手段的方案。

第 4 章

端网协同智能切换

4.1 渐入佳境——引言

人类社会每一个前后交替的跃升发展时期，都伴随着开创性技术的驱动力所带来的社会变革，而"沟通交流"一直是人类的长期诉求，移动无线通信技术的诞生和进步，为信息化时代的发展做出了重大贡献。尤其是近年来，随着移动无线通信的快速发展，逐渐实现了在社会生活中不受限于空间和时间的沟通交流与信息交互。

4.1.1 研究背景与研究意义

随着移动无线通信技术的迅速发展，用户设备的数量剧增，出现了不同的场景的需求和用户个性化的业务需求。一方面，用户设备不再仅由单个运营商或者单个网络提供服务，出现了多种无线接入技术（Radio Access Technology，RAT）共存的状况。而且，用户的需求也是随时变化的，可以选择接入具有更低的端到端时延、

人工智能
超密集移动通信系统

更高的传输速率和更可靠稳定的网络。另一方面，多种新兴的网络服务，如虚拟现实、8K 视频等，对网络带宽、延迟和可靠性等方面提出了更高的要求。用户日益复杂多变的业务需求难以通过单一的 RAT 系统得到满足，这将导致移动无线网络将由各种重叠的网络组成，形成包括 5G 新空口（New Radio，NR）、4G LTE 等多种 RAT 在内的异构网络。不同的 RAT 系统具有不同的网络覆盖能力，在网络的可用资源、使用成本、移动性支持和 QoS 保障等方面存在一定的差异性。在异构无线网络（Heterogeneous Wireless Network，HWN）中，将会有大量不同类型的基站部署，如宏小区、微小区和微微小区基站等，它们将有助于增强系统容量和网络覆盖范围，从而改善移动网络的连通性、可靠性和稳定性。

通过网络切换技术，UE 可以在无线网络覆盖范围内移动并接入其他网络，同时维持通信服务的连续性。用户设备的切换可以在 RAT 内或在 RAT 之间进行。在传统的移动通信中，UE 是基于信号接收强度进行网络切换的，大多发生在具有相同 RAT 系统的基站之间，而在多种 RAT 并存的 HWN 环境中并不适用。例如，在不同系统的基站之间进行垂直切换。此外，由于这种方法接收信号的时变特性容易导致乒乓切换，不仅不能有效地决策出满足用户当前业务需求的最佳网络，还容易增加终端的功耗，在用户体验和网络质量保障方面效果欠佳。

因此，考虑 5G 网络的高度异构性和超密集性，使用有效的网络切换算法至关重要。在这种情况下，面对未来多种 RAT 并存的 HWN 和千行百业的业务需求，传统的网络切换技术不能对用户和其需求进行精确建模，无法个性化地适配用户业务，并且可能导致网络资源难以有效利用的问题。在兼顾用户 QoS 需求和网络效率的情况下，如何选择最匹配的网络为用户提供服务，是 HWN 中需要解决的关键问题之一。由此，本章研究用户业务驱动的网络切换方法，使移动终端能根据用户的业务类型、习惯偏好和网络态势信息等，有效地选择接入最匹配的网络，以保障通信服务的稳定性，减少频繁切换，提升通信性能指标，为用户提供个性化的业务体验。

第 4 章
端网协同智能切换

4.1.2 国内外研究现状

随着移动无线通信行业的迅猛发展，移动通信网络呈现异构融合的趋势，多个无线接入网并存，往往覆盖相同的一片区域。同时，多种新型网络业务也不断涌现。不同类型的业务对移动网络的 QoS 需求不同，不存在某一个网络可以满足所有类型的用户业务需求的情况，因此需要对 HWN 进行整合。当用户处于多个异构无线网络覆盖的区域中时，UE 如何根据各种可用信息进行有效的网络选择，是要解决的关键问题，这属于无线资源管理的范畴。一个合理的网络选择方法往往要考虑多个因素，进而选择综合效益最好的网络，这可以提升用户的服务质量和业务体验，并帮助网络高效分配资源。近来年，国内外已经有许多学者对 HWN 下的切换方法进行了研究，本章介绍并总结了几种典型的网络切换方法。

4.1.2.1 基于接收信号强度的网络切换

传统的基于接收信号强度（Received Signal Strength，RSS）的网络选择方法，通常就是基于单一测量指标的网络选择方法，由于其判决条件简单易用且有一定合理性，该方法最早被提出并被应用到各类无线移动网络的协议标准中。目前，在 4G LTE 和 5G NR 中，UE 的小区选择、小区重选及网络切换，通常都是基于各种 RSS 的网络选择方案的。其中，常用的 UE 测量参数有参考信号接收功率（Reference Signal Receiving Power，RSRP）、参考信号接收质量（Reference Signal Receiving Quality，RSRQ）和信号干扰噪声比（Signal to Interference plus Noise Ratio，SINR）等。UE 将候选网络中测得的 RSS 与当前服务网络的 RSS 进行对比，并参照协议标准规定的门限值进行决策，从而判断是否需要切换或重选网络。例如，小区选择的"S 准则"、小区重选的"R 准则"，以及由协议标准定义的与小区切换相关的测量事件和对应的切换触发条件等。在 4G 系统中，空口测量由 UE 和基站共同完成，基站配置好测量参数,并通过无线资源管理(Radio Resource Control,RRC)信令发送给 UE。UE 则根据测量配置执行测量,只要满足要求就会触发测量上报。在 5G NR 系统中,小区选择、小区重选及切换的流程与 4G LTE 的流程基本类似,主要在测量事件与其取值范围、触发条件等方面有所区别。

基于 RSS 的切换一般发生在同构网络之间,但是并不适用于不同功能架构和技术特性支撑的 HWN 环境。不同 RAT 系统的功能和特性并不能直接用于比较。因此,传统的基于 RSS 的网络切换方法并不适用于 HWN 的垂直切换。另外,虽然这种基于单一空口指标测量值做出网络选择决策的方法在一定程度上可以保障用户和基站的可靠连接,但是由于判决因素单一,忽略了包括基站负载率在内的因素对 UE 切换的影响,考虑得相当不全面,因此选网的准确性较差。

例如,在以下几个典型的场景中,传统的基于 RSS 的网络选择方案表现出了明显的局限性:①干扰小区场景:存在 RSRP 好但 SINR 差的小区,即 UE 信号强度显示为良好的小区,实际上周围小区的干扰严重,如果仅依据 RSRP 选网,会较大地影响用户的业务体验。②重负载小区场景:在用户密集的场所,如果仅根据 RSRP 选网会导致大量 UE 就近接入基站,一方面会引起该基站的重负载状况,造成网络拥塞,严重影响用户的业务体验;另一方面,在较远处的基站则可能处于畅通或空闲的状态,造成网络资源分配的不均匀。③用户位于小区边缘或多小区覆盖的热点区域场景:用户周围可能存在多个链路质量相近的基站,或者存在多个小区覆盖,UE 会频繁地进行测量,若仅考虑单一属性进行网络选择,则很容易导致 UE 出现乒乓重选或乒乓切换的现象,造成通信服务的中断或卡顿,并且 UE 的功耗增加,用户的业务体验严重下降。

4.1.2.2 基于智能算法的网络切换

目前,国内外提出的 HWN 切换方法中有许多是采用智能优化的算法及机器学习

第4章 端网协同智能切换

等近些年较为热门的算法,一般其目标是根据算法最大化 UE 每次连接的期望总回报值。例如,陈娟敏等人研究了一种改进型的鸡群算法,并将其应用到 HWN 场景中选择接入最佳网络。在选网决策中,潘志远等人借助粒子群算法来获得网络指标的权重,研究了一种基于终端侧的异构网络选择算法。

在将机器学习应用到通信领域的网络选择问题的研究中,一般需要先收集原始数据用于训练模型,再将实时采集的数据作为 UE 选网决策的输入,经过模型的计算后得出网络选择的结果。在用户业务需求随机变化和网络环境复杂多变的场景下,李旺红等人将机器学习应用到了 HWN 选择当中,提出了一种低算法复杂度的基于决策树的网络选择算法,结果表明能有效提升用户业务的服务质量。针对 HWN 中 UE 的切换问题,钱志鸿等人考虑了用户的业务类型和网络的状态,利用蜻蜓算法优化了模糊神经网络的收敛速度。基于此算法的仿真结果表明,网络吞吐量得到了优化,系统阻塞率和 UE 的切换次数也相应地降低了。Semenova 等人在 5G 异构网络中应用神经模糊控制器,以改善切换过程,他们考虑了控制器的规则库和数学模型,提出一种基于模糊逻辑和神经网络的异构网络切换机制,神经模糊系统将决定候选的网络是否适合切换。但是,由于必须考虑标准,在移动网络中执行切换决策可能会非常复杂。为了改进切换决策的操作,他们还开发了具有多种标准的异构 5G 网络模糊控制器,并使用基于自适应网络的模糊推理系统以降低 5G 异构网络中的切换失败率,提高服务质量。

针对基于神经网络的切换算法存在场景适应能力差及计算耗时性高的问题,马彬等人将神经网络和用户业务类型结合,根据 UE 接收到的 RSS 对网络进行筛选,接着根据业务类型对网络参数进行整理,然后将其输入神经网络模型,最后输出待选网络中最佳的目标。

近年来,强化学习也被广泛应用到移动通信中,它可以根据用户的实时反馈,动态地调整学习模型的经验库,不断地更新迭代,以适应复杂多变的网络环境,从而决策出最佳的网络选择。王铎等人对 HWN 中的接入管理问题进行建模，提出了一种基于 Q-learning 和深度 Q 网络的 HWN 接入算法，同时考虑用户的服务质量和体验质量，根据所定义的归一化多属性奖励值函数对强化学习过程中用户的网络切换动作进行反馈。

4.1.2.3 基于移动性管理优化的网络切换

移动性管理是针对 UE 在通信业务过程中其所处位置发生变化而进行相关管理的技术，其目的在于为移动中的 UE 提供可靠、持续的网络通信连接（如预先切换、平滑切换等）。因此，UE 在 HWN 环境下的切换也属于移动性管理的一部分。目前，国内外也有不少针对 UE 移动性管理优化的网络选择方法的研究。

Alhammadi 等人针对 4G 和 5G 共存的异构网络中 UE 的移动性管理，提出了动态切换控制参数（Handover Control Parameter，HCP）算法，并将针对不同用户移动速度场景所配备的不同 HCP 设置进行了比较，结果表明该算法降低了乒乓切换和无线链路故障的可能性，提高了网络性能。在这之后，在考虑了信号干扰噪声比、服务基站和目标基站的业务负载及 UE 的移动速度的基础上，Alhammadi 等人提出了一种加权模糊自优化方法来优化 HCP，从而大大降低了移动性管理中出现乒乓切换、切换失败或无线链路故障的概率。李贵勇等人基于隐马尔可夫模型，研究了用户的移动规律，提出了 5G 双连接 HWN 中的预切换方法，以降低切换失败的概率，同时减少由小区切换引起的时延。类似地，Mumtaz 等人将异构蜂窝系统建模为马尔可夫决策过程，提出了一种移动性管理算法来执行 4G 和 5G 之间的切换，并利用了双连接的优势，相比传统的硬切换，该切换能有效减少切换中断次数。Baynat 等人也研究了用户的小区内移动和小区间移动对 4G 和 5G 蜂窝网络性能的影响，他们通过一个简单的移动性模型来捕获用户在一个小区内及两个小区之间的移动性，模型结果证实移动性可以同时改善用户和小区的性能，并能根据用户速度来量化收益。刘国

第 4 章
端网协同智能切换

旭等人则从 4G LTE 系统中的自组织网络功能出发,提出了一种基于移动健壮性优化的 UE 级乒乓切换解决方案,既能有效缓解端侧的乒乓切换,又能提高网络吞吐量。

5G 应对流量负载和连接设备的爆炸性增长时,要做到可靠地减少延迟,特别是,UE 的无缝移动性对于实现低延迟切换至关重要。Choi 等人提出了一种通用的无随机接入信道的切换方案,以实现 UE 的无缝移动性而无须进行网络同步。仿真结果指出,该方案在不需要同步网络和不了解 UE 结构变化的情况下,能够将切换执行时间最小化。与 3GPP 标准中的切换方案相比,该方案显著地减少了切换的等待时间。

根据移动性来辅助和优化选网算法也是研究方向之一。有研究者提出了一种基于软件定义网络(Software Defined Network,SDN)的切换方案,可以满足 5G 网络中用户连续连接服务的要求,即将延迟控制在 1 ms 以内。SDN 控制器从 UE 收集用户移动信息和基站状态信息,并使用处理后的数据选择下一个小区。可以使用线性规划思想来减少小区选择中的计算量,并将信道预先分配给所选小区,从而减少了切换所需的时间,为用户提供了快速无缝的服务。仿真结果表明,该方法能够利用 UE 的移动信息、停留时间和小区的负载合理地选择 UE 移动方向上的下一个切换小区,并可以省略不必要的信道分配过程。

4.1.2.4 基于多属性决策的网络切换

由于移动用户对网络接入的响应时间和接入决策的准确性提出了更高的要求,针对移动性等较为单一因素的优化算法已经很难解决 5G 超密集异构网络下的切换问题。在现有的 HWN 环境中,当 UE 能接收到多个 RAT 信号时,往往需要在多个决策因素下做出最优的选网决策。因此,基于多属性决策的网络切换方法已经在 HWN 环境中得到了广泛的研究和应用。

针对传统选网算法难以满足用户 QoS 需求的问题,王晓莉等人设计了多种 RAT 并存的系统模型,提出了一种基于灰色关联分析法(Grey Relation Analysis,GRA)

的异构网络切换算法。通过判定接入损耗、接入代价、吞吐量及网络负载等参数，为处于 HWN 覆盖区域内的 UE 选择可接入的最佳网络。实验结果表明，该算法能提升网络性能，并提高用户的满意度。针对当前 HWN 中垂直切换算法存在频繁切换和 QoS 难以满足实际需求的问题，闫丽等人建立了 HWN 的性能评价体系，评价指标的权重值由 GRA 计算得到，通过马尔可夫决策过程预测 HWN 的状态，从而选择最佳的网络接入。仿真测试结果表明，该算法缓解了频繁切换的发生，提高了用户服务质量和满意度。

在 HWN 环境中，综合考虑网侧和端侧参数的垂直切换算法的权重往往难以确定。基于模糊逻辑的理论，马彬等人提出一种分级的垂直切换算法，在网络性能得到保障的同时，还减少了系统的延迟。通过将模糊逻辑的理论应用到多属性决策中，张媛媛等人提出了一种基于业务 QoS 需求的网络切换算法。杨强等人也将模糊理论应用到异构专网的选择算法研究中，提出了一种基于参数模糊的多属性决策异构专网选择算法。

魏彬彬等人将前景理论引入到 HWN 的多属性垂直切换算法的研究中，并结合综合权重来选出最优网络。也有研究者提出了一种在 5G 异构网络下的多属性小区切换方案，该方案是考虑网络特征、服务类型和用户喜好而得出的一种最佳权重选择算法，这些权重用于具有优化网络候选列表的直觉梯形模糊切换方案中，其结果从网络吞吐量、延迟和切换时间等方面验证了所提出的切换技术的性能增益。赵慧等人联合了筛选算法和多属性决策，考虑业务的 QoS 需求和系统的约束条件，以最大化切换效率为目标，在候选网络中优化网络选择和带宽资源分配的问题。在多属性决策理论的基础上，魏帅等人提出了一种基于理想灰度投影的网络选择算法，在选择目标网络的同时兼顾了用户偏好和网络性能。针对普通的多属性决策算法可能导致的资源或性能不均衡的问题，陈智雄等人考虑了业务特点、用户偏好及实际网络属性，基于结构熵权和惩罚性变权提出了一种动态的网络选择算法，能有效地平衡小区负载,兼顾网络和用户的性能收益,降低网络阻塞率。

朱安琪等人介绍了一种基于进化博弈的 5G 网络选择算法,通过层次分析法(Analytic Hierarchy Process,AHP)分析用户的业务需求,并考虑用户接入网络的代价。结果表明该算法提高了 UE 的平均能效,降低了时延和丢包率,提升了用户体验。陈香等人通过引入效用函数以反映各种业务需求,提出了基于增强型逼近理想解排序法(Technique for Order Preference by Similarity to Ideal Solution,TOPSIS)的异构网络选择算法。仿真结果表明,该算法能改善待选网络排名异常的情况,并缓解频繁切换的现象。针对常用于计算网络指标权重的 AHP 存在主观性太强的问题,肖杰等人提出了一种基于贝叶斯估计的赋权法,既考虑了用户的偏好,也减少了主观性过强对判决结果的影响,他们还提出了用改进型 TOPSIS 算法来缓解传统算法导致的乒乓效应,减少了不必要切换的次数,降低了 UE 功耗。

综上所述,可知以下结论。

(1)基于 RSS 等单一决策指标的网络切换算法具有简单易行的优点,但是并不能准确体现用户的业务偏好和实际需求,具有一定的片面性。一方面,由于 RSRP 和 RSRQ 等参数的时变特性,在 HWN 环境中很容易受到干扰的影响,可用性和实际效果较差;另一方面,异构网络中,不同 RAT 系统的 RSS 取值存在差异,因此可比性也较差。此外,该方法也并不适用于干扰小区、重负载小区和边缘小区等典型场景,存在较大的局限性。

(2)基于智能优化算法的网络切换方法针对特定场景问题具有良好的性能,但是其适应能力一般较差,并且计算耗时性较高。尤其是基于监督学习的算法往往需要大量的训练数据样本,并且模型训练时间较长,机器学习的耗时性与移动通信的即时性之间需要平衡。另外,类似人工神经网络的算法模型机理复杂,解释性较差,而且计算量很大,易占据 UE 的计算资源而导致功耗较高。

(3)基于移动性管理优化的网络切换方法,在选网决策属性的涉及面较窄,一般针对 UE 的移动性管理进行网络切换的优化，或者利用 UE 的移动性信息来辅助网络选择。缺少对网络全局属性的考量，由于没有考虑用户的业务类型和体验需求等，决策结果不一定能保证是最优的。

（4）基于多属性决策的网络切换方法，将多种网络属性对选网性能的影响纳入考量，但未充分考虑网络态势信息的动态变化对移动用户业务、网络收益函数和切换判决条件等方面的影响。其中，部分方法还未重视不同用户对网络服务质量和业务体验的不同偏好，存在网络属性的权重主观性太强的问题。此外，部分方法还容易出现待选网络排名异常的情况，导致可能因错误的判决引起频繁切换的问题。

4.2 初露锋芒——基础理论

4.2.1 异构无线网络的概念

异构网络是指将具有不同操作系统的各种网络节点连接起来的网络集合。同时，针对各种 RAT 系统，异构网络的概念也适用于移动无线网络。例如，4G LTE 异构网络研究中的载波聚合技术，指的是在为 4G 网络分配频谱时，运营商需要将各种小频段组合在一起，以提供 4G LTE 所需的整体带宽。

随着移动无线通信技术的迅速发展，用户设备的数量剧增，出现了不同的场景需求和用户个性化的业务需求。具有单一 RAT 的无线通信系统将难以满足用户的业务体验需求，这会导致移动无线网络由各种重叠的网络组成，形成包括 4G 和 5G 在内的 HWN。由于不同 RAT 系统具有不同的覆盖范围，在网络的可用带宽、资费水平、UE 移动性支持和 QoS 保障等方面存在一定的差异性。不同 UE 所支持的网络制式不同，接入能力的差异性和网络环境的复杂多变性等条件，共同形成了 HWN 的异构性。在 HWN 中，将会有大量不同类型的基站部署，如宏小区、微小区和微微小区基站，它们将有助于增强系统的整体容量和网络覆盖范围，从而改善 HWN 的连通性、可靠性和稳定性。

5G 本身就具有高度的异构性和超密集性，特别是在 5G NSA 架构的部署中，5G 无线接入网与 4G LTE 的演进分组核心网基础架构（即 4G 接入网和 4G 核心网）是结合起来使用的。例如，5G 基站可以作为微小区基站，4G 基站可以作为宏小区基站，如图 4.1 所示。本节主要研究的是以 4G 和 5G 为主的异构移动蜂窝网络下用户业务驱动的网络切换方法。

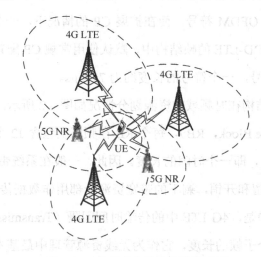

图 4.1　4G 和 5G 异构部署的场景

4.2.2　4G/5G 的帧结构和物理资源

4.2.2.1　4G 帧结构和物理资源

4G LTE 的空口中系统规定了无线帧作为通信信号传输的载体，其帧结构分为两种，即分别用于 FDD 和 TDD 双工模式下的帧结构。由于本节仿真实验中所设计的

人工智能
超密集移动通信系统

4G 基站的工作方式为 FDD 双工模式，因此主要介绍 FDD-LTE 的帧结构。

4G LTE 采用正交频分复用（Orthogonal Frequency Division Multiplexing，OFDM）技术调制，其子载波间隔（Subcarrier Spacing，SCS）固定为 15 kHz。4G LTE 的一个无线帧的长度为 10 ms，其可分为 10 个子帧，每个子帧又分为两个时隙。其中，每个时隙中包含若干个连续的 OFDM 符号。然而，多径干扰会影响子载波之间的正交性，从而导致符号间干扰。

为了克服符号间干扰，则需要在 OFDM 符号之间加入循环前缀（Cyclic Prefix，CP）。根据协议中考虑实际情况而规定的 CP 配置方式，在常规 CP 的情况下，一个时隙内可以传输 7 个 OFDM 符号。而在扩展 CP 的情况下，一个时隙内可以传输 6 个 OFDM 符号。在 FDD-LTE 的帧结构中，默认使用常规 CP 配置，即每个时隙对应 7 个连续的 OFDM 符号，一个符号的长度约为 71.4 μs。

4G LTE 无线帧结构在时频域的资源划分情况如图 4.2 所示。最小的调度资源单位是资源块（Resource Block，RB），每个 RB 在频域上包含 12 个子载波，在时域上包含 7 个 OFDM 符号，即一个时隙的长度。因此，一般在系统带宽为 20 MHz 的 4G 小区中，除去系统预留和开销，剩下的带宽资源全部用作数据传输，则共有 100 个可用 RB。需要注意的是，4G LTE 中的传输时间间隔（Transmission Time Interval，TTI）为 1 ms，即一个子帧的长度，它作为无线资源管理中最基本的时间单位，也被称为最小调度时间单位。因此，在一个 TTI 内，包含了两个 RB 的时间长度，每次调度 RB 都是成对出现的。

在 RB 网格上的每个元素被称为资源粒（Resource Element，RE），它是 4G LTE 中最小的物理资源。一个 RE 可以存放一个调制符号，而调制方式决定了一个调制符号能传输多少比特的数据。例如，在正交振幅调制（Quadrature Amplitude Modulation，QAM）中，一个 64QAM 的 RE 能存放 6bit 数据，其他情况以此类推。

第 4 章
端网协同智能切换

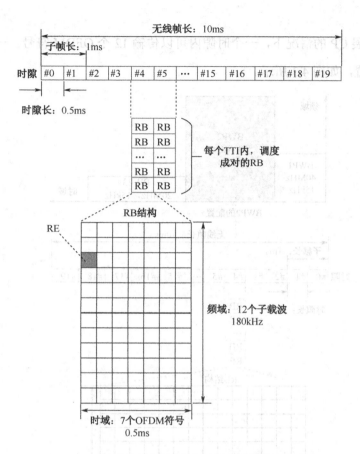

图 4.2 4G LTE 无线帧结构在时频域的资源划分情况

4.2.2.2 5G 帧结构和物理资源

相比 4G LTE 固定的空口配置，5G NR 有一套动态的空口参数集。通过不同的系统参数配置，可以适配不同的应用场景。在 5G NR 中，SCS 不同于 4G 固定为 15 kHz，而是动态可变的。但是，一个 RB 在频域上仍然对应 12 个子载波，并且无线帧和子帧的长度与 4G 保持一致。因此针对不同的 SCS 配置，每个子帧所包含的时隙数是不同的，而每个时隙则固定包含若干个 OFDM 符号。与 4G 类似，5G 也需要在 OFDM 符号之间加入循环前缀。在常规 CP 的情况下，一个时隙内可以传输 14 个 OFDM 符号。而在扩展 CP 的情况下，一个时隙内可以传输 12 个 OFDM 符号。一般默认使用常规 CP 配置，如图 4.3 所示。

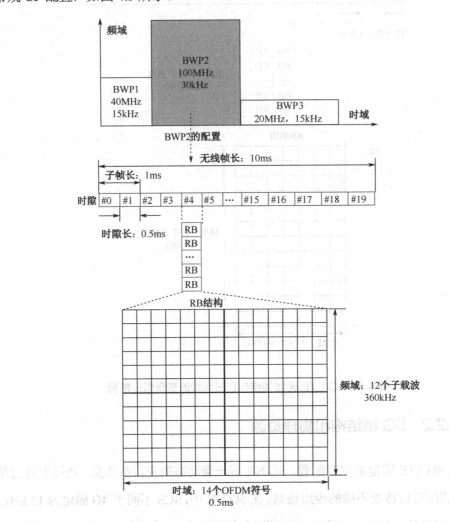

图 4.3　5G NR 无线帧结构和时频域资源划分

另外，在 5G NR 中，带宽自适应变化（Bandwidth Part，BWP）是一项重要的技术，不同的 BWP 可以采用不同的参数集，即不同的 SCS 值（也等于子载波带宽的值）

第4章 端网协同智能切换

变成了可配置的,其值决定了每个时隙的长度。SCS 值取决于参数 μ,其计算公式为:

$$\Delta f = 15 \cdot 2^{\mu}[\text{kHz}], \mu \in \{0,1,2,3,4\} \tag{4-1}$$

可以看出,在 5G 的 BWP 设置中,多种 SCS 的配置是由基本的 SCS 值(15 kHz)乘以 2 的 μ 次幂扩展而成的,即 15 kHz 的偶数倍。不同 5G BWP 配置下 5G 无线帧参数等的具体对应关系见表 4.1。

表 4.1 不同 BWP 配置下 5G 无线帧参数的对应关系

μ	SCS/kHz	RB 带宽/kHz	时隙长度/ms	子帧包含的时隙数	TTI/ms	时隙包含的符号数
0	15	180	1	1	1	14
1	30	360	0.5	2	0.5	14
2	60	720	0.25	4	0.25	14
3	120	1 440	0.125	8	0.125	14
4	240	2 880	0.062 5	16	0.062 5	14

一般在默认情况下,BWP 中所配置的 SCS 将用于所有信道和参考信号。其中,15 kHz 和 30 kHz 的 SCS 只可用于 6 GHz 以下的频段(即通常称为 FR1 的小于 6 GHz 的频段,频率范围在 450 MHz~6 000 MHz 之间),120 kHz 和 240 kHz 的 SCS 只可用于 6 GHz 以上的频段(即通常称为 FR2 的毫米波频段,频率范围在 24 250 MHz~52 600 MHz 之间),而 60 kHz 的 SCS 在 FR1 或 FR2 频段中均可使用。并且,15 kHz、30 kHz 和 120 kHz 的 SCS 均可用于数据传输信道或同步信道,而 60 kHz 的 SCS 只可用于数据传输信道,240 kHz 的 SCS 只可用于同步信道。另外,常规型 CP 在所有 SCS 的配置下均可使用,而扩展型 CP 只能用在 60 kHz 的 SCS 配置下。

需要注意的是,对于不同的频段,5G NR 的系统带宽和 SCS 配置都有所区别。在 FR1 中系统的最大带宽为 100 MHz,而在 FR2 中最大带宽可达 400 MHz。由于本节仿真实验中所设计的 5G 基站的工作频率为 3.5 GHz,处于 FR1 频段,因此,5G 部分传输带宽配置的对应关系,见表 4.2。

表 4.2　5G 部分传输带宽配置的对应关系

RB 数　系统带宽/MHz　SCS/kHz	5	10	15	20	25	30	40	50	70	80	100
15	25	52	79	106	133	160	216	270	N/A	N/A	N/A
30	11	24	38	51	65	78	106	133	189	217	273
60	N/A	11	18	24	31	38	51	65	93	107	135

4.2.3　无线空口测量指标的计算关系

在 4G LTE 中，无线空口资源被划分为时域和频域两个维度。用户业务的承载需要在 RB 上传输，但随着小区用户接入数目的增多，业务量增加，则每个用户的业务传输所占用的时频资源增加，而数据和控制信号的总功率也会提高。因此，对某个特定用户而言，其他的用户会形成干扰增长的状态。这说明几个无线空口测量指标与小区负载率和干扰等参数之间存在一定的关系。单发射天线端口 RB 网格使用情况如图 4.4 所示。

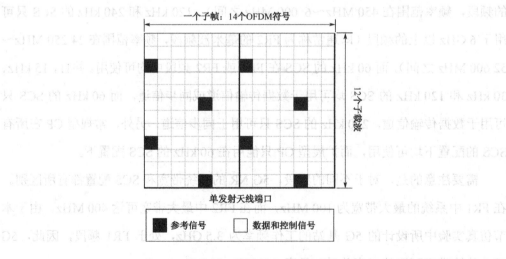

图 4.4　单发射天线端口 RB 网格使用情况

第 4 章 端网协同智能切换

对于每一个子帧，仅在分配给特定 RE 的资源块内发送小区特定参考信号（Cell-specific Reference Signal，CRS），用于发送 CRS 的 RE 所在 RB 中的位置，会依据物理小区 ID、基站发射天线及天线端口的数量而有所不同。双发射天线端口 RB 网格使用情况如图 4.5 所示。在有两个发射天线基站的情况下，发送 CRS 的 RE 所在 RB 中位置。需要注意的是，其他天线在某个天线发送参考信号时都保持静默，即对应位置的 RE 不可用。

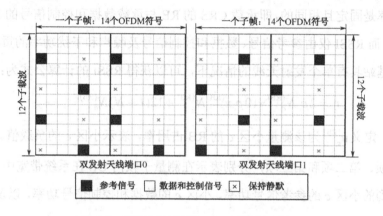

图 4.5 双发射天线端口 RB 网格使用情况

在 4G LTE 中，协议规定了几种 UE 测量指标用于量化小区无线电质量，即 RSRP、RSRQ、SINR 及接收信号强度指示（Received Signal Strength Indicator，RSSI）。在下面的讨论中，定义 r_c，p_c，q_c 和 s_c 分别表示 UE 在某小区 c 测量到的 RSSI、RSRP、RSRQ 和 SINR 的值，定义 $N_c^{(\text{RB})}$ 表示该小区系统带宽中所提供的 RB 数量。

RSRP 是小区无线电强度的重要参数，也是物理层常见的 UE 测量指标，在一定程度上可以反映衡量 UE 到基站的距离。RSSI 指的是仅在测量子帧的某些符号中 UE 从系统带宽中的全部 RB 所观测到的所有信号的总接收功率。而 RSRQ 则定义为 RSRP 与 RSSI 的比值乘以总 RB 个数。

$$q_c = \frac{p_c N_c^{(\text{RB})}}{r_c}, N_c^{(\text{RB})} \in \{6, 15, 25, 50, 75, 100\} \tag{4-2}$$

其中，RSRP 和 RSSI 的测量应该在同一组资源块上进行。SINR 定义为 RSRP 除以所测量子帧内同一频带的同一组资源块中平均到每个 RE 上的噪声功率（用 N 表示）与干扰功率（用 I 表示）的和，可表示为：

$$s_c = \frac{p_c}{I+N} \tag{4-3}$$

为了估算这些空口测量指标之间的关系，首先假设在整个系统中，每个子载波的发射功率是固定且相同的，即承载 CRS 的 RE 与承载数据和控制信号的 RE 的功率是相等的，而 RSSI 仅由参考信号、数据和控制信号及噪声和干扰功率的贡献值组成。那么，在基站具有单个发射天线的情况下，可以获得 RSSI 的计算公式为：

$$r_c = 2p_c N_c^{(\text{RB})} + 10 p_c u_c^{(\text{RB})} N_c^{(\text{RB})} + 12(I+N) N_c^{(\text{RB})} \tag{4-4}$$

其中，定义 $u_c^{(\text{RB})}$ 为该测量小区 c 的 RB 占用率，表示小区 c 的负载值。在公式右侧的第一项、第二项和第三项，分别表示在测量子帧内 UE 在系统带宽中的全部 RB 上所接收到的小区 c 的参考信号功率、小区 c 的数据和控制信号功率，以及干扰和噪声功率。

那么，由式（4-2）～式（4-4）可得小区 c 的负载值与 UE 空口测量指标等参数之间的关系，推导过程为

$$\frac{2p_c N_c^{(\text{RB})}}{r_c} + \frac{10 p_c u_c^{(\text{RB})} N_c^{(\text{RB})}}{r_c} + \frac{12(I+N) N_c^{(\text{RB})}}{r_c} = 1$$

$$10 q_c u_c^{(\text{RB})} = 1 - 2q_c - \frac{12 p_c}{s_c} \cdot \frac{q_c}{p_c}$$

$$u_c^{(\text{RB})} = \frac{1 - 2q_c}{10 q_c} - \frac{12 q_c}{s_c} \cdot \frac{1}{10 q_c} \tag{4-5}$$

$$u_c^{(\text{RB})} = \frac{1}{10 q_c} - \frac{1}{5} - \frac{6}{5 s_c}$$

$$u_c^{(\text{RB})} = \frac{1}{5} \left(\frac{1}{2 q_c} - \frac{6}{s_c} - 1 \right)$$

第 4 章
端网协同智能切换

在 5G NR 中的情况与 4G LTE 类似，无线空口资源同样被划分为时域和频域两个维度。在结构上，5G 无线资源的时频划分方式与 4G 基本类似，主要区别在于，4G 的 TTI 为固定的 1 ms，而 5G 的 TTI 是动态可变的一个时隙的长度（0.062 5 ms～1 ms）。因此，可以参照 4G 情况下的推导过程来估算 5G 中 UE 空口测量指标与小区负载率和干扰等参数之间的关系。

需要注意的是，在根据以上假设情况而推导出的估算关系中，由于承载参考信号的 RE 在 RB 结构中的映射位置会因基站发射天线的数量而不同，因此，在 RSSI 的计算式中，每部分信号功率所占的比率也会因天线数量而不同。另外，5G 基站一般采用多个发射天线，如果根据单天线情况下的估算关系进行后续的仿真实验，得到的计算结果可能准确性较低。因此，参考 Suzuki 等人提出的一种适用于在多个发射天线的情况下关于 UE 空口测量指标和小区负载率等参数的计算方法，在具有多个发射天线的基站的情况下，RSSI 的计算为：

$$r_c = 4p_c N_c^{(RB)} + 8N_c^{(TX)} p_c u_c^{(RB)} N_c^{(RB)} + 12(I+N)N_c^{(RB)} \tag{4-6}$$

其中，$N_c^{(TX)}$ 表示基站的发射天线的数量。当基站经由多个天线发送信号时，信号的接收包含多个发射天线的组合。那么，由式（4-2）、式（4-3）和式（4-6）可得多个发射天线情况下小区 c 的负载值与 UE 空口测量指标等参数之间的关系，推导过程为：

$$\frac{4p_c N_c^{(RB)}}{r_c} + \frac{8N_c^{(TX)} p_c u_c^{(RB)} N_c^{(RB)}}{r_c} + \frac{12(I+N)N_c^{(RB)}}{r_c} = 1$$

$$8N_c^{(TX)} q_c u_c^{(RB)} = 1 - 4q_c - \frac{12p_c}{s_c} \cdot \frac{q_c}{p_c}$$

$$u_c^{(RB)} = \frac{1-4q_c}{8N_c^{(TX)} q_c} - \frac{12q_c}{s_c} \cdot \frac{1}{8N_c^{(TX)} q_c} \tag{4-7}$$

$$u_c^{(RB)} = \frac{1}{8N_c^{(TX)} q_c} - \frac{1}{2N_c^{(TX)}} - \frac{3}{2s_c N_c^{(TX)}}$$

$$u_c^{(RB)} = \frac{1}{2N_c^{(TX)}} \left(\frac{1}{4q_c} - \frac{3}{s_c} - 1 \right)$$

4.2.4 基站的资源调度与传输

4.2.4.1 资源调度

当用户的下行业务数据到达基站后,基站进行功率分配,然后资源调度器按照一定的规则执行调度的过程,即给用户分配物理资源模块(Physical Resource Block, PRB)的过程。在实际中,调度不仅要考虑单个用户的资源分配,还要解决多个用户之间如何协调分配资源的问题。一般通过调度算法实现,如比例公平调度算法。关于调度算法,本节不展开叙述,以下主要介绍针对单个用户的下行资源的分配过程,可以分为4个步骤。

(1) 在一个 TTI 内,UE 依据下行信道测量的 SINR 来映射下行链路的无线信道质量指示(Channel Quality Indicator, CQI),并将其上报给基站。其中,3GPP 协议规范允许 SINR 到 CQI 的映射关系可以由终端设备厂商各自确定,因此不同的设备之间可能存在差异。

(2) 基站的资源调度器接收到 UE 上报的 CQI 后,根据对应关系的表格就能确定其调制与编码策略(Modulation and Coding Scheme, MCS),以及由协议所规定的最高码率,然后将 CQI 指标映射到 MCS 指标。不同的基站厂商有不同的映射关系。

(3) 基站再根据对应关系的表格,由 MCS 指标可以确定传输块大小(Transport Block Size, TBS)指标。并且根据待传输的数据量(单位为比特),查表可以确定需要给该用户分配多少个 PRB。

(4) 基站根据 TBS 指标的值和 PRB 个数来计算码率,若没有超过协议规定的最高码率,则进行调度;否则,将 MCS 指标降低一阶,重复步骤(3)、步骤(4),直至计算出的码率不超过协议规定的最高码率为止,然后进行调度。

其中,蜂窝基站资源调度中 SINR、CQI 和调制方式及对应的码率和效率的关系见表 4.3。

表 4.3 蜂窝基站资源调度中的映射关系

SINR 范围	CQI 编号	调制方式		码率*1024		效率	
		4G	5G	4G	5G	4G	5G
≤5.98	0	N/A					
(-5.98, -4.56]	1	QPSK	QPSK	78	78	0.152 3	0.152 3
(-4.56, -2.87]	2	QPSK	QPSK	120	193	0.234 4	0.377 0
(-2.87, -1.10]	3	QPSK	QPSK	193	449	0.377 0	0.877 0
(-1.10, 0.80]	4	QPSK	16QAM	308	378	0.601 6	1.476 6
(0.80, 2.56]	5	QPSK	16QAM	449	490	0.877 0	1.914 1
(2.56, 4.67]	6	QPSK	16QAM	602	616	1.175 8	2.406 3
(4.67, 6.54]	7	16QAM	64QAM	378	466	1.476 6	2.730 5
(6.54, 8.45]	8	16QAM	64QAM	490	567	1.914 1	3.322 3
(8.45, 10.52]	9	16QAM	64QAM	616	666	2.406 3	3.902 3
(10.52, 12.31]	10	64QAM	64QAM	466	772	2.730 5	4.523 4
(12.31, 14.62]	11	64QAM	64QAM	567	873	3.322 3	5.115 2
(14.62, 16.57]	12	64QAM	256QAM	666	711	3.902 3	5.554 7
(16.57, 18.65]	13	64QAM	256QAM	772	797	4.523 4	6.226 6
(18.65, 22.70]	14	64QAM	256QAM	873	885	5.115 2	6.914 1
>22.70	15	64QAM	256QAM	948	948	5.554 7	7.406 3

4.2.4.2 信道传播模型

信道传播模型描述了无线电信号在特定场景（城市、郊区或农村等）中，已知工作频率及发射机和接收机高度的情况下，能够传播的距离。信道模型的建立通常用来预测无线电信号在特定环境、信道衰落、多径等约束条件下的传播情况，能合理地预测发射机在有效覆盖范围内的路径损耗。因此，在移动蜂窝网络中，路径损耗通常用传播模型来计算。

在本节的仿真实验中，场景设定为城区，异构无线网络由 4G 宏小区基站和 5G 微小区基站组成。因此，4G 基站的传播路损模型选用了 COST-231 Walfisch-Ikegami

视距传输模型，其路径损耗为：

$$PL = 42.6 + 26\lg(d) + 20\lg(f) \tag{4-8}$$

其中，f 为工作频率，单位为 MHz，d 为发射端到接收端之间的距离，单位为 km。而 5G 的传播路损模型选用了 3D-Umi-Street Canyon 视距传输模型，其路径损耗为：

$$PL = 32.4 + 21\lg(d_{3D}) + 20\lg(f_c) \tag{4-9}$$

其中，d_{3D} 为基站到 UE 的直线距离，单位为 m；f_c 为工作频率，单位为 GHz。

4.2.4.3 系统误码率

在移动蜂窝系统中，误码率一般指的是比特误码率（Bit Error Ratio，BER），即在某段时间内传输错误的比特数占总传输比特数的比率，简称误码率。它描述的是一种信道编码的特性，3GPP 协议标准中也有包括误码率在内的业务 QoS 要求。不同的业务对误码率的要求是不同的。一般情况下，网侧会根据不同业务所设置的 QoS 等级标度值，采用不同的编码方式、资源调度算法、发射功率和传输模式等，使通信链路能满足对应误码率的要求。因此，在本节的仿真实验中，通过 BER 来判断资源调度时 RB 是否能成功传输。

BER 的计算与调制方式有关，4G LTE 常用的调制方式有 QPSK、16-QAM、64-QAM，而与 5G NR 相比，前者增加了一种调制方式，为 256-QAM。根据不同的调制方式，BER 的计算公式为：

$$\begin{cases} P_{\mathrm{QPSK}} = Q\left(\sqrt{2s_c}\right) \\ P_{m-\mathrm{QAM}} = \dfrac{4}{\log_2 m} Q\left(\sqrt{\dfrac{3s_c \log_2 m}{m-1}}\right) \end{cases} \tag{4-10}$$

其中，s_c 表示 UE 在某小区 c 测量到的 SINR 值，具体计算可参考式（4-3），m 为正交振幅调制的阶数。Q 函数为标准正态分布的互补累计分布函数，其表达式为：

$$Q(x) = \frac{1}{\sqrt{2\pi}} \int_x^\infty e^{-\frac{t^2}{2}} dt \tag{4-11}$$

在仿真实验中，需要将其转换成互补误差函数的形式进行计算，其表达式为：

$$\mathrm{erfc}(x) = 1 - \mathrm{erf}(x) = \frac{2}{\sqrt{\pi}} \int_x^\infty e^{-t^2} dt \tag{4-12}$$

由式（4-11）和式（4-12）可知，Q 函数和互补误差函数的关系为：

$$Q(x) = \frac{1}{2}\mathrm{erfc}\left(\frac{x}{\sqrt{2}}\right) \tag{4-13}$$

因此，根据式（4-10）和式（4-13），针对不同的调制方式，可以在仿真实验中以互补误差函数的形式来计算 BER 的值：

$$\begin{cases} P_{\mathrm{QPSK}} = \dfrac{1}{2}\mathrm{erfc}\left(\sqrt{s_r}\right) \\ P_{\mathrm{16QAM}} = \dfrac{1}{2}\mathrm{erfc}\left(\sqrt{\dfrac{2s_r}{5}}\right) \\ P_{\mathrm{64QAM}} = \dfrac{1}{3}\mathrm{erfc}\left(\sqrt{\dfrac{s_r}{7}}\right) \\ P_{\mathrm{256QAM}} = \dfrac{1}{4}\mathrm{erfc}\left(2\sqrt{\dfrac{s_r}{85}}\right) \end{cases} \tag{4-14}$$

4.2.5　网络切换的分类和过程

4.2.5.1　小区切换的类型

在移动蜂窝网络中，切换指的是将 UE 正在进行的通信服务从一个信道转移到另一个信道的过程。通常，当 UE 与服务基站之间的信号强度随 UE 到基站的距离或干扰级别的增加而下降至一定水平以下时，才会发生切换。小区切换可以根据系统类型、连接方式、切换方向等标准进行分类。

（1）硬切换

硬切换指的是 UE 所连接源小区中的信道先被释放，然后目标小区中的信道才被使用，本质上是一种"先断后通"的切换模式。因此，UE 的通信连接在两个异构网络之间的转移过程中经历了一次中断。

（2）软切换

软切换也被称为由移动端引导的切换，本质上是一种"先通后断"的切换模式。在软切换中，保留 UE 所连接源小区中的信道，并与目标小区中的信道并行使用一段时间，直到 UE 与目标小区建立起稳定的连接。在这种情况下，UE 在断开与源小区的连接之前，就已经与目标小区建立好连接。

（3）水平切换

水平切换指的是 UE 在具有相同 RAT 的系统内改变接入点期间所触发的小区切换的过程。当 UE 在具有相同接入技术的两个小区之间移动时，由于 UE 无法保持正常连接，出于移动性管理的目的，通常需要执行水平切换的过程。例如，在 3G 小区之间的切换，或在 4G 小区之间的切换。

（4）垂直切换

垂直切换指的是 UE 在具有不同 RAT 的两个网络之间改变接入点所触发的小区切换的过程。例如，UE 从 4G LTE 的小区切换到 5G NR 的小区。这个过程在异构无线网络中是必不可少的，也属于本节的研究范畴。

需要注意的是，进行垂直切换的驱动力，可能更多地源自用户想要寻求具有更好服务质量的网络的意愿，而不是出于网络连接问题本身。例如，即使 UE 仍然可以连接到旧网络，但是用户可能希望连接到另一个更优质的网络，以获得更好的业务体验。此外，网络、终端、用户和服务等各方面的多种参数都可以作为垂直切换的判断条件,用来指导垂直切换的进行。

4.2.5.2 蜂窝网络常规切换的过程

目前,在 4G LTE 和 5G NR 中,UE 的小区切换通常采用基于小区空口参数测量并依据协议标准设定的门限值来判断的方法,以期望实现较优的网络切换。其中,5G NR 中的切换流程与 4G LTE 基本类似,只是在测量事件和取值范围上有所区别,蜂窝网络中常规的切换流程如图 4.6 所示。

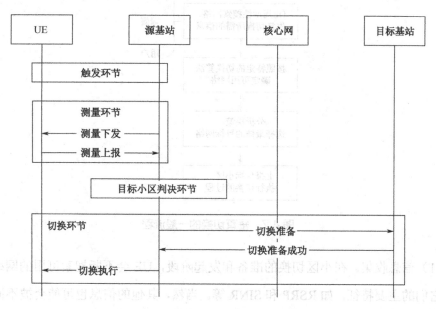

图 4.6 蜂窝网络中常规的切换流程

4.2.5.3 异构网络垂直切换的过程

垂直切换可以实现 UE 在 HWN 的不同小区之间转移,并且不会丢失连接。例如,在移动蜂窝网络中,切换机制允许 UE 在不同的小区或运营商之间进行漫游。其中,可能导致切换的情况有:①由于用户的移动行为,UE 离开当前小区的覆盖区域,并进入新小区的覆盖区域。②UE 在当前小区上的通信服务受到较严重的干扰，因此，需要向干扰较小的另一个小区转移，该目标小区可以位于同构网络或异构网络上。③当前小区中接入的 UE 数目很多，小区负载较重，导致系统带宽饱和，每个用户的业务体验满意度下降。此时，UE 可以选择接入负载较轻的邻小区，或者由网侧进行负载均衡。

垂直切换的一般流程如图 4.7 所示，通常包括以下主要步骤。

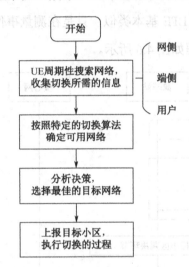

图 4.7　垂直切换的一般流程

（1）信息收集。在小区切换的准备和发起阶段，UE 会不断搜索可用的网络，并监测它们的主要特征，如 RSRP 和 SINR 等。当然，其他的信息也可能会被不同的切换算法所采用，如用户的移动方向和速度、UE 的功耗和电量等。这些决策属性信息的收集既可以设置为周期性的，也可以由特定事件触发。然后基于这些收集到的信息做出切换决策。

（2）切换决策。在小区切换的过程中，切换决策是最重要的步骤，可能会影响通信的正常进行。因为错误或不合适的切换决策会降低 QoS，甚至中断正在进行的通信。通常，此步骤会先评估切换的必要性，然后基于收集到的决策属性信息，按照特定的切换算法,可能会考虑用户的偏好和可用网络的特性,允许用户从可用的网络中选择最合适的网络接入,并确定执行切换的时间。

(3)切换执行。根据上一步的决策结果进行切换的执行过程,即将 UE 从指向源小区的信道更改为指向目标小区的信道。一般会按照软切换的方式执行,并在目标小区使用所需的身份验证服务,然后通信会话就会在新的网络下继续进行。如此就实现了用户的无缝切换,保障了用户通信业务体验的连续性。

4.3 小试牛刀——用户业务驱动的网络切换技术研究

4.3.1 基于 LSTM 的网络属性预测方法

4.3.1.1 网络属性的时间序列分析和预测

随着 5G 的商用部署和快速推广,移动网络业务的需求量剧增,并且呈现出超密连接和异构融合的特点。由于网络的动态性增强,网络资源的管理和配置变得复杂,网络拥塞、用户的频繁切换等一系列问题可能会由不恰当的网络切换方法引起。

在 HWN 的切换算法的研究中,基于多属性决策的方法往往忽略了网络态势信息的动态变化对用户业务体验和切换判决条件等的影响。也就是说在决策的时候,各个网络属性的值缺少对未来预测的估计。在移动网络中,针对小区流量、丢包率、时延等网络属性的预测,对网络资源的分配管理和性能优化具有重要的参考意义。

通过各个网络属性的值进行对未来预测的估计,属于时间序列分析的问题。一般情况下,根据已有的时间序列数据,确定其变化模式,并认为这种规律会延续到未来,从而预测未来的数据。其基本特点为:①假定观测事件的发展趋势会延伸到未来。②原始时间序列数据具有不规则性。③忽略事件之间的因果关系。

常用于时间序列分析的方法有自回归滑动平均（Auto-Regressiveand Moving Average，ARMA）模型，整合移动平均自回归（Autoregressive Integrated Moving Average，ARIMA）模型。网络态势信息由于受各种环境因素的影响，其变化规律较为复杂，往往呈现出非线性、非平稳的特征。ARMA 对平稳性的要求较高，一般用于对平稳数据的建模，而 ARIMA 通过差分运算可以对一些非平稳序列进行分析。它们的预测趋势基本正确，但对波动的预测不理想，主要体现在波动的幅度差异、相位偏移等方面。因此，基于神经网络的非线性预测模型也被广泛使用。例如，采用循环神经网络（Recurrent Neural Network, RNN）可以结合历史信息对网络流量进行预测。然而，RNN 可能存在梯度消失或梯度爆炸的问题。为了避免这个现象，本节采用长短期记忆（Long Short-Term Memory，LSTM）网络对各网络属性的时间序列进行预测。

4.3.1.2　LSTM 模型

RNN 是一种具有短期记忆能力的神经网络，在梯度优化训练时采用反向传播算法进行梯度更新，可能会发生梯度消失和梯度爆炸。这使得 RNN 难以进行具有长期依赖的时间序列预测。而 LSTM 是一种特殊的 RNN，神经元节点同样含有先前神经元节点的输出作为循环反馈。不同之处在于，LSTM 具有特殊的单元记忆结构来解决 RNN 训练中出现的梯度问题。

普通的 RNN 隐藏层只有一个状态，称作 h，它对于短期的输入十分敏感。而 LSTM 中增加了一个状态，即单元状态（Cell State），称作 c，用来记忆长期的状态。LSTM 网络结构如图 4.8 所示。

在当前时刻 t，LSTM 神经元节点的输入有 3 个：t 时刻网络的输入值 x_t，$t-1$ 时刻 LSTM 神经元节点的输出值 h_{t-1}，以及 $t-1$ 时刻的单元状态 c_{t-1} 的值。而 LSTM 神经元节点的输出有两个：t 时刻 LSTM 神经元节点的输出值 h_t，以及 t 时刻更新的单

元状态 c_t 的值。

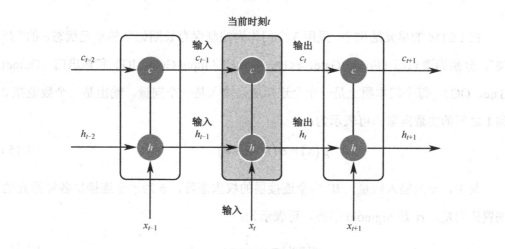

图 4.8　LSTM 网络结构

针对当前时刻 t，LSTM 的神经元节点结构如图 4.9 所示，其单元记忆结构主要由各个门结构组成。

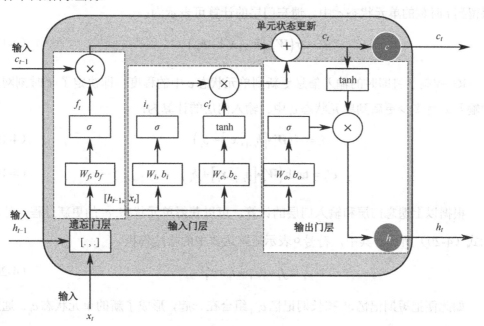

图 4.9　LSTM 的神经元节点结构

在 LSTM 的单元结构中，采用 3 个门作为控制保存长期记忆的单元状态 c 的"开关"，分别为遗忘门（Forget Gate，FG）、输入门（Input Gate，IG）和输出门（Output Gate，OG）。每个门本质上是一个全连接层，输入是一个向量，输出是一个数值在 0 到 1 之间的实数向量，可表示为：

$$g(x) = \sigma(\boldsymbol{W} \cdot \boldsymbol{x} + \boldsymbol{b}) \tag{4-15}$$

其中，$\boldsymbol{x}$ 为输入向量，$\boldsymbol{W}$ 为全连接层的权重矩阵，$\boldsymbol{b}$ 为该全连接层各神经元的偏置值向量。σ 是 Sigmoid 函数，可表示为：

$$\sigma(\text{net}) = \frac{1}{1+e^{-\text{net}}} \tag{4-16}$$

LSTM 通过在单元结构中引入特殊的门机制来解决 RNN 的梯度问题。在 3 个门中，FG 控制了单元状态 c 继续保存的程度，即决定了 $t-1$ 时刻的单元状态 c_{t-1} 有多少保留到 t 时刻的单元状态 c_t 中。遗忘门层的计算可表示为：

$$f_t = \sigma(\boldsymbol{W}_f \cdot [h_{t-1}, \boldsymbol{x}_t] + \boldsymbol{b}_f) \tag{4-17}$$

IG 控制了将即时的输入信息更新到单元状态 c 中的程度，即决定了 t 时刻网络的输入 x_t 有多少更新到单元状态 c_t 中。输入门层的计算为：

$$i_t = \sigma(\boldsymbol{W}_i \cdot [h_{t-1}, \boldsymbol{x}_t] + \boldsymbol{b}_i) \tag{4-18}$$

$$c'_t = \tanh(\boldsymbol{W}_c \cdot [h_{t-1}, \boldsymbol{x}_t] + \boldsymbol{b}_c) \tag{4-19}$$

根据以上遗忘门层和输入门层的计算，可以获得单元状态 c 的更新过程，计算如式（4-20）所示。其中，符号 ∘ 表示矩阵运算中的哈达玛积。

$$c_t = f_t \circ c_{t-1} + i_t \circ c'_t \tag{4-20}$$

如此便把短期记忆 c'_t 和长期记忆 c_{t-1} 组合在一起，形成了新的单元状态 c_t。通过

FG 的控制可以保留长期的历史信息，通过 IG 的控制可以避免短期记忆中无关紧要的信息进入长期记忆当中。

OG 控制了 t 时刻的单元状态 c_t 有多少输出到 LSTM 的当前输出值 h_t 中，输出门层的计算为：

$$o_t = \sigma\left(W_o \cdot [h_{t-1}, x_t] + b_o\right) \tag{4-21}$$

$$h_t = o_t \circ \tanh(c_t) \tag{4-22}$$

4.3.1.3 仿真与结果分析

1. 数据收集和预处理

本书使用 Python 语言搭建仿真实验平台。需要注意的是，RSRP、RSRQ 和 SINR 等属于 UE 的路测指标，由于用户个体的移动和信道的时变性，对路测指标进行时间序列分析是不合理的。因此，本节只对从基础仿真平台中收集的各基站的小区属性信息的时间序列数据进行分析和预测，即小区的平均吞吐量、时延、抖动、丢包率和负载率。表 4.4 列出了收集到的部分小区中网络属性数据。

表 4.4 某基站的部分小区中网络属性数据

时间[s]	小区编号	吞吐量/Mbps	时延/ms	抖动/ms	丢包率	负载率
10	4	4.627	24.87	46.75	0.000 146	0.4
20	4	3.332	43.93	75.0	0.000 166	0.48
30	4	2.404	23.2	40.2	0.000 092	0.47
...	...	...	...	...	...	...
2 980	4	2.404	20.71	35.82	0.000 106	0.43
2 990	4	3.184	33.52	39.01	0.000 177	0.43
3 000	4	1.828	25.41	38.8	0.000 235	0.43

其中，丢包率的数值一般数量级较小，直接用来作为 LSTM 的训练数据或者对比

性能并不合适。因此，在预处理时，将丢包率的数据依次取 10 的对数，可表示为：

$$x'_{loss} = \lg(x_{loss}) \tag{4-23}$$

2. 模型训练

将 $t-9$ 至 t 时刻的小区属性的时间序列数据作为输入，而将 $t+1$ 时刻的数据作为输出，对 LSTM 进行监督学习的训练。仿真参数的具体设置如表 4.5 所示。

表 4.5　LSTM 仿真参数设置

LSTM	参数设置
时间步长	10
隐藏层数	3
批次大小	50
训练批次	48
学习率	0.003
损失函数	均方根误差
训练集比例	0.8

在仿真时采用均方根误差作为损失函数，以衡量真实数值和预测数值之间的误差。其中，y_i 表示测试集的数据，$\hat{y}_i$ 表示模型对应输出的数据。

$$L = \sqrt{\frac{1}{h}\sum_{i=1}^{h}(y_i - \hat{y}_i)^2} \tag{4-24}$$

3. 结果分析

在仿真实验中，将 LSTM 与灰色预测（Grey Forecast，GF）模型进行对比。GF 模型也是一种常用的时间序列预测方法，对于具有不确定因素的非规律系统的预测效果较好，并且所需样本数据较少。它通过检测系统因素之间发展趋势的相异程度进行关联分析，并建立微分方程以预测未来的发展趋势。针对各个网络属性，以下给出了预测值和实际值对比的部分结果,分别如图 4.10～图 4.14 所示。

其中,每个时间点对应的预测值都是根据它之前 10 个时间点的实际值预测得到的。从仿真结果可以直观地看出,相较于 LSTM 模型,GF 算法不能很好地预测各网络属性的发展趋势。原因是 GF 模型不适用于数据内部存在明显函数特征的序列的预测(如负载率的序列),也不适用于数据随机波动较大的序列的预测。相对而言,LSTM 模型的预测值和实际值的变化趋势基本贴近,能更好地适应无线通信环境中由于各种随机性导致的数据序列波动。为了更直观地对比两者的性能差异,图 4.15 展示了两个算法的误差对比,图 4.15 中 GF 预测的误差分别为 0.154,0.21,0.185,0.057 和 0.701,而 LSTM 预测的误差分别为 0.08,0.101,0.089,0.034 和 0.017。其中,均方根误差的计算对数值进行了归一化处理,以便于对比不同网络属性的预测误差。从结果容易看出,针对各网络属性,尤其是负载率,LSTM 模型的预测误差均小于 GF 算法,具有更好的网络属性预测性能。

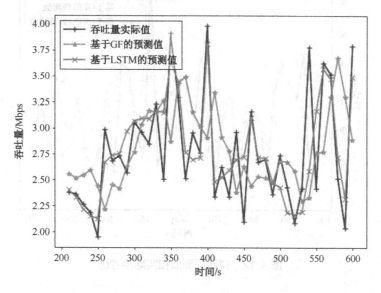

图 4.10 吞吐量预测值和实际值对比

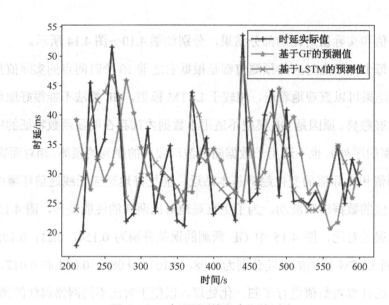

图 4.11 时延预测值和实际值对比

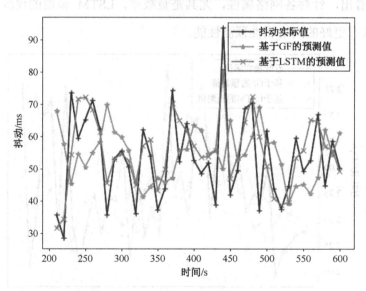

图 4.12 抖动预测值和实际值对比

第4章 端网协同智能切换

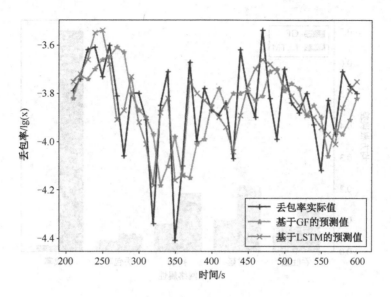

图 4.13 丢包率预测值和实际值对比

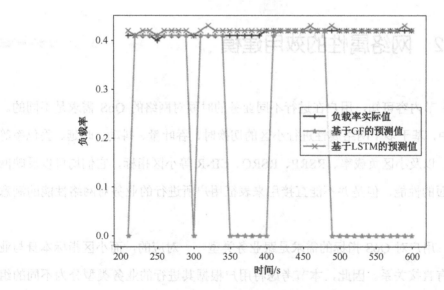

图 4.14 负载率预测值和实际值对比

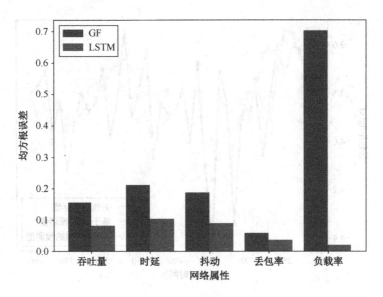

图 4.15 预测误差对比

4.3.2 网络属性的效用建模

由 4.1 节内容可知，用户在进行不同业务的时候对网络的 QoS 需求是不同的。在 HWN 中，基于多个网络属性进行小区的切换时，吞吐量、抖动、时延、丢包率等 QoS 指标，以及小区负载率、RSRP、RSRQ、SINR 等小区指标，它们均可以反映网络传输层面的性能，但是并不能直接用来表征用户所进行的业务对网络性能的满意程度。

其中，用户对 QoS 指标的需求是跟业务类型一一对应的，而小区指标本身与业务类型没有直接关系。因此，本节考虑将用户根据其进行的业务类型分为不同的组别。在仿真实验中，每个用户组中的用户做相同的业务，所期望的 QoS 指标按照协议规定进行设置，而所期望的小区指标按照常规情况进行设置，见表 4.6。

第4章 端网协同智能切换

表 4.6 用户按业务分组所对应的网络属性需求

用户组别	编号	业务类型	带宽/Mbps	时延/ms	抖动/ms	丢包率	负载率	RSRP/dBm	RSRQ/dB	SINR/dB
通话组	0	语音会话	0.064	100	50	10^{-2}	0.5	−100	−10	8.45
电竞组	1	实时游戏	0.32	50	20	10^{-3}	0.5	−100	−10	8.45
直播组	2	视频直播	6	100	50	10^{-3}	0.5	−100	−10	8.45
视听组	3	视频（可缓冲）	8	300	100	10^{-6}	0.5	−100	−10	8.45

因此，本节考虑引入效用函数，针对不同业务类型所对应的网络属性（包括QoS指标和小区指标）进行建模描述，从而衡量各网络属性对用户所进行业务的收益大小。最后，将小区各网络属性的整体效用值评价量化后该小区对用户业务的吸引程度。针对网络的效用分析，本节将效用函数分为单一效用函数和综合效用函数两部分。单一效用函数用来计算小区的单个网络属性的效用值，而综合效用函数是单一效用函数的组合，根据权重将多个单一效用函数进行组合，并得出该小区的综合效用值。

4.3.2.2 单一效用函数

每类网络属性对应一个状态值 x 和其单一效用函数 $u(x)$。效用值越大，表示该网络属性的数值越符合用户业务的需求，对用户的吸引力越大。所设计的单一效用函数需要具备以下特性：①定义域有限，因为网络的资源和服务能力是有限的。②函数具有单调性，正向指标越大则效用值越大，如带宽、SINR等，负向指标越大则效用值越小，如时延、负载率等。③网络属性存在中间值使效用值等于0.5，表明此时该网络属性的值刚好满足用户的业务需求。④函数斜率反映用户业务的敏感程度，因为极差或极好的网络属性对用户业务体验的影响并不大，只有当状态值在中间值附近变化时，效用值的变化程度才比较明显。S型函数符合上述特征，因此可以将S型函数用作描述小区网络属性的效用函数。对于网络带宽、SINR等网络属性，它们

属于正向指标,效用函数应该设计为单调递增的形式,可表示为:

$$u(x_p) = \frac{1}{1+e^{\alpha(x_m - x_p)}}, x_{\min} \leqslant x_p \leqslant x_{\max} \qquad (4\text{-}25)$$

其中,x_p 表示某正向指标的值,x_m 表示它对应当前业务的期望值,$x_{\min}$ 和 $x_{\max}$ 分别表示该正向指标的上下限,α 表示业务对该正向指标的敏感程度,α 的值越大,函数值随状态值 x 变化得越快。

对于时延、负载率等网络属性,它们属于负向指标,效用函数应设计为单调递减的形式,如式(4-26)所示。其中,x_n 表示某负向指标的值。

$$u(x_n) = \frac{e^{\alpha(x_m - x_n)}}{1+e^{\alpha(x_m - x_n)}}, x_{\min} \leqslant x_n \leqslant x_{\max} \qquad (4\text{-}26)$$

针对不同的业务类型,对应各网络属性所设计的单一效用函数可能是不同的,值域是一样的,因为效用值在 0 到 1 之间,但是定义域可能有所区别。针对不同的用户组别及其对应的业务类型,其 QoS 指标对应的单一效用函数的参数见表 4.7。由于小区负载率、RSRP、RSRQ 和 SINR 与业务类型没有直接关系,因此针对小区指标直接按照常规值来设计其单一效用函数,对应的参数见表 4.8。

表 4.7 各用户组的 QoS 指标对应的效用参数

用户组别	带宽/kbps			时延/ms			抖动/ms			丢包率/lg(x)		
	α	x_m	定义域	α	x_m	定义域	α	x_m	定义域	α	x_m	定义域
0	0.05	64	[0,200]	0.04	100	[0,460]	0.06	50	[0,230]	0.8	-2	[-10,0)
1	0.016	320	[0,640]	0.028	50	[0,460]	0.08	20	[0,230]	0.8	-3	[-10,0)
2	0.001	6 000	[0,20 000]	0.027	100	[0,460]	0.05	50	[0,230]	0.8	-3	[-10,0)
3	0.001	8 000	[0,20 000]	0.012	300	[0,800]	0.03	100	[0,400]	1.7	-6	[-10,0)

表 4.8　小区指标对应的效用参数

效用参数 \ 小区指标	负载率	RSRP/dBm	RSRQ/dB	SINR/dB
α	10	0.12	0.77	0.34
x_m	0.5	−100	−10	8.45
定义域	[0,1]	[−140, 40]	[−19.5, −3]	[−5.98, 22.7]

4.3.2.3　综合效用函数

综合效用函数由多个网络属性所对应的单一效用函数按照其权重分配组合而成，表示了一个小区对用户的综合效用值，即该小区满足当前用户业务的水平。其中，加法组合是常见方式，即对各单一效用函数进行加权求和，其形式为：

$$U(\boldsymbol{x}) = \sum_{i=1}^{m} w_i u_i(x_i), \sum_{i=1}^{m} w_i = 1 \quad (4\text{-}27)$$

其中，$\boldsymbol{x} = (x_1, x_2, \cdots, x_m)$ 是包含各网络属性的向量，w_i 是第 i 个网络属性对应的权重值，$U(\boldsymbol{x})$ 代表了小区的综合效用值。

然而，在特定情况下，简单的线性相加可能存在缺陷。例如，某小区的时延过高，所以时延属性对应的单一效用值很低，但又由于带宽属性的值很大，因此加权求和所得的综合效用值依旧较高，所以用户仍然可能继续接入该小区，但网络此时可能已经处于不可用的状态。

因此，综合效用函数的设计应该满足以下特征：①综合效用函数与单一效用函数在单调性上保持一致，均表现为效用值越大，网络越符合用户的业务需求；②当某单一效用函数值极低（趋于零）时，网络不可用，综合效用值也应该趋于零，从而克服简单加法组合的缺陷。为了满足以上特征，可以对各单一效用函数按照权重分配进行乘法组合，可表示为：

$$U(\boldsymbol{x}) = \prod_{i=1,}^{m} \left[u_i(x_i)\right]^{1-w_i}, \sum_{i=1}^{m} w_i = 1 \quad (4\text{-}28)$$

需要注意的是，单一效用函数输出的值都在 0 到 1 之间，其值随着幂的增大而减小。因此，对各网络属性所对应的单一效用函数按照 $1-w_i$ 次幂进行连乘组合。这样，小区的综合效用函数便满足上述特征。

$$\frac{\partial U(\boldsymbol{x})}{\partial u_i(x_i)} \geq 0, \quad \lim_{u_i(x_i) \to 0} U(\boldsymbol{x}) = 0 \tag{4-29}$$

4.3.3 基于用户偏好的网络属性组合赋权法

前面分析了在 HWN 环境下小区网络属性的效用值，并以小区的综合效用值来衡量该小区的网络性能对用户业务的匹配程度。在计算小区的综合效用值的时候，需要先将各个网络属性所对应的单一效用函数按照权重分配进行组合。各网络属性的权重如何分配会直接影响最终的决策结果，因此合理的赋权方法尤为重要。

赋权方法按照权重的产生方式可以分为主观赋权法和客观赋权法两大类。其中，主观赋权法主要采用定性的方式来决定决策属性的权重，一般会根据经验进行人为判断，如 AHP、模糊综合评价法等。而客观赋权法是根据决策属性之间的统计特征和数学关系来确定权重的，如熵值法、变异系数法等。前者能很好地反映出评判者的主观意图，但是其结果相对不够客观。而后者具有依据数据计算的客观优势，但是不能反映出评判者对不同决策属性的重视程度，即忽略了用户的偏好程度。

本节将两种赋权法相结合，设计一种基于用户偏好的网络属性组合赋权法，期望实现主客观统一的效果，使评判结果真实可靠，从而弥补单一赋权法的缺陷。

4.3.3.1 基于 AHP 求网络属性的权重分配

AHP 是一种行之有效的多指标综合评价方法，常用于多方案或多目标问题的决策当中。在一般的 AHP 流程步骤中，首先需要建立层次结构模型，包含方案层、准

第4章 端网协同智能切换

则层和目标层。一般流程中会有两次定权的过程，分别在准则层和方案层实施。在本节的研究中，由于最终的决策行为是 UE 从所在覆盖范围内的若干个小区中选择一个接入，因此并没有明确给定的方案层的选项。例如，给定的小区 A、小区 B、小区 C 等选项。所以，本节基于 AHP 只关注如何获得主观权重的分配，即完成准则层的定权过程。

针对 HWN 的切换，AHP 的准则层考虑的网络属性除了吞吐量、抖动、时延、丢包率等 QoS 指标，还应该包括小区负载率、RSRP、RSRQ、SINR 等小区指标。因为如果只考虑小区的 QoS 指标，而忽略了能反映用户到基站距离和信号接收质量的路测指标，以及基站本身的负载情况，可能会导致用户选择接入的目标小区为重负载小区，或者用户在该目标小区中处于弱覆盖的状态。由此，关键网络属性的层次分析结构，如图 4.16 所示。

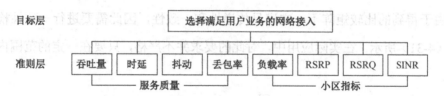

图 4.16　关键网络属性的层次分析结构

然后，将各网络属性两两进行比较，采用相对尺度的标准进行度量。需要注意的是，应尽可能根据实际情况进行度量，减少过于主观的人为因素对结果准确性的影响。

设要进行比较的 m 个网络属性为 $T = \{T_1, T_2, \cdots, T_m\}$，对于任意两个 T_i 和 T_j，用 c_{ij} 表示对于决策目标而言 T_i 相对于 T_j 的重要程度，按照不同的标度来度量 c_{ij} 的大小，见表 4.9。

表4.9 不同属性两两比较的判断标度

c_{ij}标度	说明
1	属性i和属性j具有相同的重要性
3	属性i比属性j稍重要
5	属性i比属性j明显重要
7	属性i比属性j重要得多
9	属性i和属性j强烈重要
2, 4, 6, 8	作为上述判断标度的中间值

由此，可以得到这些网络属性之间的比较矩阵为：

$$C = \begin{pmatrix} c_{11} & c_{12} & \cdots & c_{1m} \\ c_{21} & c_{22} & \cdots & c_{2m} \\ \vdots & \vdots & \ddots & \vdots \\ c_{m1} & c_{m2} & \cdots & c_{mm} \end{pmatrix}, c_{ij}>0, c_{ij}=\frac{1}{c_{ji}} \quad (4-30)$$

由于得到的比较矩阵不一定满足传递性和一致性，因此需要进行一致性检验，如式（4-31）所示。在实际应用中，对此的要求并不严格，只要在一定的范围内满足即可。

$$CR = \frac{CI}{RI}, CI = \frac{\lambda_{max} - m}{m-1} \quad (4-31)$$

其中，m为比较矩阵的阶数，即网络属性的个数。RI为随机一致性指标，通常根据m的值由经验获得，见表4.10。CI为一致性指标，λ_{max}为比较矩阵的最大特征根。CR为一致性比率指标，当且仅当CR<0.1时，认为通过一致性校验，即构造的比较矩阵合理。

表4.10 随机一致性指标的取值

m	3	4	5	6	7	8	9	10	11
RI	0.58	0.90	1.12	1.24	1.32	1.41	1.45	1.49	1.51

第4章 端网协同智能切换

最后,对各网络参数进行定权,常用的方法有几何平均法、和积法和特征根法等。这里约定用 w_j^s 表示由主观赋权法所确定的第 j 个网络属性的权重。

1. 几何平均法

将比较矩阵的列向量求几何平均后再进行归一化,可以近似作为各网络属性的权重。

$$w_j^s = \sum_{k=1}^{m} \frac{\left(\prod_{k=1}^{m} c_{jk}\right)^{\frac{1}{m}}}{\sum_{l=1}^{m}\left(\prod_{k=1}^{m} c_{lk}\right)^{\frac{1}{m}}}, j=1,2,\cdots,m \tag{4-32}$$

2. 和积法

将比较矩阵的列向量归一化后取算术平均值,可以近似作为各网络属性的权重。

$$w_j^s = \frac{1}{m}\sum_{k=1}^{m}\frac{c_{jk}}{\sum_{l=1}^{m}c_{lk}}, j=1,2,\cdots,m \tag{4-33}$$

3. 特征根法

先求比较矩阵的最大特征根 $\lambda_{\max}$,然后将其所对应的特征向量 W 归一化后作为各网络属性的权重。

$$CW^s = \lambda W^s, W^s = \left\{w_1^s, w_2^s, \cdots, w_m^s\right\} \tag{4-34}$$

需要注意的是,本章的方案考虑不同用户的偏好,在仿真实验中将用户分为不同的组,即表4.6中所提的通话组、电竞组、直播组和视听组。同一个组别下的用户进行相同的业务,并且具有相同的业务偏好,即在 AHP 中具有相同的判断矩阵,因此 AHP 计算得出的主观权重分配是相同的。但是,在不同组别的用户之间的主观权重分配是有差异的。本章使用特征根法确定主观权重,针对不同的用户组别,最终的主观权重计算结果见表 4.11。

表 4.11 AHP 确定的各用户组的主观权重

用户组别	带宽	时延	抖动	丢包率	负载率	RSRP	RSRQ	SINR
0	0.094	0.32	0.242	0.049	0.034	0.052	0.061	0.148
1	0.08	0.337	0.236	0.058	0.024	0.065	0.041	0.159
2	0.343	0.113	0.167	0.06	0.027	0.068	0.056	0.166
3	0.264	0.052	0.112	0.257	0.044	0.059	0.06	0.152

4.3.3.2 基于熵值法求网络属性的权重分配

熵值法属于一种客观赋权法。借用信息论中熵的思想,可以通过计算熵值来判断某个网络属性在整个评判体系中的相对变化程度,从而决定该网络属性的权重。若某项网络属性的熵值越小,说明其相对变化程度越大,对评判体系起到的作用也越大,则最终确定的权重也越大。

在本节的研究方案中,最终的决策行为是 UE 从覆盖范围内的若干个小区中选择一个接入,因此并没有明确给定的待评价的候选小区选项。所以,本节关注的是基于熵值法从收集的样本数据中确定各网络属性的客观权重的过程。具体的步骤如下。

1) 原始样本数据的获取和整理

针对 m 个网络属性 $T = \{T_1, T_2, \cdots, T_m\}$,收集到 n 个样本数据,形成了原始样本矩阵。

$$T = \begin{pmatrix} t_{11} & t_{12} & \cdots & t_{1m} \\ t_{21} & t_{22} & \cdots & t_{2m} \\ \vdots & \vdots & \ddots & \vdots \\ t_{n1} & t_{n2} & \cdots & t_{nm} \end{pmatrix} \tag{4-35}$$

其中，t_{ij} 表示第 i 个样本的第 j 项网络属性的数值。对于属性 T_j，其样本数据的离散程度越大，则该项属性在整个评判体系中所起的作用就越大。

2）样本数据的预处理

由于熵值法通过各个网络属性在样本中所占的比重来计算熵值，因此需要避免在求熵值时出现对负数取对数的情况。针对正向指标，其处理为：

$$t'_{ij} = \frac{t_{ij} - t_j^{\min}}{t_j^{\max} - t_j^{\min}} + 1, i = 1,2,\cdots,n; j = 1,2,\cdots,m \tag{4-36}$$

针对负向指标，其处理为：

$$t'_{ij} = \frac{t_j^{\max} - t_{ij}}{t_j^{\max} - t_j^{\min}} + 1, i = 1,2,\cdots,n; j = 1,2,\cdots,m \tag{4-37}$$

其中，$t_j^{\max}$ 和 $t_j^{\min}$ 分别表示第 j 项网络属性的最大值和最小值。为了方便，仍用式（4-35）表示预处理后的样本矩阵。

3）计算各属性所占的比重

计算第 j 个网络属性的第 i 个样本的数值所占该属性的比重为：

$$p_{ij} = \frac{t_{ij}}{\sum_{k=1}^{n} t_{kj}}, i = 1,2,\cdots,n; j = 1,2,\cdots,m; 0 \leqslant p_{ij} \leqslant 1 \tag{4-38}$$

由此便建立了网络属性的比重矩阵，可表示为：

$$\boldsymbol{P} = \begin{pmatrix} p_{11} & p_{12} & \cdots & p_{1m} \\ p_{21} & p_{22} & \cdots & p_{2m} \\ \vdots & \vdots & \ddots & \vdots \\ p_{n1} & p_{n2} & \cdots & p_{nm} \end{pmatrix} \tag{4-39}$$

4）计算各属性的熵值

针对单个网络属性 j，其熵值的计算为

$$e_j = \frac{1}{\ln n} \sum_{i=1}^{n} p_{ij} \ln \frac{1}{p_{ij}} \qquad (4\text{-}40)$$

5)计算各属性的差异程度

由于熵值越小,某属性在样本矩阵中的离散程度就越大,对整个评判体系的作用越大。因此,根据各网络属性的熵值来计算其差异程度。

$$d_j = 1 - e_j \qquad (4\text{-}41)$$

6)对各属性进行定权

最后,根据上一步得到的差异程度来计算各网络属性的客观权重,如式(4-42)所示。这里用 w_j^o 表示由客观赋权法所确定的第 j 个网络属性的权重。

$$w_j^o = \frac{d_j}{\sum_{j=1}^{m} d_j} \qquad (4\text{-}42)$$

本节分别收集在前期仿真实验中来自不同组别的用户的统计数据来进行客观权重的计算。针对不同的用户组别,收集到的样本数据如表 4.12 所示。最后,各组用户的客观权重的计算结果见表 4.13。

表 4.12 不同用户组别网络属性的典型数据

用户组别	用户编号	吞吐量/Mbps	时延/ms	抖动/ms	丢包率	负载率	RSRP/dBm	RSRQ/dB	SINR/dB
0	0	0.032	8.67	0.0	0.0	0.44	−86.97	−12.07	2.95
	1	0.128	14.93	23.55	0.000 429	0.55	−92.92	−14.33	−1.48
	2	0.096	17.33	20.71	0.0	0.41	−79.95	−12.05	6.07
	3	0.128	24.4	23.24	0.0	0.41	−88.98	−12.55	3.55
	4	0.064	27.28	15.17	0.0	0.35	−78.37	−11.5	5.74
	5	0.096	28.0	45.35	0.000 25	0.18	−87.79	−14.18	−1.98
	6	0.032	27.31	0.0	0.000 5	0.44	−89.03	−12.32	3.01
	7	0.064	38.03	54.79	0.0	0.18	−89.41	−13.88	−1.45
	8	0.032	9.3	0.0	0.0	0.21	−78.89	−8.53	8.36
	9	0.064	18.57	34.63	0.0	0.18	−76.12	−8.41	11.79

第4章 端网协同智能切换

续表

用户组别	用户编号	吞吐量/Mbps	时延/ms	抖动/ms	丢包率	负载率	RSRP/dBm	RSRQ/dB	SINR/dB
1	10	0.384	22.22	25.07	0.000 2	0.35	-90.29	-13.21	1.27
	11	0.288	16.87	29.9	0.0	0.18	-84.67	-11.45	3.01
	12	0.352	23.58	34.92	0.0	0.44	-84.96	-11.27	5.69
	13	0.256	22.5	37.21	0.000 111	0.18	-85.82	-11.38	2.62
	14	0.16	26.87	36.74	0.000 167	0.44	-91.02	-13.04	0.93
	15	0.32	21.86	38.41	0.000 167	0.18	-84.63	-10.99	2.97
	16	0.288	19.42	32.38	0.000 357	0.57	-92.2	-15.54	-2.51
	17	0.256	23.04	35.18	0.0	0.17	-90.12	-11.05	0.97
	18	0.224	17.58	33.74	0.000 222	0.21	-83.87	-11.0	2.62
	19	0.256	19.84	35.72	0.0	0.44	-82.47	-11.77	3.52
2	20	5.12	22.92	59.61	0.000 091	0.35	-93.91	-13.43	0.04
	21	4.608	30.98	66.81	0.000 053	0.57	-91.46	-13.47	1.64
	22	5.376	17.86	39.67	0.000 045	0.35	-87.41	-12.26	3.1
	23	5.632	36.46	67.15	0.000 12	0.57	-88.73	-12.99	2.18
	24	5.632	67.72	113.1	0.000 185	0.57	-91.0	-13.36	1.77
	25	5.12	33.04	59.75	0.000 13	0.44	-87.77	-12.46	2.02
	26	7.168	20.47	37.35	0.000 152	0.18	-78.0	-8.68	9.98
	27	4.864	108.49	191.1	0.000 269	0.55	-90.5	-13.51	0.34
	28	5.376	20.57	43.5	0.000 16	0.44	-88.06	-11.94	3.3
	29	2.304	242.98	219.19	0.000 679	0.43	-93.56	-14.69	-1.92
3	30	6.4	30.23	75.76	0.000 107	0.35	-90.13	-12.92	1.03
	31	7.936	39.36	82.16	0.000 031	0.41	-88.63	-13.47	1.53
	32	4.608	113.22	133.97	0.000 438	0.43	-93.46	-13.54	-0.44
	33	6.4	28.32	43.49	0.000 194	0.41	-89.33	-13.02	2.48
	34	3.072	117.09	198.27	0.000 676	0.57	-91.84	-14.84	-1.69
	35	6.4	28.0	65.32	0.000 074	0.38	-93.65	-12.04	1.5
	36	6.656	32.64	68.78	0.000 212	0.44	-89.04	-12.92	1.09
	37	2.048	150.37	256.26	0.000 765	0.57	-90.81	-14.66	-1.34
	38	5.632	48.15	105.68	0.000 522	0.41	-90.67	-15.25	-1.88
	39	3.584	53.92	134.13	0.000 562	0.57	-92.77	-13.87	0.4

表 4.13　熵值法确定的各用户组的客观权重

用户组别	带宽	时延	抖动	丢包率	负载率	RSRP	RSRQ	SINR
0	0.162	0.093	0.11	0.127	0.124	0.125	0.138	0.121
1	0.104	0.112	0.135	0.131	0.157	0.167	0.108	0.086
2	0.084	0.108	0.152	0.098	0.188	0.139	0.118	0.113
3	0.105	0.122	0.093	0.135	0.159	0.142	0.108	0.136

4.3.3.3　基于主观和客观的组合赋权方法

为了弥补由单一方法进行权重分配带来的弊端，本节考虑将两者结合使用。综合 4.3.1 节和 4.3.2 节的内容，根据基于 AHP 获得的主观权重，以及基于熵值法获得的客观权重，来计算组合权重的值。

$$W_j = \frac{\sqrt{w_j^s w_j^o}}{\sum_{j=1}^{m}\sqrt{w_j^s w_j^o}} \tag{4-43}$$

其中，w_j^s 和 w_j^o 分别表示由主观和客观赋权法所确定的第 j 个网络属性的权重。针对不同的用户组别，组合权重的计算结果见表 4.14。

表 4.14　各用户组的主客观组合权重

用户组别	带宽	时延	抖动	丢包率	负载率	RSRP	RSRQ	SINR
0	0.136	0.19	0.179	0.087	0.071	0.089	0.101	0.147
1	0.101	0.216	0.198	0.097	0.068	0.116	0.074	0.13
2	0.188	0.122	0.176	0.085	0.079	0.108	0.09	0.152
3	0.178	0.085	0.109	0.2	0.09	0.098	0.086	0.154

4.3.4 实验设计和仿真结果分析

4.3.4.1 网络切换方案流程

图 4.17 展示了用户业务驱动的网络切换方案流程。在仿真实验中也将按照该流程来处理各个用户的小区切换或重选。其中,针对各个网络属性(包括路测指标和小区指标)所设计的效用函数及对应的组合权重分配,均按照先前表 4.6、表 4.7 和表 4.14 中的数值进行设置,因此需要根据当前用户所属的组别进行匹配。另外,当前的小区指标和基于 LSTM 预测的小区指标(包括小区吞吐量、时延、抖动、丢包率和负载率),UE 均从基站侧获得,最后在端侧进行决策。

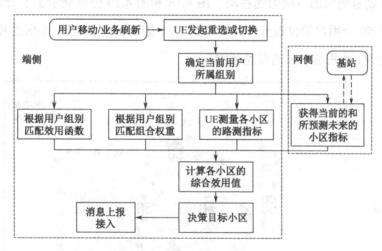

图 4.17 用户业务驱动的网络切换方案流程

4.3.4.2 实验设计和仿真设置

基于 Python 语言搭建异构蜂窝网络的仿真实验平台。为体现仿真实验的异构性,采用 4G 和 5G 共同部署的形式。其中,主小区组由 4 个 4G 宏基站构成,辅小区组由 6 个 5G 微基站构成。表 4.15 给出了仿真实验中异构网络的部分参数设置。

表 4.15　仿真实验平台异构网络的部分参数设置

系统参数	4G	5G
基站数量	4	6
基站类型	宏基站	微基站
覆盖半径/m	500	289
系统带宽/MHz	20	40
小区 RB 数	100	216
系统频率/GHz	2	3.5
发射功率/dBm	43	53
天线增益/dB	12	10
噪声功率密度/dBm/Hz	-176	-174

每一次系统仿真，在覆盖范围内的随机位置生成固定数目的用户，并每隔一段时间让用户朝着随机的方向匀速移动。图 4.18 和图 4.19 分别展示了 5 分钟和 25 分钟时系统中 50 个用户的位置分布。其中，大六边形为 4G 宏基站小区的覆盖范围，小六边形为 5G 微基站小区的覆盖范围。

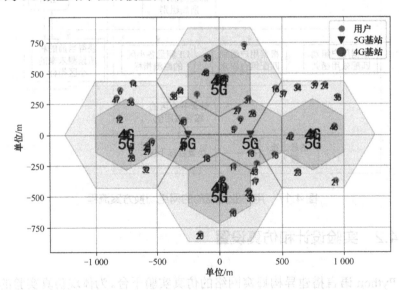

图 4.18　5 分钟时系统中的用户分布

第4章 端网协同智能切换

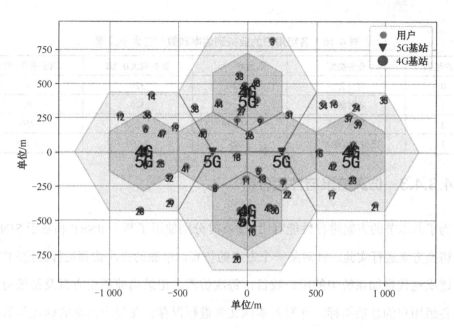

图 4.19　25 分钟时系统中的用户分布

本节将用户按照主要业务类型分为不同的组别。在仿真实验中,约定同一个组别下的用户进行相同的业务,并且具有相同的业务偏好。除表 4.6 中所提的通话组、电竞组、直播组和视听组外,仿真实验中还设置了一个默认组(组别编号为 4),该组内的用户所进行的业务类型随机变化,并且针对默认组用户的当前业务类型,其业务偏好根据所对应的 4 个用户组别(编号为 0~3)进行设置。例如,进行实时游戏的默认组用户,在匹配效用函数和组合权重时,将使用电竞组(用户组别为 1)的效用函数和组合权重的设置。

此外,不同用户组别的业务类型在仿真实验中对应了不同的业务达到率和平均数据包大小。假设用户的业务流服从到达率为 λ 的泊松分布,则相邻数据包到达的时间间隔服从期望值为 λ 的倒数的指数分布。具体的对应关系设置见表 4.16。

表 4.16　各组用户的业务到达率和数据包大小设置

用户组别	业务类型	到达率/ms^{-1}	数据包大小/bit	期望速率/KB/s
0	语音会话	0.2	320	8
1	实时游戏	1	320	40
2	视频直播	2.343 75	2 560	750
3	视频（可缓冲）	3.125	2 560	1 000

4.3.4.3　仿真结果与性能分析

为了与本节的方案进行性能对比，仿真时分别使用了基于 RSRP 和基于 SINR 的网络切换方案进行实验。针对某一个方案的仿真，单独的每次仿真运行固定的时长，并且逐次迭代增加系统中的用户数目。每次仿真，记录当前所用方案及系统用户数目和各组用户的性能指标，并写入本地文件进行保存。在每个方案的迭代仿真都运行结束后，从保存的文件中统计各个用户组别下 UE 的平均通信性能指标，即吞吐量、时延、抖动和丢包率。图 4.20、图 4.21、图 4.22、图 4.23 和图 4.24 分别展示了用户组 0、用户组 1、用户组 2、用户组 3 和用户组 4 的仿真性能统计情况。

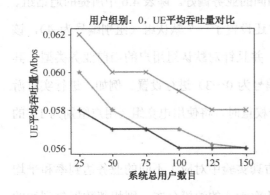
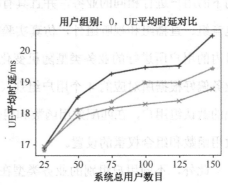

图 4.20　用户组 0 不同方案下的 UE 性能指标对比

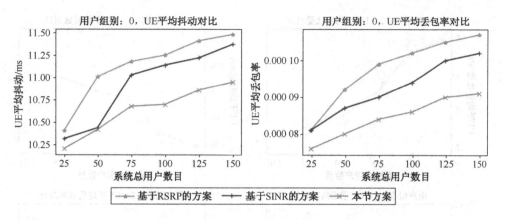

图 4.20 用户组 0 不同方案下的 UE 性能指标对比（续）

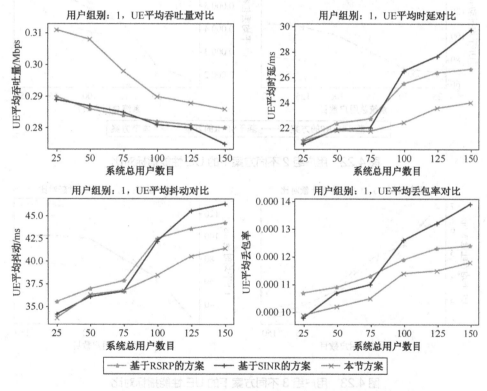

图 4.21 用户组 1 不同方案下的 UE 性能指标对比

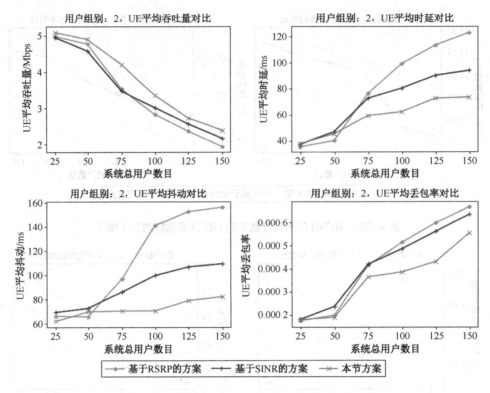

图 4.22　用户组 2 不同方案下的 UE 性能指标对比

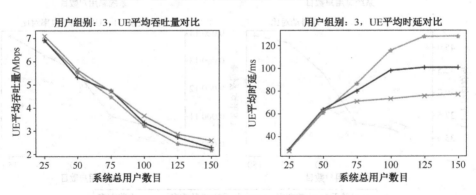

图 4.23　用户组 3 不同方案下的 UE 性能指标对比

第4章 端网协同智能切换

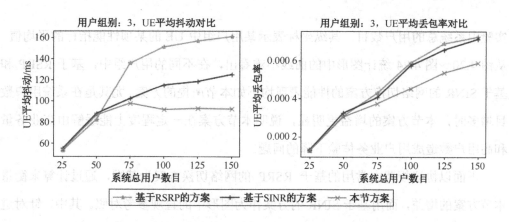

图 4.23　用户组 3 不同方案下的 UE 性能指标对比（续）

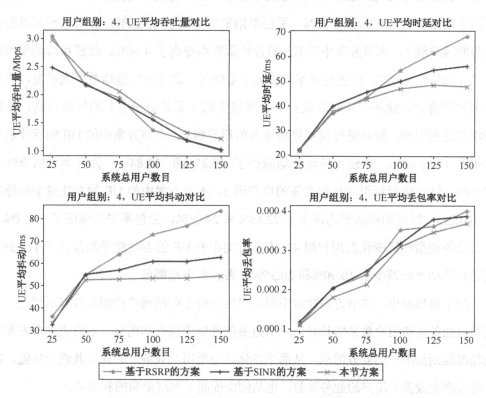

图 4.24　用户组 4 不同方案下的 UE 性能指标对比

对于图 4.20～图 4.24 中线条上的每一个点，其横坐标表示某次固定时长的仿真实验中系统总的用户数目,其纵坐标表示某用户组中 UE 的某项性能指标的平均值。从图 4.20～图 4.24 统计图形中的曲线不难看出,在不同的用户组中,基于 RSRP 和基于 SINR 的网络切换方案的性能表现均不如本节所提的方案。尤其是在系统用户数目增多时,本节方案的增益更明显,说明本节方案在一定程度上能缓解由高业务量和高用户数造成用户业务体验下降的问题。

下面以协议规范中常用的基于 RSRP 的网络切换方案为基准,通过计算来衡量本节方案的增益,而用基于 SINR 的方案作为图形中的直观参考对照。其中,针对进行语音会话业务的用户组 0,本节方案中的 UE 的吞吐量平均提升了 3.72%,时延和抖动平均减少了 1.97%和 4.35%,丢包率则平均降低了 13.22%。针对进行实时游戏业务的用户组 1,本节方案中的 UE 的吞吐量平均提高了 4.56%,时延和抖动平均减少了 6.62%和 5.42%,而丢包率平均降低了 6.09%。这时的性能增益不太明显,主要是因为语音会话业务和实时游戏业务对网络资源(尤其是带宽)的需求不高,基站还没有达到饱和。针对进行视频直播业务的用户组 2,本节方案中的 UE 的吞吐量平均提升了 13.62%,时延和抖动平均减少了 19.25%和 28.84%,丢包率平均降低了 14.04%。针对进行可缓冲视频业务的用户组 3,本节方案中的 UE 的吞吐量平均提升了 10.02%,时延和抖动平均减少了 22.15%和 24.01%,丢包率平均降低了 12.72%。针对业务类型随机变化的用户组 4,本节方案中的 UE 的吞吐量平均提高了 11.05%,时延和抖动平均减少了 10.90%和 20.35%,丢包率平均降低了 7.77%。

综上可以看出,本节方案针对不同用户组别的 UE 的通信性能均能有所优化,尤其是当业务量和用户数目增长时,本节方案的性能增益愈加明显。这说明本节方案能较精准地刻画用户的业务需求,从而个性化地适配用户业务,并提升其通信性能,在一定程度上改善了用户的业务体验,也从侧面提高了网络资源的利用率。

4.3.5 小结

随着 5G 商用以来，网络业务量急速增长，业务种类更加丰富。单一的 RAT 难以满足用户日益复杂多变的业务需求，由此出现了多种 RAT 并存的局面，形成包括 4G 和 5G 在内的 HWN。本节首先介绍了移动通信系统的发展过程，并指明整体呈现多种 RAT 异构融合的发展趋势。然后介绍了异构无线网络的概念，并指明本节以 4G 和 5G 并存的异构蜂窝网络为主进行研究。依次说明了与研究内容相关的技术，包括 4G 和 5G 帧结构和空口物理资源，无线空口测量指标之间的计算关系，基站资源调度过程，路径损耗和比特误码率的计算方式等。对网络切换的类型和流程进行了简要阐述和总结。

本节先引入 LSTM 对小区的网络属性进行时间序列分析和预测，给出了 LSTM 的网络结构和单元结构。最后，展示了仿真设置和结果分析，通过和 GF 算法对比预测结果和预测误差，体现了 LSTM 的性能增益。由于不同的业务类型对 QoS 指标有不同的需求，针对 QoS 指标和小区指标，利用效用函数进行建模，通过综合效用值衡量用户所进行的业务对网络性能的满意程度。由于针对单个网络属性设计的单一效用函数需要根据对应的权重分配来组合成综合效用函数，给出了一种主客观结合的组合赋权方法。首先，基于不同组别用户的偏好，利用 AHP 法计算各网络属性的主观权重。其次，根据不同组别的用户在网络中表现的典型数据，利用熵值法计算各网络属性的客观权重。然后，将两者的计算结合，计算得到各网络属性的组合权重。最后展示了本节所提方案的实施流程，还给出了实验设计和仿真设置，并在最后对仿真结果进行了分析。针对不同的通信性能指标，通过和其他方案进行对比，体现了本节所提方案的优势。

4.4 大展身手——移动通信中端网协同的负载均衡研究

4.4.1 基于 GAN 的终端侧负载估计方案

为了选择比较适配 UE 的移动通信网络，提升用户通信服务体验，保障不同业务下的 QoS 需求，本节研究移动通信中基于 GAN 的终端侧负载估计方案。

4.4.1.1 理论方案研究

关于移动通信中基站负载估计的方案设计，在目前 4G LTE 和 5G NR 等无线通信场景中，当用户产生通信业务时，业务被承载在网络资源 RB 块上传输，随着用户接入数量增加，用户业务的增多，业务传输占用的时频和功率也会提高。因此，对其他用户移动通信业务呈现的干扰上升，这说明负载和干扰及路测参数（RSRP、RSRQ、RSSI、SINR）等存在一定的联系。通过分析不同基站在 RB 资源块上空口参数的干扰情况，可以构建负载与干扰的数学映射关系。

根据 3GPP 相关协议的规定，RSRP 表示考虑的测量频率带宽上承载参考信号的 RE 上的接收功率的线性平均值。在理想情况下，假设每个资源元素的功率分配大小是平均的，子载波发射功率是固定的，那么在单天线传输时，对 RSSI、RSRQ 和 SINR 的定义分别如下：

$$r = 2p_k N_k^{RB} + 10 p_k u_k^{RB} N_k^{RB} + 12(I+N) N_k^{RB} \qquad (4\text{-}44)$$

$$q_k = \frac{p_k N_k^{RB}}{r} \qquad (4\text{-}45)$$

第 4 章
端网协同智能切换

$$s_k = \frac{p_k}{I+N} \tag{4-46}$$

其中，RSSI 由小区参考信号、数据和控制信号、噪声和干扰功率组成，r、q_k、s_k 分别表示通信用户终端在第 k 个小区里接收到的 RSSI、RSRQ 和 SINR 的值，p_k 表示通信用户终端在第 k 个小区里接收到的 RSRP 的值，I 和 N 表示的是平均到每个 RE 上的干扰和噪声大小，$N_k^{\text{RB}} \in \{6,15,25,50,75,100\}$ 表示的是在第 k 个小区系统带宽下的总 RB 资源数，u_k 表示第 k 个小区的 RB 利用率，即当前小区负载的大小。

结合式（4-44）、式（4-45）和式（4-46），可以推导出单天线端口情况下，基站负载 RB 利用率：

$$u_k^{\text{RB}} = \frac{1}{5}\left(\frac{1}{2q_k} - \frac{6}{s_k} - 1\right) \tag{4-47}$$

当前的 4G LTE 和 5G NR 多采用多输入多输出（Multiple Input Multiple Output，MIMO）技术，对资源在微观上的映射关系还需要考虑多天线端口的情况。例如，在多天线端口的情况下，与基站负载有关的多个路测指标 RSSI、RSRQ 和 SINR 分别可以表示为：

$$r = \begin{cases} N_k^{\text{RB}}\left(2p_k + 10p_k u_k^{\text{RB}} + 12(I+N)\right); (N_k^{\text{TX}}=1) \\ N_k^{\text{RB}}\left(4p_k + 8p_k u_k^{\text{RB}} N_k^{\text{TX}} + 12(I+N)\right); (N_k^{\text{TX}}=2) \end{cases} \tag{4-48}$$

$$q_k = \frac{p_k N_k^{\text{RB}}}{r} \tag{4-49}$$

$$s_k = \frac{p_k}{I+N} \tag{4-50}$$

其中，N_k^{TX} 表示基站的发射天线端口数，结合式（4-48）、式（4-49）和式（4-50），可以推导出多天线下的负载理论值为：

$$u_k^{\mathrm{RB}} = \begin{cases} \dfrac{1}{5}\left(\dfrac{1}{2q_k} - \dfrac{6}{s_k} - 1\right); (N_k^{\mathrm{TX}} = 1) \\ \dfrac{1}{4N_k^{\mathrm{TX}}}\left(\dfrac{1}{2q_k} - \dfrac{6}{s_k} - 2\right); (N_k^{\mathrm{TX}} = 2) \end{cases} \tag{4-51}$$

通过上述理论推导，在满足一定合理的理想假设条件下，单天线和多天线端口时，均可以明确负载和用户通信终端接收到的路测参数 RSRQ 及 SINR 存在一定的数学映射关系，可以通过推导的理论公式计算出负载的理论值，这在一定程度上可以估计基站负载 RB 利用率。

但是，上述对负载的公式计算是依据数学理论在理想情况下得出的，存在大量假设。在实际的通信场景中，由于存在信道条件时变、发射机状态信息不完全等问题，无法进行实际的数学建模，所以负载与多个空口参数之间的关系难以准确地用数学理论公式表达。已有对单天线和多天线端口的理论指导依据，可以证明负载和终端可测的空口参数之间存在固有的一定数学映射关系，这可能是非线性且复杂的，但难以用公式描述。在实际的通信场景下，可以考虑将负载建模为一个黑盒模型，通过机器学习或者其他智能化的方式，学习基站负载和多个空口参数指标之间隐含的映射关系，在实际的通信场景中，通过通信用户终端侧测量得到的空口参数估计得到负载的量化大小。

4.4.1.2　负载估计方法分析和选型

针对移动通信中小区负载的估计问题，在前文介绍的理论方案估计小区负载方案中，由于数据集有限、数学模型简单及理论模型存在大量理想假设等问题，不能准确有效地构建负载估计模型，大大降低了现实网络中实际通信场景下负载估计的准确度。

此外，除了在终端侧进行理想数学理论估计小区负载，业界多数的解决方案思路为在网络侧对小区负载进行估计。这种在网络侧对小区负载进行估计的方法存在

第 4 章 端网协同智能切换

以下的不足：在网络接入侧进行负载的估计和均衡，通信用户终端只能被动地接入移动网络，在网络接入侧辅助终端进行选网的过程中，终端不能提前预知网络接入侧的负载信息，要想从网络接入侧间接获得基站负载信息，则需要通过协议下发未规定的消息，会造成额外的信令开销。此外，终端侧到网络接入侧的信令复杂交互过程中产生了较大的时延，并且没有实现用户终端的智能，影响用户进行实时决策，降低了用户体验满意度。

具有大数据处理能力、高效特征提取能力的深度学习技术有望解决传统数学理论建模方法的缺陷。研究小区负载估计的问题对于辅助用户进行实时决策，如对于终端智能选网、重选和切换等是至关重要的。在实际通信场景中，找到用户终端提高负载估计准确度的方法，并辅助终端进行智能化的网络选择接入，对提升用户通信服务体验满意度具有重大意义。

在传统数学理论分析基站负载 RB 利用率的基础上，可以得知，RB 利用率和多个空口参数之间的非线性复杂关系可以通过黑盒模型进行刻画。本节考虑采用基于 GAN 技术对小区负载进行估计的方案。利用 GAN 技术对真实负载样本数据分布进行逼近，把基站负载估计问题归结为利用深度神经网络相互博弈生成小区真实负载的问题。

采用 GAN 技术来进行估计小区负载的优势主要包括以下几个方面。

（1）采用 GAN 技术，相比较于其他的生成式模型，采用对抗式的训练方式，不依赖任何先验假设情况，并且生成器的参数更新不是直接来自数据样本的，而是使用来自判别器的反向传播，能够更高效地自动学习原始真实样本集的数据分布。

（2）采用 GAN 技术，与理论公式估计的小区负载相比，克服了模型理想化、存在大量假设和配置等问题，比较适合现网下的移动通信场景，使得在用户终端侧的负载估计准确度有所提升。

（3）采用 GAN 技术，克服了传统概率生成模型中采用马尔可夫链反复采样和推断时计算复杂度高的问题，GAN 可以直接进行采样和推断，只用到了反向传播，提高了应用效率。

4.4.1.3 基于 GAN 的负载估计建模

根据对端侧负载估计的数学推导和关于 GAN 的理论分析，可以设计基于 GAN 技术的具体建模方案，如图 4.25 所示，将 GAN 技术与基站负载估计的数学理论方案相结合，使得在实际通信场景情况下，实现终端侧对基站负载的估计。

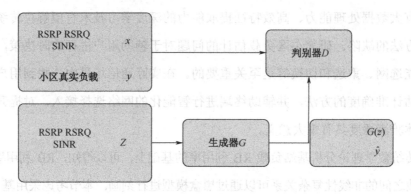

图 4.25 基于 GAN 的负载估计建模示意图

由前文可知，在实际通信场景，RSRP、RSRQ、RSSI 和 SINR 与基站负载之间存在一定的非线性复杂数学映射关系，但由于数学模型简化，存在较多理想假设，使得基站负载的估计准确度难以保证，故可以通过 GAN 技术设计一个黑盒模型，将随机的空口特征参数输入到 GAN 生成器中，输出得到模拟的基站负载数据；将生成器生成的模拟负载数据和真实负载数据输入到判别器，通过深度神经网络相互博弈训练，目的是提高负载估计准确度。其中，这里的生成器和判别器可以采用两个多层全连接神经网络构成。

如图 4.25 所示，基于 GAN 的负载估计建模中生成器的功能如下：生成器学习真实基站负载的分布，生成模拟基站负载的数据。这里的生成器为 $G(z)$，其中 z 是随机噪声，生成器 G 将随机噪声 z 转化，学习真实的基站负载 y 数据的分布，生成模

拟基站负载 y 的数据,生成器 G 的目标是使判别器 D 无法区分真实样本和生成样本,生成器 G 的目标函数为:

$$\min_G V(D,G) = E_{z \sim p_z(z)}[\log(1 - D(G(z)))] \tag{4-52}$$

其中,$E_{z \sim p_z(z)}$ 表示生成器产生的模拟基站负载数据被判断为模拟基站负载数据的期望。

判别器的功能为:将真实的基站负载数据和生成的模拟基站负载数据分别输入判别器,对判别器进行训练。这里的判别器为 $D(x)$,其输入为真实的基站负载相关数据 x 和生成器产生的模拟基站负载相关数据 $G(z)$,判别器 D 的输出为 0 到 1 范围内的一个实数,用于判断生成器 G 生成的模拟基站负载相关的数据 $G(z)$ 与真实负载相关数据样本 x 的概率,$P_{\text{data}}(x)$ 和 $P_z(z)$ 分别代表真实基站负载数据分布和模拟基站负载数据分布,判别器的目标函数为:

$$\max_D V(D,G) = E_{x \sim P_{\text{data}}(x)}[\log(D(x))] + E_{z \sim p_z(z)}[\log(1 - D(G(z)))] \tag{4-53}$$

其中,$E_{x \sim P_{\text{data}}(x)}$ 表示真实基站负载数据被判断为真实基站负载数据的期望。

整个模型功能为:对生成器和判别器进行不断迭代达成对 GAN 模型的训练。其中,对生成器和判别器进行不断迭代采用的方法为最小最大化目标函数,分别对生成器 G 和判别器 D 进行不断迭代,首先固定生成器 G 优化判别器 D,然后固定判别器 D 优化生成器 G,直到训练过程达到收敛。

整体优化函数为:

$$\min_G \max_D V(D,G) = E_{x \sim p_{\text{data}}(x)}[\log(D(x))] + E_{z \sim p(z)}[\log(1 - D(G(z)))] \tag{4-54}$$

最后通过设置平均误差和最大误差的门限值使训练达到最优,得到的模型即为本节终端侧基站负载估计最优黑盒模型。

综上所述,给出移动通信在用户终端侧基于 GAN 的终端负载估计(GAN-Load Estimation,GAN-LE)算法,如表 4.17 所示。

表 4.17 基于 GAN 的端侧负载估计算法

算法 1，对于 $\forall j \in M$，第 j 个 UE 的 GAN-LE 算法
输入：真实 RSRP、RSRQ、SINR、随机噪声 z（路测指标范围内）
初始化：相关参量信息
While True:
训练生成器 G： $\min_{G} V(D,G) = E_{z \sim p_z(z)}[\log(1-D(G(z)))]$
判别器 D： $\max_{D} V(D,G) = E_{x \sim p_{data}(x)}[\log(D(x))] + E_{z \sim p_z(z)}[\log(1-D(G(z)))]$
目标： $\min_{G}\max_{D} V(D,G) = E_{x \sim p_{data}(x)}[\log(D(x))] + E_{z \sim p(z)}[\log(1-D(G(z)))]$
If 达到收敛条件：
保存 GAN 模型；
Break
Else
Continue
End While
输出：GAN 负载估计模型
If 现实网络：
输入实测 RSRP、RSRQ、SINR：
调用 GAN 模型
输出：预估负载

4.4.2 用户级的主动负载均衡方案

4.4.2.1 问题分析

在现实网络的移动通信不同场景下，尤其是面向未来千行百业的通信业务需求时，用户终端发起业务的随机和难以预估性，可能会引起移动通信区域内小区负载不均衡的情况出现。在 4G LTE 中仅依靠终端侧的网络选择接入难以保证通信的有效性和稳定性，当出现部分小区剩余网络资源紧缺引发数据传输阻塞，用户便会出现卡顿和无法做业务等效果不佳的通信体验。另外，在小区边缘等特征明显的通信场景下，信号强度波动，还可能引起用户频繁重选和切换的问题，基站负载乒乓转移，

第 4 章
端网协同智能切换

这对于用户终端来说意味着功耗增加，业务可能发生中断，用户体验很差。

不同运营商对 5G 网络部署方式存在一定差异，对用户终端的通信服务方式也不相同，现实网络中的移动通信场景多种多样，用户业务随机，用户移动难以预估，移动通信的负载不均衡的问题日趋凸现。通过对负载均衡相关技术的分析总结，可以得到传统的 MLB 大致流程图如图 4.26 所示。

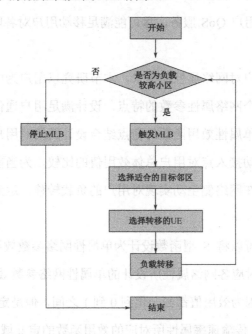

图 4.26　传统的 MLB 大致流程图

传统的基于协议规定的移动性参数调整和修正等小区级的方法没有考虑用户业务意图，是一种被动的反应式负载均衡。只考虑到网络侧优化，可能会造成用户通信业务体验满意度下降，难以保障用户通信服务 QoS 需求。

4.4.2.2　基于效用分析的用户级网侧负载均衡

QoS 是一个端到端的概念，涉及核心网、无线接入网及手机终端，不同类型业务和业务应用环境对 QoS 的要求不尽相同。传统业务、流媒体业务及新型的交互式新业务对网络性能的要求是有较大差异的。在 4G 中，QoS 服务通过通信类标识符（QoS Class Identifier，QCI）来划分，5G 中的 QoS 服务通过更细粒度化的 QoS 流 ID（QoS Flow ID，QFI）来表示。QoS 服务通过多个网络属性参数组成，包括带宽、时延、吞吐量和丢包率等。对于用户级的负载均衡问题，需要考虑用户的通信服务体验，即需要保障通信用户 QoS 服务，尽可能满足移动用户对各网络属性参数和总体网络属性的需求。

针对移动通信用户对网络属性的需求，本节研究以用户为中心的网络属性总体效用值。首先针对单个网络属性参数的特点，设计满足用户通信服务体验的单属性效用函数，接着根据单属性效用函数的特点结合设计网络对用户的总体通信服务效用值，最后根据各移动接入点对用户总体效用值的比较，为当前用户选择通信服务更匹配的小区接入，在网络侧主动实现对用户的负载转移，达到用户级的网侧负载均衡的目的。

根据效用函数，可以将 S 型函数设计为单属性网络参数效用函数。对于不同用户的不同业务类型，对应各网络属性所设计的单属性网络参数效用函数也是不同的，值域可以是一样的，因为效用值都归一化到 0 到 1 之间，但是定义域可能有所区别。例如，对于视频业务，传输速率属性所对应的效用函数的定义域可能为[100，1 000]；而对于语音业务，传输速率属性所对应的效用函数的定义域可能为[50，500]。

移动用户通信服务的最终体验体现在 QoS 保障上，需要综合衡量多个网络属性参数指标，多属性网络效用函数由网络的多个参数所对应的单属性效用函数，按照网络决策属性的权重分配组合而成，表征一个移动通信小区对用户终端的总体效用值，即一个移动通信网络与用户业务意图的匹配程度。对于多属性网络效用函数设计，可以对单属性参数效用函数按照权重进行乘法组合。

4.4.2.3 用户级的网侧负载均衡

在传统的以网络为中心的小区级负载均衡的基础上,通过分析网络中各属性参数对用户通信服务体验的影响,计算和比较各移动通信网络对用户的服务满意度,即网络对用户的总体多属性参数效用值,尤其是对小区边缘场景下的用户来说,为其选择一个更匹配的基站,提供更有效的 QoS 服务保障。

假设当前通信区域内有多个覆盖小区,其中某一个小区有多个用户在做不同的业务,且当前都发起了网络优化需求:某一用户想进行在线手机游戏,由于当前服务小区接入用户较多,处于重负载状态,导致游戏时延高,用户体验很差;还有另外几个用户也在当前服务小区下进行通信业务,同样地,由于服务小区重负载情况,导致体验不佳。因此,为了获得更好的业务体验,用户发起了网络优化需求,即需要网络通过负载均衡将用户切换至更好的小区,并希望保障用户的通信服务质量。

综上所述,可以给出本节在移动通信中用户级的网侧负载均衡算法(UE-Load Balancing),即 UE-LB 算法,如下表 4.18 所示。

表 4.18 用户级的网侧负载均衡算法

算法 2,对于 $\forall j \in \mathcal{M}$,第 j 个 UE 的 UE-LB 算法
输入:网络属性指标 x_i
输出:匹配 cell
While True:
If $u(x)$ 单增:
$u(x_1) = \dfrac{1}{1 + e^{\alpha(x_m - x_1)}}$
Else:
$u(x_2) = \dfrac{e^{\beta(x_m - x_2)}}{1 + e^{\beta(x_m - x_2)}}$
计算 $U(x) = \prod_{i=1}^{n}[u_i(x)]^{w_i}, \sum_{i=1}^{n} w_i = 1$
Max $U(x)$

不同于传统小区级根据用户移动性参数调整能"成批"地对用户进行切换,用户级的网侧负载均衡流程图如图4.27所示。

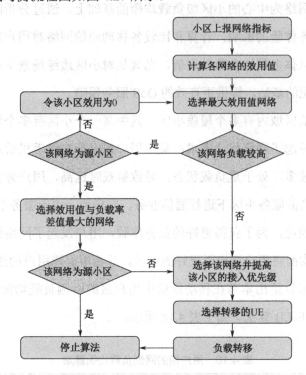

图 4.27 用户级的网侧负载均衡流程图

首先,当前服务小区可以向用户上报该通信区域所在网络环境下的多属性参数指标,用户终端可以根据上述设计的方法依次计算各通信小区的总体效用值,目的是选择效用值最大的通信网络。其次,判断初始选择的小区负载是否达到协议规定的负载门限值。若该小区负载较轻,便可以选定在当前小区并提高该小区的优先级,网侧实现通信层面对用户负载的转移;若当前小区负载已经超过规定门限值,即已经是重负载状态。再判断该选择小区是否为源小区,若不是则说明该小区不适合做负载转移小区;重新选择效用值次之的通信小区;若选择的小区正好是源小区,则选择总体效用值负载率差值最大的网络小区;若结果仍是当前源小区,则说明该通信区域都达到了重负载情况,资源有限,难以提供更好的通信服务。

4.4.3 实验及仿真分析

4.4.3.1 负载估计仿真结果分析

通过网络选择的用户体验来评估实际效果,需要考虑重负载小区的通信场景。移动终端用户在该通信场景下,尤其是在距离基站源不远时,信号显示较强。一旦用户入网重负载小区,会出现通信体验很差,甚至会出现无法做业务的情况。

在该无线通信系统的仿真平台中考虑两个 LTE 小区,系统带宽为 20 Mbps,一个是重负载小区,重负载情况由该基站覆盖范围内较多的用户数和较少的可用基站 RB 资源数量来体现;另一个是负载较轻的小区,该基站覆盖下的用户数较少,基站资源设定为 100 个 RB。仿真参数的设定参考 3GPP TR36.814,表 4.19 列出了部分仿真参数。

表 4.19 仿真参数一

仿真区域	1 000 m×1 000 m
Cell 数量	2
UE 数量	10~80
UE 业务到达率 λ	1,2,5
每个 BS 的 RB 数量	100
BS 发射功率	30 dBm
天线增益	12 dB
系统频率	2.0 GHz
白噪声功率谱密度	−176 dBm/Hz
路损模型	$PL(dB) = -35.4 + 26\lg(d) + 20\lg(f_c)$
快衰落	瑞利衰落
MCS	QPSK/16QAM/64QAM
SINR 阈值	−5.1 dBm

为了衡量移动用户终端通过端侧负载估计，辅助其进行多属性决策网络选择接入的效果，本节在仿真平台中通过统计在不同网络选择方法下获得的用户吞吐量和平均排队时延来评估负载情况。

当用户业务到达率 λ 为 1 时，比较了在重负载场景下，用户终端分别通过 max RSRP、max PSR 和基于 GAN 的选择网络（GAN-Select Network，GAN-SN）进行性能对比。其中，横坐标表示系统中的总用户数目，纵坐标分别表示吞吐量和时延的指标参量，在用户数和时间上做数学统计平均，即得到 UE 的平均吞吐量和平均排队时延，分别如图 4.28 和图 4.29 所示。

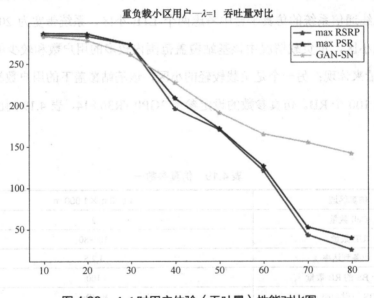

图 4.28　λ=1 时用户体验（吞吐量）性能对比图

第4章 端网协同智能切换

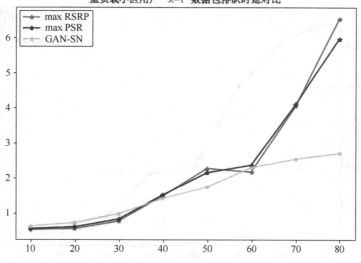

图 4.29　$\lambda=1$ 时用户体验（排队时延）性能对比图

由以上分析可知，在用户业务到达率 λ 为 1 时，相比较于协议规定的 max RSRP 网络选择接入方法，max PSR 网络选择接入方案并不能有效地提升重负载小区覆盖下通信用户的数据传输业务性能，即吞吐量没有得到明显的提升，数据包排队时延没有得到明显的降低，而对于终端基于 GAN-SN 方法，在用户数逐渐增多、负载逐渐增大的过程中，用户的平均吞吐量得到明显的提升，用户的数据包排队时延得到一定程度的下降。

当用户业务到达率 λ 为 2 时，比较了在重负载场景下，用户终端分别通过 max RSRP、max PSR 和 GAN-SN 方法进行性能对比。图 4.30 和图 4.31 的横坐标表示系统中的总用户数目，纵坐标分别表述 UE 的平均吞吐量和平均排队时延。

247

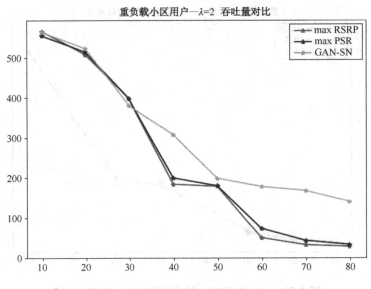

图 4.30　$\lambda=2$ 时用户体验（吞吐量）性能对比图

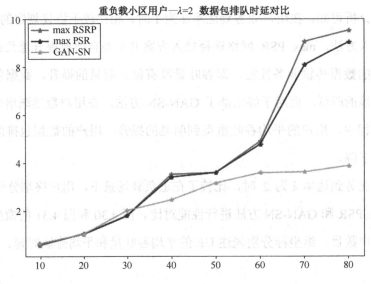

图 4.31　$\lambda=2$ 时用户体验（排队时延）性能对比图

由上述分析可知，在用户业务到达率 λ 为 2 时，与协议规定的 max RSRP 网络选择接入方法相比，max PSR 网络选择接入方案并不能有效地提升重负载小区覆盖下

第 4 章 端网协同智能切换

通信用户的数据传输业务性能，吞吐量和数据包排队时延指标均没有得到明显的优化，而对于终端 GAN-SN 方法，在用户数逐渐增多、负载逐渐增大的过程中，用户的平均吞吐量随着用户数的增加而下降，数据包排队时延随着用户数的增加而增加。与其他两种方法相比较，GAN-SN 方法用户的平均吞吐量得到明显的提升，用户的数据包排队时延得到一定程度的降低。

此外，通过对用户吞吐量的性能分析，可以得到以下结论：随着系统中总用户数量的增多，UE 的平均吞吐量逐渐下降，因为系统中的无线网络资源是有限的，用户数越多，系统中每个用户能调度的资源也是有限的。另外，通过对比分析可知，随着用户到达率的提升，在系统中的总用户数目相同时，用户的吞吐量应提升。用户到达率高，表示当前用户进行的业务类型为高流量需求的业务。通过对用户数据包排队时延的性能分析可知，因为网络资源的限制，随着系统中总用户数量的增加，UE 的平均排队时延逐步下降，并随着用户业务到达率的提升，在系统中的总用户数目相同时，用户的排队时延相应增加。

结合以上的仿真结果，通过对 3 种方案在不同用户业务到达率下的比较可知，在通信用户终端处进行负载估计并辅助其进行网络切换时，能明显缓解由于高业务到达率和高用户数目等重负载原因造成的业务压力，尤其是在系统总用户数目增大时，用户的平均吞吐量明显提升，用户的数据包排队时延明显缩短，用户的通信业务性能能得到一定程度上的优化。

4.4.3.2 用户级负载均衡仿真结果分析

本书构建的是边缘小区场景下的负载转移场景。在该通信场景下，由于用户处在小区覆盖边缘，信号强度波动，终端可能会出现乒乓重选和切换的现象，业务可能会发生中断，用户体验较差。此外，在现实网络中的边缘小区场景下，现有网侧基于移动性网络参数调整的负载均衡方法有可能会造成用户"成批"切换和负载的乒乓转移问题，使 UE 的功耗增加明显，所以边缘小区的场景是一个比较典型的研究负载均衡的通信场景。

在对 4G LTE 仿真平台搭建的基础上，通过对 5G 相关协议 3GPP TS 38.901 的查阅分析，进一步考虑 5G NR 小区，主要在系统配置、系统带宽、子载波间隔、资源块分配等方面做了一定的改进，其传播路径损耗模型设定为 3D-UmaLOS 模型，表示为：$PL_1 = 28.0 + 22\lg(d_{3D}) + 20\lg(f_c)$，对部分相关仿真参数的设定见表 4.20。

表 4.20 仿真参数二

仿真区域	1 000 m×1 000 m
基站高度	25 m
Cell 数量	2
UE 数量	10-80
UE 业务到达率	1,2,5
RE 占用带宽	BWP 配置（初始为 15 kHz）
RB 占用带宽	BWP 配置（初始为 180 kHz）
RB 数量	BWP 配置（10 Mbps 系统带宽下为 52 个）
系统带宽	BWP 配置（初始设定为 10 Mbps）
子载波间隔	初始设置为 15 kHz
BS 发射功率	53 dBm
天线增益	10 dB
系统频率	3.5 GHz
噪声功率谱密度	-174 dBm/Hz
路损模型	$PL_1 = 28.0 + 22\lg(d_{3D}) + 20\lg(f_c)$
MCS	QPSK/16QAM/64QAM
SINR 阈值	-5.1 dBm

为了衡量本节方案下移动通信中的用户在不同通信系统中的用户级负载均衡情况，在 4G 和 5G 平台中分别进行仿真，比较了在边缘小区通信场景中用户切换效果。用户切换效果侧面反映了该方案对用户终端功耗的影响，在现实网络中可以用终端的电平功率情况来直接衡量功耗的增益。

第4章 端网协同智能切换

在 5G 仿真平台下,当用户业务到达率 λ 分别为 1 和 2 时,比较了在边缘小区场景下,用户终端分别通过 max RSRP、max PSR 和 UE-LB 方法对用户重选切换次数,如图 4.32 和图 4.33 所示。其中,横坐标表示系统中的总用户数目,纵坐标表示用户终端平均重选切换次数。

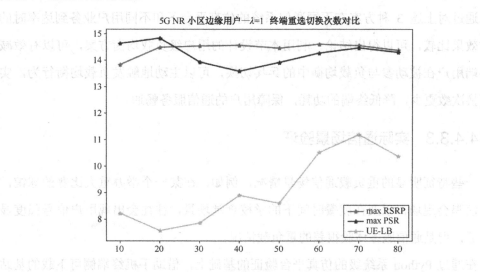

图 4.32　5G NR 小区边缘场景下终端用户切换效果图

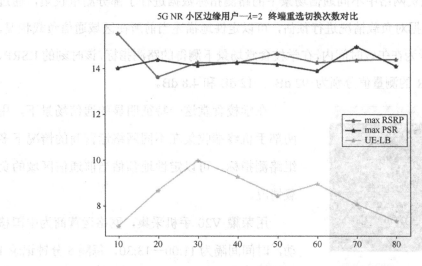

图 4.33　5G NR 小区边缘场景下终端用户切换效果图

通过分析可知，当用户业务到达率 λ 分别为 1 和 2 时，在 5G 系统仿真平台的边缘小区场景下，可以得到 UE-LB 方案相比于传统的方法用户终端重选切换次数明显降低的结论，同时能够验证了 UE-LB 方案适用于 5G NR 通信系统，保证了移动通信服务在不同网络制式下的有效性和稳定性。

通过对上述 3 种方案在不同通信系统的仿真平台下和不同用户业务到达率时的评估效果比较，可以得出结论：利用本节设计的用户级负载均衡方案，可以有效减少终端用户在被动参与负载均衡中的乒乓切换，可以主动地触发负载均衡行为，实现切换次数更少，降低终端的功耗，保障用户的通信服务畅通。

4.4.3.3 实际通信场景验证

一些特征明显的重负载通信场景情况，例如，在某一个举办重大比赛的球馆，或者演唱会现场，以及在就餐时间下的学校食堂场景，往往会出现用户信号强度显示合适，但是通信服务体验很差的重负载情况。

在通过 Python 系统级的仿真平台验证的基础上，借助手机终端侧可下载的基站路测软件对现实网络中不同通信场景下的路测指标数据进行了部分测量收集，通过统计的路测数据对负载情况进行预估，可以定性地描述当前所在区域通信负载状况。如图 4.34 所示为在午饭时间内,在学校食堂场景下测得的路测指标,该时刻的 RSRP、RSRQ 和 SINR 的测量值分别为 -92 dB、-12 dB 和 4.8 dB。

在学校食堂这一特征明显的通信场景下，用两部手机终端收集在不同网络运营商的情况下多组路测指标，可以定性地预估当前通信区域的负载情况。

用荣耀 V20 手机采集，网络运营商为中国移动，时间间隔为 11:00—13:30，每隔 5 分钟记录 1

图 4.34　某一时刻的路测测量结果图

组数据,现实网络实测路测指标统计情况见表4.21。

表4.21 现实网络实测路测指标统计表一

时间段	RSRP/dB	RSRQ/dB	SINR/dB	负载/估算
11:00	-88	-6	20	0.186
11:05	-87	-6	18	0.179
11:10	-86	-7	19	0.286
11:15	-88	-6	21	0.189
11:20	-86	-8	16	0.401
11:25	-85	-7	18	0.282
11:30	-85	-7	17	0.277
11:35	-88	-8	12	0.355
11:40	-86	-9	13	0.534
11:45	-85	-9	7	0.355
11:50	-90	-9	17	0.570
11:55	-86	-10	13	0.740
12:00	-86	-10	11	0.705
12:05	-84	-10	15	0.762
12:10	-86	-10	11	0.705
12:15	-86	-10	12	0.724
12:20	-91	-10	18	0.781
12:25	-86	-9	21	0.585
12:30	-86	-9	18	0.575
12:35	-87	-9	17	0.570
12:40	-85	-9	15	0.556
12:45	-85	-8	12	0.355
12:50	-84	-8	12	0.355
12:55	-84	-8	14	0.383
13:00	-85	-7	9	0.150
13:05	-86	-7	19	0.286
13:10	-85	-7	17	0.277
13:15	-87	-6	14	0.150
13:20	-83	-7	18	0.282
13:25	-84	-6	15	0.160
13:30	-86	-6	15	0.160

用曲线图能比较直观地看到在各个时间点上食堂基站的负载情况，如图 4.35 所示，可以定性地看到同一个基站在不同时间段下负载的变化趋势。

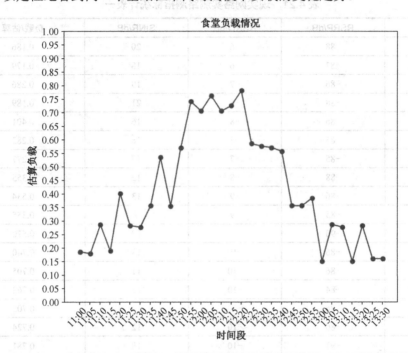

图 4.35　现实网络预估负载统计图一

用小米 9 手机采集，网络运营商为中国联通，时间间隔为 11:00—13:30，每隔 5 分钟记录一组数据，现实网络实测路测指标统计情况见表 4.22。

表 4.20　现实网络实测路测指标统计表二

时间段	RSRP/dB	RSRQ/dB	SINR/dB	负载/估算
11:00	−82	−7	16	0.271
11:05	−84	−7	16	0.271
11:10	−83	−7	19	0.286
11:15	−84	−7	15	0.263
11:20	−83	−7	19	0.286

第4章 端网协同智能切换

续表

时间段	RSRP/dB	RSRQ/dB	SINR/dB	负载/估算
11:25	−81	−7	20	0.289
11:30	−82	−7	15	0.263
11:35	−82	−8	21	0.421
11:40	−88	−8	15	0.393
11:45	−82	−8	17	0.407
11:50	−81	−9	18	0.575
11:55	−82	−10	20	0.788
12:00	−82	−9	20	0.582
12:05	−83	−9	14	0.547
12:10	−80	−9	21	0.585
12:15	−79	−10	15	0.762
12:20	−77	−9	23	0.588
12:25	−79	−10	21	0.790
12:30	−84	−10	20	0.788
12:35	−84	−10	21	0.790
12:40	−84	−9	13	0.534
12:45	−84	−9	19	0.579
12:50	−83	−8	19	0.416
12:55	−82	−7	15	0.263
13:00	−83	−8	14	0.383
13:05	−84	−8	17	0.407
13:10	−85	−7	17	0.282
13:15	−82	−8	9	0.280
13:20	−84	−8	10	0.311
13:25	−83	−8	16	0.401
13:30	−85	−7	17	0.277

用曲线图可以比较直观地看到在各个时间点上食堂基站的负载情况，如图 4.36 所示。

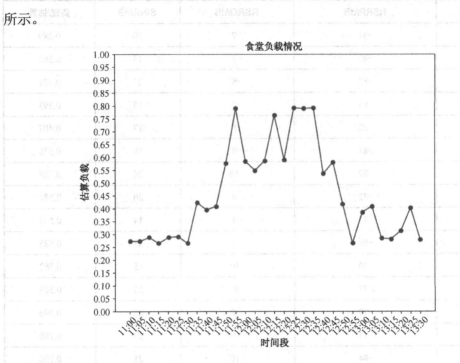

图 4.36　现实网络预估负载统计图二

通过两个手机终端测得的路测指标获得食堂基站负载的情况来看，在学校午饭的食堂通信场景下，12:00—12:30 时间段的基站负载较高，此时间段正好是学生下课就餐时间，满足实际的通信场景实况，本节工作对实际通信场景的验证可以定性且合理地表达基站负载的变化情况。

4.4.4　小结

移动通信的快速发展在为千行百业带来更多样化和更复杂业务服务的同时，也给移动通信网络覆盖部署带来了一些挑战，出现负载难以均衡的问题。在人工智能

第4章 端网协同智能切换

技术蓬勃发展的机遇下，也为移动通信的部分问题带来了可尝试的解决思路，本节研究了智能化和用户级的负载均衡问题。

AI 使得在用户终端侧进行基站负载估计成为可能，UE 对周围可用通信小区的负载感知，有利于选择合适的网络进行接入，保障了用户移动通信服务的有效性。据此，本节首先研究了基于 GAN 的端侧负载估计算法，针对通过网侧分析负载信息间接分享给用户带来较大的信令开销，传统数学理论分析负载的方法存在理论假设过多，通信环境过于理想化等问题，通过 GAN 对真实路测指标和基站负载数据的训练建模，在终端侧实现对周围基站负载的大致预估。此外，在网络侧考虑用户主动式触发的负载均衡，针对传统被动式负载均衡造成用户乒乓切换和用户体验不佳的问题，通过设计用户级基于效用函数的负载均衡方案，考虑用户的通信服务 QoS 需求，为用户匹配通信服务满意度较高的无线接入，减小终端的功耗，保障用户通信服务的稳定性。本节分别介绍了用户终端侧和无线网络接入侧协同的负载均衡，为用户提供有效和稳定的通信服务，保障移动通信性能。

本节在两个方面介绍了相关研究工作，一是通过理论分析空口参数和基站负载的数学映射关系，提出 AI 黑盒模型的负载估计方案；二是通过以用户体验为中心，设计用户级的数学效用函数方法，研究移动通信中端网协同的负载均衡，并通过系统级的仿真平台对算法的有效性和性能增益进行了评估。

4.5 总结与展望

4.5.1 总结

面对未来千行百业的业务需求，传统的网络切换技术不能对用户需求精确建模，无法个性化地适配用户业务,并且可能导致网络资源难以有效利用的问题,在兼顾用户 QoS 和网络利用率的情况下,如何选择最佳的网络为用户提供服务,是亟需解决的关键问题之一,也是本章的主要研究领域。

本章研究的主要内容包括以下几个方面。

(1) 介绍了异构无线网络的概念,并指明本书以 4G 和 5G 并存的异构蜂窝网络为主要研究对象,依次说明了与研究内容相关的技术,包括 4G 和 5G 帧结构和空口物理资源、无线空口测量指标之间的计算关系、基站资源调度过程、路径损耗和比特误码率的计算方式等。对网络切换的类型和流程进行了简要阐述和总结。

(2) 研究了一种基于 LSTM 的小区网络属性预测方法,描述了 LSTM 模型的网络架构和单元结构,说明了其与其他常用时间序列分析模型相比的优点,给出了仿真参数设置,并通过仿真结果验证了 LSTM 用于网络属性预测的有效性。

(3) 研究了一种用户业务驱动的网络切换方案。首先针对移动网络中不同业务类型对 QoS 的不同需求,使用效用函数进行建模。之后,提出一种基于用户偏好的主客观组合赋权方法。然后,结合先前基于 LSTM 的网络属性预测,根据组合权重来计算网络的综合效用值,以此作为网络切换的判断准则。最后,通过仿真实验和其他方案进行对比,结果验证了本书所提方案的性能增益。

(4) 本书实现了终端侧主动的负载估计,与终端间接从网侧获得负载信息不同,避免了额外的信令开销,克服了数学理论分析负载和空口指标之间关系的理想化假设和环境不匹配的障碍,辅助用户选择更优的网络选择接入,通过终端侧对周围可用基站负载的估计,辅助终端接入资源更足的小区,保障了用户的通信服务稳定性。

(5) 完成了用户级的负载均衡,不同于传统被动触发式的方法,而是以用户通信服务体验为衡量指标,实现用户主动触发的负载均衡,为用户选择匹配的小区。通过端网协同的负载均衡方法,实现用户负载较精细化的负载转移,避免用简单调

第 4 章
端网协同智能切换

整移动性参数造成"成批"切换而引起新的负载不均衡问题。

4.5.2 展望

本章的研究内容涉及异构移动蜂窝网络的接入网,主要对用户在异构蜂窝网络覆盖范围内的网络切换进行了研究,包括小区重选和切换等方面。针对移动通信中的负载均衡问题,分别在用户终端侧和基站接入网络侧设计了相应的负载估计和负载均衡方法,目的是保证用户匹配的网络选择接入,保障用户的通信服务 QoS 体验。

(1) 本章所研究的方案需要考虑多个网络属性。在工程实践中,RSRP、RSRQ 和 SINR 等属于 UE 的路测指标,可以直接测量获得。然而,网络吞吐量、时延、抖动、丢包率、负载率等属于小区指标,一般不能直接获得。在自组织网络中,设备厂商(如华为)可以通过私有协议来让 UE 获得基站下发的小区指标。因此,针对决策信息的获得能力来确定网络切换的主导权的研究是有必要的。例如,基站提供信息辅助 UE 进行自主决策,或者 UE 提供信息辅助基站进行切换决策。

(2) 本章所研究的方案考虑了网络属性的动态变化,即网侧具有一定的预测能力,但是没有考虑对端侧用户的业务状态进行预测,也没有考虑对用户的移动轨迹进行预测。因为这在仿真中难以实现,并且在逻辑上也存在不合理的地方。然而,在工程实践中,可以进一步研究基于用户日常行为规律的情景,结合情景预测用户在何时何地可能进行何种业务,进而提前为用户准备好匹配的网络服务。

(3) 本章的研究内容是基于异构无线网络环境的,但是仿真实验仅考虑了以 4G LTE 和 5G NR 并存的异构蜂窝网络环境。笔者在后期的研究中,会考虑加入其他的 RAT 系统(如 3G 和 WiFi 等),以增强系统的异构性。

(4) 本章在设计终端估计负载的方法时,主要分析了负载指标和路测指标之间的关系。基站对用户的业务调度包的情况也可以在一定程度上反映负载的情况,如何根据终端易获得的信息更准确地估计负载也是未来笔者研究的方向。

（5）本章在设计用户级的负载均衡方法时侧重点是以用户为中心，所以采用了相对简单的数学建模方法，未来，笔者将深入研究用户主动触发负载均衡时，可以利用的人工智能等智能化分析方法。

（6）本章介绍的负载估计和负载均衡两个方面的通信场景有限，重点介绍了重负载小区和边缘小区场景。未来，笔者将深入研究在更多的场景下如何设计更优化的算法。

第 5 章

总　论

　　针对超密集移动通信系统中面临的基站参考信号强度相似导致的网络选择难、网络接入点密集导致的资源调度不灵活和传统网络切换技术导致的用户频繁切换，以及网络负载不均衡等诸多具体技术问题，本书基于传统算法，结合人工智能研究超密集移动通信系统中从用户的网络选择与接入、资源调度到网络切换的整个过程，保障了端侧用户的智能入网，网侧资源的高效利用和端网的负载均衡，最终实现了人工智能超密集移动通信系统。本书的研究目前还存在一些可改进的地方，未来笔者希望按照以下几个方面继续开展。

　　（1）超密集移动通信系统中用户移动性对接入性能影响很大。因此，连接技术需考虑用户移动性。一方面，通过机器学习预测用户移动性，并将预测结果作为策略学习的输入，从而降低频繁切换；另一方面，用户的业务模型、业务预测也是目前负载均衡的研究重点，通过大数据结合支撑向量机、深度神经网络等方法实现流量预测，可实现细粒度的负载均衡。

　　（2）一方面，TAMA 算法尚未在本书搭建的 LTE 仿真平台中实现，可通过本书提出的学习框架对 TAMA 算法进行改进。另一方面，信令开销并未被直接仿真，而是通过降低多连接链路的数量或降低用户切换次数侧面优化信令开销,这也是一个改进的方向。未来通过进一步学习协议内容,笔者希望能够设计更直接反映信令开销的仿真环境。

(3)在系统模型中,假设用于降低 SBS 间干扰的频谱分配已经完成,并基于此,将 SBS 间的干扰当作噪声,但在超密集移动通信系统中,干扰也是影响性能的主要因素。因此,如何进一步降低干扰造成的性能损耗是笔者未来研究的关键问题之一。另外,本书设计的智能调度算法主要应用场景为 eMBB,如何结合 URLLC 场景和 mMTC 场景设计综合的调度算法是笔者未来将深入研究的关键问题。

(4)本书所提的研究方案需要考虑多个网络属性。在工程实践中,RSRP、RSRQ 和 SINR 等属于 UE 的路测指标,可以通过直接测量获得。然而,网络吞吐量、时延、抖动、丢包率、负载率等属于小区指标,UE 一般不能直接获得。在自组织网络中,设备厂商(如华为)可以通过私有协议来让 UE 获得基站下发的小区指标。因此,针对决策信息的获得能力来确定网络切换的主导权是有研究必要的。例如,基站提供信息辅助 UE 进行自主决策,或者 UE 提供信息辅助基站进行切换决策。

(5)本书所提的方案考虑了网络属性的动态变化,即网侧具有一定的预测能力,但是没有考虑对端侧用户的业务状态进行预测,也没有考虑对用户的移动轨迹进行预测。因为这在仿真中难以实现,并且,逻辑上存在不合理的地方。然而,在工程实践中,可以进一步研究基于用户日常行为规律的情景,结合情景预测用户在何时何地可能进行何种业务,进而提前为用户准备好匹配的网络服务。

(6)本书的研究内容是基于异构无线网络环境的,但是仿真实验仅考虑了以 4G LTE 和 5G NR 并存的异构蜂窝网络环境。在后期笔者的研究中,会考虑加入其他的 RAT 系统(如 3G 和 WiFi 等),以增强系统的异构性。

参考文献

[1] Cisco. Cisco Visual Networking Index: Global Mobile Data Traffic Forecast Update, 2016-2021 White Paper [R]. 2017.

[2] N. BHUSHAN, J. LI, D. MALLADI, et al. Network Densification: The Dominant Theme for Wireless Evolution into 5G [J]. IEEE Communication Magazine, 2014, 52(2): 52-89.

[3] M. Kamel, W. Hamouda, A. Youssef. Ultra-Dense Networks: A Survey [J]. IEEE Communications Surveys & Tutorials, 2016, 18(4): 2522-2545.

[4] Nokia. Ultra Dense Network (UDN) White Paper [R]. 2016.

[5] T. S. Buda, H. Assem, L. XU, et al. Can Machine Learning Aid in Delivering New Use Cases and Scenarios in 5G [C]. Taipei: IEEE, 2016.

[6] C. Jiang, H. Zhang, Y. Ren, et al. Machine Learning Paradigms for Next-Generation Wireless Networks [J]. IEEE Wireless Communications, 2017, 24(2): 98-105.

[7] 王威丽，何小强，唐伦. 5G 网络人工智能化的基本框架和关键技术 [J]. 中兴通讯技术, 2018, 24(139): 42-46.

[8] A. Gupta, R. K. Jha. A Survey of 5G Network: Architecture and Emerging Technologies [J]. IEEE Access, 2015, 3: 1206-1232.

[9] IMT-2020(5G)推进组. 5G 愿景与需求 [R]. 2014.

[10] S. Chen, T. Zhao, H. Chen, et al. Downlink Coordinated Multi-Point Transmission in Ultra-Dense Networks with Mobile Edge Computing[J]. IEEE Network, 2018, 33(2): 152-159.

[11] R. D. Yates. A framework for uplink power control in cellular radio systems[J]. IEEE Journal on selected areas in communications, 1995, 13(7): 1341-1347.

[12] 王盛. LTE-A 协作多点传输中的多用户协作技术的研究[D]. 北京邮电大学, 2013.

[13] C. I, S. Han, Z. XU, et al. New Paradigm of 5G Wireless Internet [J] IEEE Journal on Selected Areas in Communications, 2016, 34(3): 474-482.

[14] R. LI, Z. Zhao, X. Zhou, et al. Intelligent 5G: When Cellular Networks Meet Artificial Intelligence [J]. IEEE Wireless Communications, 2017, 24(5): 175-183.

[15] M. Chuang, M. Chen, S. Yeali. Resource Management Issues in 5G Ultra Dense Small cell Networks [C]. Cambodia: IEEE, 2015.

[16] A. Thapaliya, S. Sengupta. Understanding the Feasibility of Machine Learning Algorithms in A Game Theoretic Environment for Dynamic Spectrum Access [C]. Seattle: IEEE, 2017.

[17] G. P. Koudouridis, P. Soldati, H. Lundqvist, et al. User-Centric Scheduled Ultra-Dense Radio Access Networks [C]. Thessaloniki: IEEE, 2016.

[18] W. Jiang, P. Hong, K. Xue, et al. QoS-Aware Dynamic Spectrum Resource Allocation Scheme in C-RAN based Dense Femtocell Networks [C]. Nanjing: IEEE, 2015.

[19] F. Capozzi, G. Piro, L. A. Grieco, et al. Downlink Packet Scheduling in LTE Cellular Networks: Key Design Issues and a Survey [J]. IEEE Communications Surveys & Tutorials, 2013, 15(2): 678-700.

[20] D. Singh, P. Singh. Radio Resource Scheduling in 3GPP LTE: A Review [J]. International Journal of Engineering Trends and Technology, 2013, 4(6): 2045-2411.

[21] International Telecommunication Union (ITU). Overall network operation, telephone

service, service operation and human factors [R]. 2008.

[22] 3GPP. Release 9-TS 23.203-2009. Technical Specification Group Services and System Aspects -Policy and charging control architecture [S].

[23] Cloudfly_CN. 5G 系统—5G QoS [EB/OL]. https://blog.csdn.net/u010178611/article/details/81746532 [2018-08-16].

[24] R. Irmer, H. Droste, P. Marsch, et al. Coordinated multipoint: Concepts, performance, and field trial results[J]. IEEE Communications Magazine, 2011, 49(2): 102-111.

[25] Y. Li, M. Xia, S. Aissa. Coordinated Multi-Point Transmission: A Poisson-Delaunay Triangulation Based Approach[J]. IEEE Transactions on Wireless Communications, 2020.

[26] U. Jang, H. Son, J. Park, et al. CoMP-CSB for ICI nulling with user selection[J]. IEEE Transactions on Wireless Communications, 2011, 10(9): 2982-2993.

[27] Y. Yand, B. Bai, W. Chen, et al. A low-complexity cross-layer algorithm for coordinated downlink scheduling and robust beamforming under a limited feedback constraint[J]. IEEE transactions on vehicular technology, 2013, 63(1): 107-118.

[28] A. Papadogiannis, D. Gesbert, E. Hardouin. A dynamic clustering approach in wireless networks with multi-cell cooperative processing[C]. 2008 IEEE International Conference on Communications, IEEE, 2008: 4033-4037.

[29] S. Fu, B. Wu, H. Wen, et al. Transmission scheduling and game theoretical power allocation for interference coordination in CoMP[J]. IEEE Transactions on Wireless Communications, 2013, 13(1): 112-123.

[30] M. S. Ali, E. Hossain, A. Al-Dweik, et al. Downlink power allocation for CoMP-NOMA in multi-cell networks[J]. IEEE Transactions on Communications, 2018, 66(9): 3982-3998.

[31] Z. Han, Z. Ji, K. J. R. Liu. Fair multiuser channel allocation for OFDMA networks using

Nash bargaining solutions and coalitions[J]. IEEE Transactions on Communications, 2005, 53(8): 1366-1376.

[32] Q. Cui, H. Wang, P. Hu, et al. Evolution of limited-feedback CoMP systems from 4G to 5G: CoMP features and limited-feedback approaches[J]. IEEE vehicular technology magazine, 2014, 9(3): 94-103.

[33] S. Zhao, Z. Li, D. Medhi. Low delay MPEG DASH streaming over the WebRTC data channel[C].2016 IEEE International Conference on Multimedia & Expo Workshops (ICMEW). IEEE, 2016: 1-6.

[34] K. Kwark, H. W. JE, S. Park, et al. CoMP joint transmission for Gaussian broadcast channels in delay-limited networks[J]. IEEE Transactions on Vehicular Technology, 2016, 66(3): 2053-2058.

[35] K. Nabar, G. Kadambi. Optimising gateway selection using node lifetime and inter-node interference in cluster-based MANETs[C]. 2017 Fourteenth International Conference on Wireless and Optical Communications Networks (WOCN). IEEE, 2017: 1-5.

[36] Y. Lin, R. Zhang, L. Yang, et al. Modularity-Based User-Centric Clustering and Resource Allocation for Ultra Dense Networks [J]. IEEE Transactions on Vehicular Technology, 2018.

[37] B. Chang, S. Liou, Y. Liang. Cooperative Communication in Ultra-Dense Small Cells toward 5G Cellular Communication [C]. Vancouver: IEEE, 2017.

[38] S. Chen, Z. Zeng, C. Guo. Exploiting Polarization for System Capacity Maximization in Ultra-Dense Small Cell Networks [J]. IEEE Access, 2017, 5: 17059-17069.

[39] M. Adedoyin, O. Falowo. Joint Optimization of Energy Efficiency and Spectrum Efficiency in 5G Ultra-Dense Networks [C]. Oulu: IEEE, 2017.

[40] G. P. Koudouridis, P. Soldati. Spectrum and Network Density Management in 5G Ultra-Dense Networks [J]. IEEE Wireless Communications, 2017, 24(5): 30-37.

[41] G. P. Koudouridis, P. Soldati. Joint Network Density and Spectrum Sharing in Multi-Operator Collocated Ultra-Dense Networks [C]. Thessaloniki: IEEE, 2018.

[42] M. Adedoyin, O. Falowo. QoS-Aware Radio Resource Allocation for Ultra-Dense Heterogeneous Networks [C]. Montreal: IEEE, 2017.

[43] N. Zhang, S. Zhang, J. Zheng, et al. User Satisfaction-Aware Radio Resource Management in Ultra-Dense Small Cell Networks [C]. Chengdu: IEEE, 2016.

[44] Y. Liu, Y. Wang, Y. Zhang, et al. Game-Theoretic Hierarchical Resource Allocation in Ultra-Dense Networks [C]. Valencia: IEEE, 2016.

[45] Z. Wang, X. Zhu, X. Bao, et al. A Novel Resource Allocation Method in Ultra-Dense Network Based on Noncooperation Game Theory [J]. China Communications, 2016, 13(10): 169-180.

[46] L. Xu, Y. Mao, S. Leng, et al. Energy-Efficient Resource Allocation Strategy in Ultra Dense Small-Cell Networks: A Stackelberg Game Approach [C]. Paris: IEEE, 2017.

[47] Y. Sun, Y. Chang, X. Wang, et al. User Satisfaction-Aware Sub-Channel Assignment in Ultra-Dense Networks with Max-Min Fairness [C]. Singapore: IEEE, 2017.

[48] I. S. Coma, M. Aydin, S. Zhang, et al. Reinforcement Learning based Radio Resource Scheduling in LTE-Advanced [C]. Huddersfield: IEEE, 2011.

[49] I. S. Coma, M. Aydin, S. Zhang, et al. Scheduling Policies based on Dynamic Throughput and Fairness Trade-off Control in LTE-A Networks [C]. Edmonton: IEEE, 2014.

[50] I. S. Coma, S. Zhang, M. Aydin, et al. Adaptive Proportional Fair Parameterization based LTE Scheduling Using Continuous Actor-Critic Reinforcement Learning [C]. Austin: IEEE, 2014.

[51] S. Feki, F. Zarai. Cell Performance-Optimization Scheduling Algorithm Using

Reinforcement Learning for LTE-Advanced Network [C]. Hammamet: IEEE, 2017.

[52] I. Comsa, A. DE-Domenico, D. Ktenas. QoS-Driven Scheduling in 5G Radio Access Networks - A Reinforcement Learning Approach [C]. Singapore: IEEE, 2017.

[53] Y. Wei, F. R. Yu, M. Song, et al. User Scheduling and Resource Allocation in HetNets With Hybrid Energy Supply: An Actor-Critic Reinforcement Learning Approach [J]. IEEE Transactions on Wireless Communications, 2018, 17(1): 680-692.

[54] S. Imtiaz, H. Ghauch, G. P. Koudouridis, et al. Random Forests Resource Allocation for 5G Systems: Performance and Robustness Study [C]. Barcelona: IEEE, 2018.

[55] M. Chen, Y. Hua, X. Gu, et al. A Self-Organizing Resource Allocation Strategy Based on Q-Learning Approach in Ultra-Dense Networks [C]. Beijing: IEEE, 2016.

[56] S. Xu, R. Li, Q. Yang. Improved Genetic Algorithm based Intelligent Resource Allocation in 5G Ultra Dense Networks [C]. Barcelona: IEEE, 2018.

[57] Y. Bao, H. Wu, X. Liu. From Prediction to Action: Improving User Experience With Data-Driven Resource Allocation [J]. IEEE Journal on Selected Areas in Communications, 2017, 35(5): 1062-1075.

[58] F. Shah-Mohammadi, A. Kwasinski. Deep Reinforcement Learning Approach to QoE-Driven Resource Allocation for Spectrum Underlay in Cognitive Radio Networks [C]. Kansas: IEEE, 2018.

[59] N. Morozs, T. Clarke, D. Grace. Distributed Heuristically Accelerated Q-Learning for Robust Cognitive Spectrum Management in LTE Cellular Systems [J]. IEEE Transactions on Mobile Computing, 2016, 15(4): 817-825.

[60] J. Jang, J. Yang, S. Kim. Learning-Based Distributed Resource Allocation in Asynchronous Multicell Networks [C]. Jeju: IEEE, 2018.

[61] K. Nabar, G. Kadambi. Affinity propagation-driven multiple weighted clustering in

manets[C]. Proceedings of the International Conference on Advances in Information Communication Technology & Computing. 2016: 1-6.

[62] J. Nash. The Bargaininn Problem[J]. Econometrica.1950(1):155-162.

[63] H. Yaiche, R. R. Mazumbar, C. Rosenberg. A game theoretic framework for bandwidth allocation and pricing in broadband networks[J]. IEEE/ACM transactions on networking, 2000, 8(5): 667-678.

[64] 程世伦, 杨震, 张晖. 基于认知无线电系统的新型合作功率控制博弈算法[J]. 通信学报, 2007(08):54-60.

[65] P. V. Klaine, M. A. Imran, O. Onireti, et al. A Survey of Machine Learning Techniques Applied to Self-Organizing Cellular Networks [J]. IEEE Communications Surveys & Tutorials, 2017, 19(4): 2392-2431.

[66] 李晨溪, 曹雷, 张永亮, 等. 基于知识的深度强化学习研究综述[J]. 系统工程与电子技术, 2017, 11: 217-227.

67. Y. Lecun, Y. Bengio, G. Hinton. Deep Learning [J]. Nature, 2015, 521(7553): 436-444.

[68] 刘全, 翟建伟, 章宗长, 等. 深度强化学习综述 [J]. 计算机学报, 2018(1): 1-27.

[69] T. Zhang, H. Wang, X. Chu, et al. A signaling-based incentive mechanism for device-to-device content sharing in cellular networks[J]. IEEE Communications Letters, 2017, 21(6): 1377-1380.

[70] S. Fu, H. Zhou, J. Qiao, et al. Distributed transmission scheduling and power allocation in CoMP[J]. IEEE Systems Journal, 2017, 12(4): 3096-3107.

[71] L. Lei, D. Yuan, C. K. Ho, et al. Power and channel allocation for non-orthogonal multiple access in 5G systems: Tractability and computation[J]. IEEE Transactions on Wireless Communications, 2016, 15(12): 8580-8594.

[72] V. Mnih, K. Kavukcuoglu, D. Silver, et al. Human-Level Control through Deep Reinforcement Learning [J]. Nature, 2015, 518(7540): 529-533.

[73] A. W. Moore, C. G. Atkeson. Prioritized Sweeping: Reinforcement Learning with Less Data and Less Time [J]. Machine Learning, 1993, 13(1): 103-130.

[74] R. A. C. Bianchi, M. F. Martins, C. H. C. Ribeiro, et al. Heuristically-Accelerated Multi-agent Reinforcement Learning [J]. IEEE Transactions on Cybernetics, 2014, 44(2): 252-265.

[75] C. Liu, M. Li, S. V. Hanly, et al. Joint Downlink User Association and Interference Management in Two-Tier HetNets With Dynamic Resource Partitioning[J]. IEEE Transactions on Vehicular Technology, 2017, 66(2):1365-1378.

[76] M. Kamel, W. Hamouda, A. Youssef. Ultra-Dense Networks: A Survey[J]. IEEE Communications Surveys & Tutorials, 2016, 18(4):1-1.

[77] F. H. Tseng, L. D. Chou, H. C. Chao, et al. Ultra-dense small cell planning using cognitive radio network toward 5G[J]. IEEE Wireless Communications, 2015, 22(6):76-83.

[78] D. Liu, L. Wang, Y. Chen, et al. User Association in 5G Networks: A Survey and an Outlook[J]. IEEE Communications Surveys & Tutorials, 2015, 18(2):1018-1044.

[79] 3rd Generation Partnership Project, Technical Specification Group Radio Access Network: Study on Wireless Local Area Network (WLAN)–3GPP Radio Interworking (Release 12)[S], 3GPP Tech. Rep. 37.834, Jan. 2014.

[80] N. Docomo, Performance of eICIC with Control Channel Coverage Limitation[S], 3GPP TSG RAN WG1 Meeting 61, R1-103264, 2010.

[81] M. Singh, P. Chaporkar. An Efficient and Decentralised User Association Scheme for Multiple Technology Networks[C]. 11th Intl. Symposium on Modeling and

Optimization in Mobile, Ad Hoc, and Wireless Networks. IEEE, 2013.

[82] J. Yu, W. Wong. Network Resource Aware Association Control in Wireless Mesh Networks[C]. IEEE International Conference on Communication Systems. IEEE, 2012.

[83] S. Moon, H. Kim, Y. Yi. BRUTE: Energy-Efficient User Association in Cellular Networks From Population Game Perspective[J]. IEEE Transactions on Wireless Communications, 2015, 15(1):1-1.

[84] H. Shao, H. Zhao, Y. Sun, et al. QoE-Aware Downlink User-Cell Association in Small Cell Networks: A Transfer-matching Game Theoretic Solution With Peer Effects[J]. IEEE Access, 2016, 4(99):10029-10041.

[85] T. Lin, C. Wang, P. Lin. A Neural Network Based Context-Aware Handoff Algorithm for Multimedia Computing[J]. Acm Transactions on Multimedia Computing Communications & Applications, 2008, 4(3):1-23.

[86] 张治中，冯琳琳，胡昊南，等. 一种用于 5G 蜂窝网络中多 RAT 选择/切换的方法[P].

[87] J. Mar, M. Basnet, G. Liu. An Intelligent Transmit Power Control and Receive Antenna Selection Scheme for Uplink MIMO-Transceiver in High Mobility Environments[C]. IEEE International Symposium on Broadband Multimedia Systems & Broadcasting. IEEE, 2016.

[88] M. I. Kamel, W. Hamouda, A.. Youssef Multiple association in ultra-dense networks[C]. IEEE International Conference on Communications. IEEE, 2016.

[89] M. Kamel, W. Hamouda, A. Youssef. Performance Analysis of Multiple Association in Ultra-Dense Networks[J]. IEEE Transactions on Communications, 2017:1-1.

[90] N. Li, J. R. Marden. Designing Games for Distributed Optimization[J]. IEEE Journal

of Selected Topics in Signal Processing, 2013, 7(2):230-242.

[91] S. Vassaki, M. I. Poulakis, A. D. Panagopoulos. State-based Potential Power Allocation Game in a Cooperative Multiuser Network[J]. IET Communications, 2016, 10(11):1320-1328.

[92] W. Xu., C. Hua, A. Huang. Channel Assignment and User Association Game in Dense 802.11 Wireless Networks[C]. 2011 IEEE International Conference on Communications. IEEE, 2011.

[93] N. Namvar, W. Saad, B. Maham, et al. A Context-Aware Matching Game for User Association in Wireless Small Cell Networks[C]. IEEE International Conference on Acoustics. IEEE, 2014.

[94] S. Sekander, H. Tabassum, E. Hossain. Decoupled Uplink-Downlink User Association in Multi-Tier Full-Duplex Cellular Networks: A Two-Sided Matching Game[J]. IEEE Transactions on Mobile Computing, 2016:1-1.

[95] K. Han, D. Liu, Y. Chen, et al. Energy-Efficient User Association in HetNets: An Evolutionary Game Approach[C]. IEEE Fourth International Conference on Big Data & Cloud Computing. IEEE, 2015.

[96] X. Zhou, S. Feng, Z. Han, et al. Distributed user Association and Interference Coordination in HetNets Using Stackelberg Game[C]. IEEE International Conference on Communications. IEEE, 2015.

[97] X. Tang, P. Ren, Y. Wang, et al. User Association as a Stochastic Game for Enhanced Performance in Heterogeneous Networks[J]. 2015 IEEE International Conference on Communications (ICC).

[98] J. Park, S. Jung, S. Kim, et al. User-Centric Mobility Management in Ultra-Dense Cellular Networks under Spatio-Temporal Dynamics[J]. 2016.

[99] X. Wang, X. Li, V. C. M. Leung. Artificial Intelligence-Based Techniques for Emerging Heterogeneous Network: State of the Arts, Opportunities, and Challenges[J]. IEEE Access, 2015, 3:1379-1391.

[100] R. Li, Z. Zhao, X. Zhou, et al. Intelligent 5G: When Cellular Networks Meet Artificial Intelligence[J]. IEEE Wireless Communications, 2017:2-10.

[101] M. El Helou, M. Ibrahim, S. Lahoud, et al. A Network-Assisted Approach for RAT Selection in Heterogeneous Cellular Networks[J]. IEEE Journal on Selected Areas in Communications, 2015, 33(6):1055-1067.

[102] E. Fakhfakh, S. Hamouda. Optimised Q-learning for WiFi offloading in dense cellular networks[J]. Iet Communications, 2017, 11(15):2380-2385.

[103] Y. Yang, C. Li, et al. Network Traffic Prediction Based on LSSVM Optimized by PSO[C]. Ubiquitous Intelligence & Computing, IEEE Intl Conf on & IEEE Intl Conf on & Autonomic & Trusted Computing, & IEEE Intl Conf on Scalable Computing & Communications & Its Associated Workshops. IEEE, 2015.

[104] S. Perez, K. J. Juan, L. Sudharman, et al. Machine learning aided cognitive RAT selection for 5G heterogeneous networks[C]. 2017 IEEE International Black Sea Conference on Communications and Networking. IEEE, 2017.

[105] C. Yang, J. Xiao, J. Li, et al. DISCO: Interference-Aware Distributed Cooperation with Incentive Mechanism for 5G Heterogeneous Ultra-Dense Networks[J]. IEEE Communications Magazine, 2018:1-7.

[106] L. Wang, C. Yang., X. Wang, et al. User Oriented Resource Management with Virtualization: A Hierarchical Game Approach[J]. IEEE Access, 2018:1-1.

[107] P. Naghavi, S. H. Rastegar, V. Shahmansouri, et al. Learning RAT Selection Game in 5G Heterogeneous Networks.[J]. IEEE Wireless Communications Letters, 2016,

5(1):52-55.

[108] D. Nguyen, H. X. Nguyen, L. B. White. Reinforcement Learning with Network-Assisted Feedback for Heterogeneous RAT Selection[J]. IEEE Transactions on Wireless Communications, 2017:1-1.

[109] N. Morozs, T. Clarke, D. Grace. Distributed Heuristically Accelerated Q-Learning for Robust Cognitive Spectrum Management in LTE Cellular Systems[J]. IEEE Transactions on Mobile Computing, 2015:1-1.

[110] J. R. Marden. State based potential games[J]. Automatica, 2012, 48(12):3075-3088.

[111] N. Li, J. R. Marden. Decoupling Coupled Constraints Through Utility Design[J]. IEEE Transactions on Automatic Control, 2014, 59(8):2289-2294.

[112] J. A. Benediktsson, J. R. Sveinsson, P. H. Swain. Hybrid consensus theoretic classification[J]. IEEE Transactions on Geoscience & Remote Sensing, 1997, 35(4):833-843.

[113] C. Yin, J. Xiang, H. Zhang, et al. A New Classificaiton Method for Short Text Based on SLAS and CART[C]. First International Conference on Computational Intelligence Theory. IEEE, 2016.

[114] Z. ZHOU, J. FENG. Deep Forest: Towards an Alternative to Deep Neural Networks[C]. International Joint Conference on Artificial Intelligence, 2017: 3553-3559.

[115] BRUTE Simulator[OL]. http://lanada.kaist.ac.kr/cellular/pub/brute.tar.gz

[116] X. Cao, Z. Song, B. Yang, et al. Full-Duplex MAC Protocol for Wi-Fi/LTE-U Coexistence Networks[C]. 2018 IEEE International Conference on Communications Workshops. IEEE, 2018.

[117] E. Monsef, A. Keshavarz-Haddad, E. Aryafar, et al. Convergence Properties of

General Network Selection Games[C]. Computer Communications. IEEE, 2015.

[118]P. Kyritsi, R. Valenzuela, D. C. Cox. Effect of the Channel Estimation on the Accuracy of the Capacity Estimation[C]. Vehicular Technology Conference. IEEE, 2001.

[119]M. A. Khan, S. Leng, W. Xiang, et al. Architecture of Heterogeneous Wireless Access Networks: A Short Survey[C]. Tencon IEEE Region 10 Conference. IEEE, 2016.

[120]E. Even-Dar, A. Kesselman, Y. Mansour. Convergence time to Nash Equilibrium in Load Balancing[J]. ACM Transactions on Algorithms, 2007, 3(3):32-es.

[121]D. Pandey, P. Pandey. Approximate Q-Learning: An Introduction[C]. Second International Conference on Machine Learning & Computing. IEEE Computer Society, 2010.

[122]张勇敢,章伟飞,张森洪. 1～6G 移动通信系统发展综述[J]. 信息与电脑(理论版), 2020,32(17): 157-160.

[123]朱安琪. 面向 5G 异构网络融合架构的接入选择技术研究[D]. 重庆：西南大学, 2020.

[124]Mumtaz T, Muhammad S, Aslam M I, et al. Dual Connectivity-based Mobility Management and Data Split Mechanism in 4G/5G Cellular Networks[J]. IEEE Access, 2020, 8: 86495-86509.

[125]Mamane A, Ghazi M E, Barb G R, et al. 5G Heterogeneous Networks: an Overview on Radio Resource Management Scheduling Schemes: 2019 7th Mediterranean Congress of Telecommunications (CMT): Fez, Morocco, October 24-25, 2019[C]. New York: IEEE, 2019.

[126]Akpakwu G A, Silva B J, Hancke G P, et al. A Survey on 5G Networks for the

internet of Things: Communication Technologies and Challenges[J]. IEEE Access, 2018, 6: 3619–3647.

[127] Chandrashekar S, Maeder A, Sartori C, et al. 5G multi-RAT Multi-connectivity Architecture: IEEE International Conference on Communications Workshops: Kuala Lumpur, Malaysia, May 23-27, 2016[C]. New York: IEEE, 2016.

[128] Liu M, Huan Y, Zhang Q, et al. Multiple Attribute Handover in 5G HetNets Based on an Intuitionistic Trapezoidal Fuzzy Algorithm: 2018 IEEE/CIC International Conference on Communications in China (ICCC Workshops): Beijing, China, August 16-18, 2018[C]. New York: IEEE, 2018.

[129] Alhammadi A, Roslee M, Alias M Y, et al. Advanced Handover Self-optimization Approach for 4G/5G HetNets Using Weighted Fuzzy Logic Control: 2019 15th International Conference on Telecommunications (ConTEL): Graz, Austria, July 3-5, 2019[C]. New York: IEEE, 2019.

[130] Jain A, Lopez-Aguilera E, Demirkol I. Improved Handover Signaling for 5G Networks: 2018 IEEE 29th Annual International Symposium on Personal, Indoor and Mobile Radio Communications (PIMRC): Bologna, Italy, September 9-12, 2018[C]. New York: IEEE, 2018.

[131] 范霞萍, 程勇, 郑朋. 基于 LTE 切换性能的 SON 测量系统研究[J]. 中国电子科学研究院学报, 2013, 8(02): 161-165.

[132] 刘国旭, 马赛. 一种基于 MRO 的 UE 级乒乓切换解决方案[J]. 信息技术, 2016(05): 22-24+32.

[133] 陈娟敏. 基于业务类型的网络选择算法研究[D]. 贵州大学, 2019.

134] 潘志远. 基于终端侧和网络侧的异构网络选择策略研究[D]. 贵州大学, 2019.

[135] 李旺红. 异构网络中基于机器学习的网络选择算法[D]. 南京邮电大学, 2019.

[136] 钱志鸿，冯一诺，孙佳妮，王雪. 基于 DA 优化模糊神经网络的异构无线网络接入选择算法[J]. 通信学报，2020，41(12): 118-127.

[137] Semenova O, Semenov A, Voitsekhovska O. Neuro-fuzzy Controller for Handover Operation in 5G Heterogeneous Networks: 2019 3rd International Conference on Advanced Information and Communications Technologies (AICT): Lviv, Ukraine, July 2-6, 2019[C]. New York: IEEE, 2019.

[138] 马彬，李尚儒，谢显中. 异构无线网络中基于人工神经网络的自适应垂直切换算法[J]. 电子与信息学报，2019，41(5): 1210-1216.

[139] 王铎. 异构无线网络接入管理技术研究[D]. 成都：电子科技大学，2020.

[140] Alhammadi A, Roslee M, Alias M Y, et al. Dynamic Handover Control parameters for LTE-A/5G Mobile Communications: 2018 Advances in Wireless and Optical Communications (RTUWO): Riga, Latvia, November 15-16, 2018[C]. New York: IEEE, 2018.

[141] 李贵勇，张欢，张云. 5G 双连接异构网络中基于 HMM 的小区预切换方案[J]. 南京邮电大学学报（自然科学版），2019，39(4): 1-8.

[142] Baynat B, Nya N. Performance model for 4G/5G networks taking into account intra- and inter-cell mobility of users: 2016 IEEE 41st Conference on Local Computer Networks (LCN): Dubai, United Arab Emirates, November 7-10, 2016[C]. New York: IEEE, 2016.

[143] Choi J H, Shin D J. Generalized rach-less handover for seamless mobility in 5G and beyond mobile networks[J]. IEEE Wireless Communication Letters, 2019, 8(4): 1264-1267.

[144] Lee J, Yoo Y. Handover cell selection using user mobility information in a 5G SDN-based network: 2017 Ninth International Conference on Ubiquitous and Future

Networks (ICUFN): Milan, Italy, July 4-7, 2017[C]. New York: IEEE, 2017.

[145]王晓莉,杨晴雯,刘淑娴. 基于灰色关联分析的多网络接入系统模型[J]. 沈阳工业大学学报, 2018, 40(5): 547-551.

[146]闫丽,高婷. 改进 Markov 过程的异构无线网络垂直切换算法[J]. 吉林大学学报(理学版), 2019, 57(3): 633-639.

[147]马彬,李尚儒,谢显中. 异构无线网络中基于模糊逻辑的分级垂直切换算法[J]. 电子与信息学报, 2020, 42(3): 629-636.

[148]张媛媛,肖创柏,王坚. 一种新的面向用户多业务 QoS 需求的网络接入选择算法[J]. 计算机科学, 2015, 42(3): 55-59.

[149]杨强. 基于多属性模糊决策的异构专网选择算法研究[D]. 哈尔滨：哈尔滨工业大学, 2020.

[150]魏彬彬. 异构无线网络垂直切换算法研究[D]. 秦皇岛：燕山大学, 2019.

[151]赵慧. 5G 无线接入网络的异构切换技术研究[D]. 西安：西安电子科技大学, 2018.

[152]魏帅. 基于属性权重的异构无线网络选择算法研究[D]. 哈尔滨：哈尔滨工业大学, 2020.

[153]陈智雄,崔娟平,张华乐,等. 基于惩罚性变权的动态网络接入选择算法[J]. 科学技术与工程, 2018, 18(35): 48-54.

[154]朱安琪. 面向 5G 异构网络融合架构的接入选择技术研究[D]. 重庆：西南大学, 2020.

[155]陈香,唐加山,曹端喜. 基于效用函数的 E-TOPSIS 异构无线网络选择算法[J]. 现代计算机, 2020(32): 3-7.

[156]肖杰. 基于多属性决策的异构无线网络选择算法[D]. 广州：华南理工大学, 2018.

[157]Hemalatha P, Mercy S. Traffic control in 5G heterogenous network: 2019 International Conference on Vision Towards Emerging Trends in Communication

and Networking (ViTECoN): Vellore, India, March 30-31, 2019[C]. New York: IEEE, 2019.

[158]NOFITASARI R, HARYADI S. Self-healing mechanism with RSRP measurement in LTE network: 2017 3rd International Conference on Wireless and Telematics (ICWT): Palembang, Indonesia, July 27-28, 2017[C]. New York: IEEE, 2017.

[159]Suzuki T, Nobukiyo T, Onishi T, et al. LTE cell load estimation by radio quality measurement of UE based on BS configuration: 2017 IEEE 28th Annual International Symposium on Personal, Indoor, and Mobile Radio Communications (PIMRC): Montreal, QC, Canada, October 8-13, 2017[C]. New York: IEEE, 2017.

[160]Goldsmith A. Wireless communications[M]. Cambridge: Cambridge University Press, 2005.

[161]朱敏炯. 基于SDN的负载均衡算法研究[D]. 天津：天津大学，2016.

[162]孙璐. 层次分析法中用于确定权重的最小—最大优化方法(英文)[J]. Journal of Southeast University (English Edition), 2012, 28(2): 245-250.

[163]Liu X, Bai M, Li Y. Identifying important nodes by entropy method: 2019 IEEE 7th International Conference on Computer Science and Network Technology (ICCSNT): Dalian, China, October 19-20, 2019[C]. New York: IEEE, 2019.

反侵权盗版声明

电子工业出版社依法对本作品享有专有出版权。任何未经权利人书面许可，复制、销售或通过信息网络传播本作品的行为；歪曲、篡改、剽窃本作品的行为，均违反《中华人民共和国著作权法》，其行为人应承担相应的民事责任和行政责任，构成犯罪的，将被依法追究刑事责任。

为了维护市场秩序，保护权利人的合法权益，本社将依法查处和打击侵权盗版的单位和个人。欢迎社会各界人士积极举报侵权盗版行为，本社将奖励举报有功人员，并保证举报人的信息不被泄露。

举报电话：(010) 88254396；(010) 88258888
传　　真：(010) 88254397
E-mail：dbqq@phei.com.cn
通信地址：北京市海淀区万寿路 173 信箱
　　　　　电子工业出版社总编办公室
邮　　编：100036